碳酸盐岩酸化实验评价技术与应用

李 杰 韩慧芬 桑 宇 杨 建 编著

石油工业出版社

内 容 提 要

本书集成梳理了碳酸盐岩酸化实验评价类型、实验设备、实验评价参数、实验测试及数据处理方法，介绍了碳酸盐岩储层改造转向酸化材料评价技术、酸蚀裂缝形态特征数字化模拟技术、高黏酸液酸岩反应动力学参数测试等特色技术，并介绍了碳酸盐岩酸化实验评价结果在井眼轨迹优化、井壁稳定性分析、酸液体系和转向酸化材料优选、施工排量和施工规模优化、酸化工艺措施选择等方面的应用。

本书可供从事实验评价科研人员以及相关院校师生参考使用。

图书在版编目（CIP）数据

碳酸盐岩酸化实验评价技术与应用／李杰等编著.
— 北京：石油工业出版社，2018.1
ISBN 978-7-5183-2306-7

Ⅰ.①碳… Ⅱ.①李… Ⅲ.①碳酸盐岩-酸化压裂-
实验-评价 Ⅳ.①TE357.2

中国版本图书馆 CIP 数据核字（2017）第 299891 号

出版发行：石油工业出版社
　　　　　（北京安定门外安华里 2 区 1 号楼　100011）
　　　　　网　　址：www.petropub.com
　　　　　编辑部：（010）64523712
　　　　　图书营销中心：（010）64523633
经　　销：全国新华书店
印　　刷：北京中石油彩色印刷有限责任公司

2018 年 1 月第 1 版　2018 年 1 月第 1 次印刷
787×1092 毫米　开本：1/16　印张：17.75
字数：460 千字

定价：150.00 元
（如出现印装质量问题，我社图书营销中心负责调换）

《碳酸盐岩酸化实验评价技术与应用》
编　写　组

李　杰　韩慧芬　桑　宇　杨　建　潘　琼

彭钧亮　王　良　彭　欢　唐思洪　黄成惠

闵　建　王业众　曾　然　苏　军　高新平

叶颉枭　袁舒航　冯　艳　李翠楠

前　　言

碳酸盐岩油气藏在全球分布广泛，储量巨大。世界上油气储量的 60%、产量的 50% 来自碳酸盐岩油气藏。该类油气藏大多数埋藏较深，非均质性强，孔隙、裂缝系统复杂，一般具有低孔、低渗的特点。

中国碳酸盐岩油气藏也有着广泛的分布，已在四川、渤海湾、塔里木、鄂尔多斯、珠江口、北部湾、百色、柴达木、酒西、苏北等盆地获得发现，包括海相和湖相碳酸盐岩油气藏。四川磨溪嘉陵江和雷口坡、川东石炭系、磨溪—高石梯龙王庙组和灯影组等气藏获得发现。2013 年 7 月提交磨溪区块龙王庙组 713km² 基本探明储量 4065.76×10⁸m³。2013 年申报安岳气田高石梯区块灯四上亚段气藏天然气控制地质储量 2042.9×10⁸m³，磨溪区块预测地质储量 2380.64×10⁸m³，合计天然气控制+预测地质储量 4423.54×10⁸m³。

目前，越来越多的油气资源在深层碳酸盐岩类储层中被勘探发现，该类油气藏的特点是储层埋藏深、地层温度高、产层厚度大、储层非均质性严重，基质中碳酸盐岩纯度高、自然投产率较低，通常需要对储层进行改造以获得工业油气流。面对深层碳酸盐岩油气藏的特殊性，酸压改造技术通常面临储层较深、温度较高、酸岩反应速度对温度敏感，缝洞发育造成酸液滤失严重限制了酸液的有效作用距离和穿透深度等一系列难题。鉴于当前复杂碳酸盐岩储层的特殊性，一方面压裂、酸化等工艺措施在勘探开发中发挥了重要作用，促进了酸压工艺技术的发展；另一方面，也对高温深井复杂碳酸盐岩储层酸压工艺技术提出了新的要求。对此有必要针对复杂碳酸盐岩储层情况，设计一套完整的酸压效果分析评价思路和方法，对碳酸盐岩储层进行酸岩反应、酸液滤失以及酸蚀裂缝导流能力机理研究，为酸压增产施工工艺提供理论基础，同时为压裂酸化材料优选提供依据。

对于碳酸盐岩储层，酸化是解除地层伤害、增加产能的常用手段。碳酸盐岩酸化中，由于碳酸盐岩一般较纯，酸液能完全溶解流经孔道，形成孔洞；孔道经酸溶蚀而变大的过程是不稳定增长过程，依据最小渗流阻力原则，酸液选择性流经大孔道，大孔道经酸液溶蚀后变得更大，渗流阻力越来越小，得到的酸液越来越多，经过孔道间的竞争，只有少数大孔道得到酸液，其他小孔道几乎没有酸液流过。流经酸液较多的大孔道经过酸液溶蚀，最终形成肉眼可见的蚓孔，蚓孔穿越污染带，去除污染，达到增产的目的。由于蚓孔具有无限导流能力，蚓孔穿越带相当于渗流能力无限大，直接扩大了井筒半径，因此，碳酸盐岩酸化中，往往能得到负表皮，酸化效果较好，增产倍数较高。

碳酸盐岩储层改造评价是增产改造工艺类型、施工参数及液体体系选择的依据。各大油田及高校经过多年的连续攻关，形成了碳酸盐岩实验评价技术，主要有酸溶蚀、酸蚀岩板导流能力、酸岩反应动力学、残酸伤害、酸化效果、酸液滤失、酸蚀裂缝表面形态特征定量描述以及近几年兴起的暂堵酸化材料评价等方面的实验。目前中国石油西南油气田分公司工程技术研究院、中国石油勘探开发研究院廊坊分院等实验室具备在高温（最高 200℃）、高压（最高 200MPa）、酸性介质条件下开展压裂酸化机理、工艺模拟及优化、入井材料评价等方面的实验评价能力。

在实验评价过程中，需要对实验数据和评价方法进行归纳汇总，便于实验操作人员及委托评价人员对实验方法和过程有清晰的认识和了解。首先，规范实验方法。目前，实际实验过程中，每一项实验数据及实验现象的记录、基本数据的输入、实验结果的获得等多方面都存在一定的问题，阻碍了评价实验及科研工作的开展。其次，通过设备改造，扩大碳酸盐岩实验评价的范围。酸蚀裂缝导流能力、酸岩反应、滤失等几大类别实验的开展在压裂酸化研究中起着非常重要的作用：酸岩反应动力学参数是酸压有效作用距离计算的关键参数，酸岩反应动力学规律不同，其酸液有效作用距离的计算也不同；酸蚀裂缝导流能力是衡量酸压成功与否的关键因素之一，影响酸蚀裂缝导流能力的主要因素有酸岩反应动力学参数、储层特性、储层硬度和裂缝闭合应力，通过酸蚀裂缝导流能力测试可以优选施工参数、改造工艺及液体体系；储层发育有一定的天然裂缝，施工过程中需要控制滤失。对于酸压改造，酸液滤失的同时与岩石发生反应，不断扩大滤失通道，一旦沟通天然微裂缝和形成"酸蚀孔道"，将大大提高酸液的滤失量，影响酸液作用距离。通过滤失的测定，不但可以了解储层滤失特征，还可以为工艺优选提供依据，以达到改造的目的。以上这些实验结果不但可以为酸化设计提供依据，还对改造工艺类型、施工参数的优选等都有很好的指导意义。

根据已有的碳酸盐岩酸化压裂实验评价能力，集成梳理实验评价类型及设备、实验评价参数、实验方法及实验评价参数数据处理方法等，从而形成一套适用于碳酸盐岩酸化评价的实验技术，作为压裂酸化工作者的实验技术手册。

同时，在编写过程中，依托了磨溪—高石梯龙王庙组碳酸盐岩油气藏储层改造实验评价。该储层岩性为白云岩，Ⅰ+Ⅱ类储层发育，在纵横向剖面上具有一定的非均质性。Ⅰ类、Ⅱ类、Ⅲ类储层在纵向上和横向上均不同程度发育，存在层段间吸酸能力的差异。同时，储层缝洞比较发育，钻井液容易漏失进入地层堵塞裂缝，降低油气藏产能。龙王庙组储层改造面临的主要问题是要解决不同完井方式下长水平井段均匀吸酸、缝洞发育储层近井地带解堵和低渗透储层造长缝问题。通过储层物性、岩性、岩石力学、酸液性能、暂堵酸化材料性能、酸蚀裂缝形态以及工艺模拟等实验，对龙王庙组储层井眼轨迹优化、井壁稳定性分析、酸液体系和转向酸化材料优选、施工排量和施工规模优化、酸化工艺措施选择等提供了实验技术支撑，提高施工参数设计的针对性和经济性，现场应用取得了较好的效果，提高了油气藏的勘探开发质量和效益。

本书由中国石油西南油气田分公司工程技术研究院组织编写。本书分为七章，前言由韩慧芬、桑宇编写，第一章由彭欢、王良、唐思洪、高新平编写，第二章由韩慧芬编写，第三章由韩慧芬、曾然编写，第四章由唐思洪、闵建、杨建、彭钧亮、韩慧芬、袁舒航、李翠楠编写，第五章由韩慧芬、潘琼、王良、黄成惠、高新平、冯艳编写，第六章由韩慧芬、彭欢、苏军编写，第七章由韩慧芬、王业众、叶颉枭编写。全书由李杰、韩慧芬、桑宇统稿。

感谢刘同斌专家在本书的编写过程中做出技术指导，本书集成了中国石油西南油气田分公司工程技术研究院油气井增产技术实验室多年来的研究成果，大量的科研人员为书稿做了大量的工作，同时成都理工大学伊向艺教授等为实验数据提供了技术指导，值此书出版之际，一并感谢。

限于笔者水平有限，本书难以全面反映碳酸盐岩实验评价技术，也难免有差错与不足，敬请读者提出宝贵意见。

目　　录

第一章　碳酸盐岩储层酸化改造及实验评价技术发展

第一节　碳酸盐岩储层改造发展历程

碳酸盐岩储层一般具有低孔、低渗的特点，进行储层改造是该类油气藏开采的必要措施和有效手段（陈赓良，2006）。针对碳酸盐岩储层的矿物组成特性，碳酸盐岩储层采用酸化压裂工艺改造，通过解除近井底地带的污染堵塞，在井筒与储层之间形成高导流能力的酸蚀裂缝，最终达到提高油气产量的目的。

碳酸盐岩储层酸化压裂工艺比其他油气井增产技术都要早。最早的油井酸化处理作业可以追溯到 1895 年，美孚石油公司用浓盐酸对俄亥俄州利马地区碳酸盐岩储层的油井进行增产处理。碳酸盐岩储层改造历史上具有里程碑意义的事件是美孚石油公司化学家 Herman Frasch 在 1896 年 3 月 17 日申请了第一个酸化改造工艺的专利。在后来的 30 年或更长一段时间内，酸化工艺应用得越来越少。酸化历史上第二个具有里程碑意义的事件是 Dow Chemical 公司的研究员 Sylvia Stoesser 与 John Grebe 在 1932 年共同开发出酸液缓蚀剂，通过在酸液中加缓蚀剂的措施，实现了油井增产的需求，导致酸化工艺得到广泛应用。Stoesser 和 GRebe 在 1935 年曾观察发现，在注酸过程中，有时能获得地层的破裂压力，这表明储层在酸化时也被压裂，首次描述油藏水力压裂是在酸处理工艺的应用过程中。然而，对酸压的认识和进一步发展，实际上是在 20 世纪 30 年代末期和 40 年代早期。1935 年，Clason 第一次指出当酸液径向渗入时，对碳酸盐岩储层实施酸化作业（基质酸化），其产量增加是不可能的；他认为，肯定是形成了裂缝，并且解释说只有通过扩大裂缝，并清除掉裂缝中的钻井液和其他沉积物，产量才会大幅度增加。大约 10 年以后，人们才发现的确是形成了裂缝。20 世纪 50 年代以后，储层改造技术在中国开始应用。1955 年，四川地区在隆 9 井进行了第一次解堵酸化作业。酸化历史上第三个具有里程碑意义的事件是 Nierode 和 Williams 在 1972 年提出了一种盐酸和石灰岩反应的动力学模型，使得碳酸盐岩储层酸化工艺从一门神秘的科学变成了一门稍微可被预知的科学。Nierode 和 Williams 用他们的模型预测了作业过程中酸岩反应的过程，并进行酸压工艺设计。1976 年 Coulter 等人提出采用多级交替注入前置液和酸液的方法来实现控制滤失后，多级交替注入酸压技术得到了广泛的应用。为了使均质程度较高的储层也获得较高的酸蚀裂缝导流能力，国内外还发展了闭合裂缝酸化技术（李月丽，2009）。

初期的碳酸盐岩增产改造以解堵酸化为主，经过多年的研究与发展，针对碳酸盐岩的储层改造，实现了由解堵酸化向深度酸压转变，由笼统酸化到重点挤酸转变，由部分井段（层位）改造向全井段（层段）充分改造转变。

碳酸盐岩储层温度高，酸岩反应速度快；储层孔洞发育，滤失量大，酸液作用距离有限。要获得理想的增产效果，必须实现深度改造（陈赓良，2004）。近年来，国内外逐步完善和发展了以控滤失、延缓酸岩反应速度从而实现深穿透为主体的各种酸压技术，如前置液

1

酸压、胶凝酸酸压、化学缓速酸酸压、降滤失酸酸压、泡沫酸酸压、高效酸酸压、自生酸酸压等。20 世纪 80 年代初开始，国内油气田开始开展前置液酸压、胶凝酸酸压等工艺技术的研究与应用。同时开始引进了 Halliburton、NOWSO 等国外技术服务公司的增产改造技术和液体体系，取得了不同程度的效益和实践经验。1998 年原四川石油管理局引进 Dowell 公司的滤失控制酸在川中进行了施工，这是该类酸液体系在国内的首次应用。目前，深度酸压技术在碳酸盐岩气田开发中得到了广泛的应用。

碳酸盐岩储层酸化主要是清除近井带污染、解决低渗透储层油气渗流阻力大的问题（刘静，2006），因此必须要解决的是注酸时酸液沿施工井段的分布问题，然而由于储层伤害及层间非均质性的影响，使各层段的渗透率差异较大，注入酸液置放不均匀，达不到有效增产的目的，所以在对此类储层进行全井酸化处理时，必须采取分流转向措施，对于储层厚度大，非均质程度高的储层，为了实现所有储层段的均匀改造，国内外先后发展了转向酸酸化工艺、封隔器分层酸化工艺、堵塞球分层酸化工艺（王兴文，2004）。通过这些工艺的实施，能够实现目的层段的均匀改造和对重点层段有针对性的改造，大多获得了较好的处理效果。

近年来，大多新发现的储量均为低渗透储量，水平井由于其穿过油气层长度长能够大幅度提高单井产量，水平井在新完钻井的比例中逐年提高，已经成为低渗透油气藏开发的主体技术之一。水平井由于其水平段长，各段储层物性差距大，如何实现整个水平段的均匀改造成为制约水平井增产改造效果的关键因素（耿宇迪，2011）。针对水平井笼统酸化效果差，国内外先后发展了连续油管拖动酸化工艺、水力喷射分段酸化工艺和裸眼封隔器分段酸化工艺。这些技术的应用，大大提高了水平井改造效果，目前工具已经能够满足 10 级以上的水平井分段改造需要。

随着液体技术的进步，使得酸液携砂成为可能，针对比较均质的碳酸盐岩储层和复杂岩性储层（碳酸盐岩、泥岩、砂岩组分相对均衡的复杂储层），在酸压和加砂压裂的基础上又发展了携砂酸压工艺（伊向艺，2014），并在长庆的靖边气田等进行了应用，取得了较好的效果，丰富了碳酸盐岩储层改造工艺。

由于中国深层碳酸盐岩储层的特点与国外具有较大差异，主要表现在埋藏深、储层非均质性严重和基质含油性差（王永辉，2012）。靠单一的酸压工艺或酸液体系难以获得理想的效果，所以中国逐步把多种单一酸压技术集成为复合酸压技术，在现场应用中取得了较好的效果。

碳酸盐岩储层改造技术在国内的四川盆地、陕甘宁盆地中部气田、塔里木油田应用最为广泛。为实现深穿透，酸液体系已由单一型向复合型发展，已经逐步成为降滤失、缓速、缓蚀、降阻和助排的多功能酸液体系。高黏度胶凝酸和低摩阻乳化酸的发展实现了大排量、高泵压、深穿透的目标（陈志海，2005）。酸液的注入工艺已发展为不同酸液体系的交替单级注入或多级交替注入，在深层碳酸盐岩储层能同时实现裂缝的深穿透和高导流能力。为适合中国深层碳酸盐岩储层酸压的需要，发展了不同体系组成的复合酸压技术。复合酸压技术的应用大大提高了酸蚀裂缝的规模和导流能力，基本满足了高温深井碳酸盐岩储层增产改造的需要。

第二节 碳酸盐岩储层地质特征

一、碳酸盐岩沉积特征

碳酸盐岩主要由文石、方解石、白云石、菱镁矿、菱铁矿、菱锰矿组成。现代碳酸钙沉积主要由高镁方解石、文石及少量低镁方解石组成。低镁方解石最稳定,文石不稳定,高镁方解石最不稳定。后两者在沉积后易转变成低镁方解石。因此,古代岩石中的碳酸盐矿物多是低镁方解石。碳酸盐矿物的结晶习性和晶体特征与形成环境有关。

碳酸盐岩中混入的非碳酸盐成分有:石膏、重晶石、岩盐及钾镁盐矿物等,此外还有少量蛋白石、自生石英、海绿石、磷酸盐矿物和有机质。常见的陆源混入物有黏土、碎屑石英和长石及微量重矿物。陆源矿物含量超过50%时,则碳酸盐岩过渡为黏土或碎屑岩。

碳酸盐岩原生沉积矿物为文石、镁方解石等不稳定矿物。矿物沉积后在成岩过程中具有从不稳定型向稳定型转化的趋势。矿物转化过程中储集空间也经历了从原始到次生、溶蚀充填等一系列的变化,造成碳酸盐岩沉积物和孔隙类型复杂多变,储集空间类型多种多样。储层中储集空间具有以不同原生与次生储集空间组合及融合共同储集流体的复合特征。

二、碳酸盐岩储层物性特征

塔里木盆地奥陶系的岩石基质孔隙度和渗透率均很低,属特低孔、特低渗透储层(丁云宏,2009)。

鄂尔多斯盆地奥陶系石灰岩类孔隙储层孔隙度一般为1%~8%,最高可达13%;白云岩储层其面孔率可达3%~9%,基质孔隙度可达4%~13%。

四川盆地碳酸盐岩储层总体具低孔、低渗特点,平均孔隙度1.79%,渗透率小于$1×10^{-3}\mu m^2$,非均质性强。

石炭系气藏平均孔隙度5.49%,渗透率$2.5×10^{-3}\mu m^2$,通过岩心分析结果表明,储层物性好,属中—高渗透性气藏。相国寺石炭系气藏多种试井资料解释表明各井渗透率一般为$300×10^{-3}\mu m^2$左右,构造平面上其顶部渗透率高;万顺场石炭系气藏渗透率在($3.18~105$)$×10^{-3}\mu m^2$范围,平均为$25.12×10^{-3}\mu m^2$左右。

飞仙关组在川东及川东北地区主要以鲕类白云岩孔隙型储层为主,圈闭范围大,裂缝较发育,储层单层厚度大、横向分布广、纵向分布较集中、孔隙度较高,平均孔隙度6.0%~8.0%,最大孔隙度超过25%;渗透率变化大,一般为($0.01~1160$)$×10^{-3}\mu m^2$,基质渗透率介于($0.01~1000$)$×10^{-3}\mu m^2$之间。

嘉陵江组储层在四川盆地发育有$T_1j_1^5$、$T_1j_1^4$、$T_1j_1^4~T_1j_1^3$、$T_1j_1^3$、$T_1j_1^2$和$T_1j_1^2~T_1j_1^1$多套储层。储集类型以裂缝—孔隙型为主。主要储集空间为粒间(溶)孔、粒内(溶)孔、晶间孔、铸模孔等。四川盆地嘉陵江组储层由于受岩相、成岩等因素控制,其物性特征及厚度差异大,总体表现为:低孔、低渗,非均质性较强。

长兴组气藏属礁相沉积,储层储集空间以晶间(溶)孔为主,裂缝较发育。储渗类型为孔隙型或裂缝—孔隙型,且以裂缝—孔隙型居多。据黄龙场等气田统计,生物礁储层平均孔隙度为1.68%~6.29%,渗透率为($2.26~29.12$)$×10^{-3}\mu m^2$,有效厚度为5.38~67.4m,这些储层大多属于中等—差的储层。

安岳气田灯影组构造由北向南主要发育有磨溪潜伏构造和高石梯潜伏构造,储层主要集中在灯二段和灯四段,其中灯四段分为灯四下亚段和灯四上亚段。储集岩类主要为富含菌藻类的藻凝块云岩、藻叠层云岩、藻砂屑云岩,孔隙度主要分布在3%~5%之间,平均为4.32%,渗透率在($0.01~10$)$×10^{-3}\mu m^2$之间,属低孔低、渗储层,局部区域和层段发育有裂缝,改善了储层渗透性,储集类型为裂缝—孔洞型和孔隙(洞)型,储集类型多,非均质性强。灯影组储层温度在140~160℃之间,地层压力系数在1.05~1.14之间,属高温、常压气藏。

磨溪龙王庙气藏产层最深达 4776.0m，地层温度最高达 144.8℃，压力系数最高达 1.65，局部 H_2S 含量为 11.6g/m³。孔隙度分布在 2.0%~8.0%，渗透率分布在（0.01~100）× $10^{-3}\mu m^2$，总体表现出低孔、中低渗特征。

三、碳酸盐岩储层储集特征

储集类型的划分有许多种方法。本次气藏储集类型划分充分考虑储集空间类型、空间搭配关系、对于气藏的控制等因素。四川盆地碳酸盐岩储集空间主要包括：孔隙、裂缝、溶蚀孔洞 3 种类型（廖仕孟，2016）。

1. 孔隙型

孔隙型储层储层空间以孔隙为主，孔隙之间的喉道较宽，基质渗透率高，仅靠基质本身就可以形成工业油气流。

2. 裂缝—孔隙型

该类型储层指碳酸盐岩地层中储集空间以孔隙为主，构造断层裂缝与孔隙相互沟通有机配置形成的储渗空间，也是最为常见的裂缝—孔隙型储层类型；裂缝—孔隙型储集类型中裂缝起到很大的作用。构造缝沟通了彼此孤立的孔隙及沿其溶蚀扩大而成的溶孔溶洞，从而构成一个缝孔洞组成的储渗体，它具有总孔隙度低而渗滤能力特高的储渗特征。

3. 孔洞及裂缝—孔洞型

储集空间主要以溶蚀孔洞为主，裂缝在其中储集性能相对较弱，主要以沟通溶洞，作为主要渗流通道的储集类型，非均质性较强。

4. 裂缝型

四川盆地经过剧烈的构造运动，形成了基质致密，裂缝发育的储层，其中构造发育的张裂缝既是储层空间又是渗流通道的裂缝型储层。

第三节　碳酸盐岩酸化实验评价技术进展

一、酸液体系研究进展

为了实现深度酸化、改善酸化效果，碳酸盐岩储层酸化工作液起着决定性的作用。而不同的储层特征，对酸化改造酸液有不同的要求。目前主要的缓速酸液体系有：稠化酸、自转向酸、泡沫酸、乳化酸以及自生酸等（陈赓良等，2004）。

在这些缓速酸液体系中，稠化酸的研究应用最为成熟，已广泛应用于碳酸盐岩储层改造。稠化酸即胶凝酸，采用向酸液中加入稠化剂的方法，增加酸液黏度，延缓地扩散、传质，从而起到缓速和降滤失的效果，延长酸液作用距离，实现深入地层酸化的目的。

清洁自转向酸是最新发展的化学转向酸液。在转向酸与岩石矿物发生反应前，酸液黏度较低，与岩石进行反应时，酸液值与钙镁离子浓度不断升高，转向酸中表面活性剂形成胶束，使得溶液黏度增大，阻止酸液继续进入高渗透层，促进酸液转入低渗透层，从而实现均匀酸化的目的。

泡沫酸通过向酸液中引入气体以及起泡剂等助剂，降低了酸岩的接触面积，控制了氢离子的传质，从而降低反应速度。泡沫酸适用于低压低渗透地层，在水敏地层中具有较强优势。乳化酸为油包水型酸液，作为分散相的酸液被连续油相包裹，与岩石隔离，当温度升高、乳化剂不断被地层吸附后，乳化酸逐步破乳，释放出酸与岩石进行反应。该酸缓速作用好，但是施工摩阻高，在深井应用中受限制。目前微乳酸，即小分子级别的乳化酸，解决了摩阻高这一问题，但是在高温下如何保证其稳定性，依旧需要进一步探索（吴志鹏等，2010）。因此，酸化改造要能实现深穿透和均匀布酸的目的，酸液体系应具有耐高温、缓速、能深度酸化的特性。

从酸液性能实验评价调研可以发现，为了实现地层的深部酸化、获得优良的酸化作业效果，国内外在缓速酸液的研究方面开展了大量的研究工作，取得了较大的进展。但现有酸液体系仍不能完全满足低渗透或高温地层深部酸化的需要，也不适应加砂压裂酸化的性能要求，其中包括低渗透地层的深部酸化要求。酸液在拥有现有聚合物稠化酸高黏度的同时具有低地层伤害性，高温地层深部酸化和加砂压裂酸化要求酸液具有现有聚合物稠化酸更高的黏度。即降低稠化酸的地层伤害性、提高稠化酸的黏度是研制高性能酸液急需解决的问题（杨荣，2015）。

同时，研制高性能酸液还需继续开展以下研究，以便优选出最佳的酸化改造工作液：

（1）从碳酸盐岩储层地质特征出发，分析了储层改造酸液体系面临的问题，明确适合于特定碳酸盐岩储层的酸液体系。

（2）按照行业标准对稠化剂的热稳定性进行评价，优选出耐温性良好的酸液用稠化剂，再从表观黏度、流变性能以及腐蚀测试三方面评价不同稠化剂用量对酸液体系的影响，从而确定稠化剂在酸液体系中的用量。然后按照标准对缓蚀剂、助排剂进行优选，最终形成一套酸液体系。

（3）进行酸液的综合性能评价：配伍性能、腐蚀性、降阻性能、流变性能、缓速性能、降滤失性能、助排性能、岩心酸化效果以及酸蚀裂缝导流能力。

（4）开展酸液的酸岩反应研究，分析酸岩反应机理，对比分析酸岩反应动力学方程和溶蚀行为特征。

二、酸岩反应动力学研究进展

酸化压裂改造技术是碳酸盐岩储层油气井增产的重要手段，为设计酸化压裂施工工艺方案，必须要明确酸蚀有效作用距离，而确定酸蚀有效作用距离的关键是掌握酸液在地层裂缝中的酸岩反应过程。酸岩反应是指在地层中酸液与矿物岩石所发生的化学反应。在酸化压裂施工中都需要将酸液注入地层中，溶蚀地层污染物以及岩石矿物从而达到储层改造的目的，因此酸岩反应研究成为酸化模拟及酸压设计中的核心部分。

在长期的实践与研究中，人们为了提高地层条件下的酸岩反应模拟实验的精确性和简便性，做了许多的相关研究和实验。从静态的酸岩反应模拟实验到动态的酸岩反应模拟实验，酸岩反应模拟实验发展趋于成熟。静态酸岩反应模拟实验方法是在地层温度条件下，把岩石静置在酸液中发生酸岩反应，岩石的反应面积已知，测定岩石质量或酸液浓度与时间的关系。这种方法使用的装置设备极其简单，操作简便，适用于小岩样的酸岩反应定性分析。动态酸岩反应模拟实验方法中流动式酸岩反应模拟实验最早发展起来，由于地层裂缝中酸液与岩石发生的是流动反应，H^+ 传质方式同时受扩散与对流传递的影响，因此流动方式的酸岩反应过程更接近地层裂缝中酸岩反应的真实情况。目前酸岩反应动力学参数的室内测试方法主要有两种：裂缝流动模拟实验和旋转岩盘模拟实验，只有裂缝流动模拟实验方法形成了一套技术标准 SY/T 6526—2002《盐酸与碳酸盐岩动态反应速率测定方法》。

1. 裂缝流动模拟实验

裂缝流动模拟实验基本原理是用地层岩心切割成两块大小相同的岩板,平行放置于酸岩反应室中,驱替酸液在两个岩板之间的缝隙内流动,测取进出口酸液浓度的变化,观察岩石表面的酸蚀情况,从而研究模拟人工裂缝中酸液流动反应的相关规律。该方法能更精确地模拟酸液在地层条件下的流动状态,因此成为模拟酸岩反应和评价酸蚀裂缝导流能力的重要方法。

国内外学者从 20 世纪 80 年代末就针对裂缝流动模拟实验开展了大量的研究。国内学者总结了静态酸岩反应模拟实验、平行板流动酸岩反应模拟实验和旋转岩盘酸岩反应实验的方法及原理,阐明了平行板流动酸岩反应模拟的实验原理与地层裂缝中的酸岩反应情况较接近,研究结果表明,当岩石类型不同时,获得的酸岩反应动力学方程也不相同,其中石灰岩的反应级数较小,一般在 1 左右,而白云岩反应级数较大。也有学者用人工模拟裂缝装置研究了盐酸—白云岩反应速率的影响因素,得出酸浓度和排量影响较大,而温度和缝宽的影响较小。提出考虑吸附和解吸过程的盐酸和白云岩的反应机理模式,较好地解释了各种因素对酸岩反应速率的影响规律(李力等,2000)。随着碳酸盐岩储层改造工艺的发展,平行板裂缝流动实验进行酸岩反应速率测试不易观察到残酸浓度变化,测试误差较大。同时,实验过程中需要耗费大量的岩心,现场取心常常制约了大规模开展酸岩反应速率测试的实验研究工作。因此,国内对于平行板裂缝流动模拟实验主要是用于观察酸蚀裂缝导流能力,通过不同影响因素下的导流能力来优选酸液。

2. 旋转岩盘模拟实验

目前国内外大多采用旋转岩盘开展酸岩反应速率测试,其原理是将岩心加工成直径为25.4mm、大约25.4mm 厚的小圆盘,在设定温度压力条件下将岩盘置于酸液中旋转,形成岩面与酸液的相对运动,由此来进行酸岩动态反应的研究,定时测定酸液的浓度,求取酸岩反应动力学参数,同时建立了旋转岩盘酸岩反应模型求取了 H^+ 传质系数 De。

国外学者从 1973 年开始就大量开展了碳酸盐岩与不同酸液体系的酸岩反应实验研究。从最初利用旋转岩盘仪研究方解石和白云石在不同温度和不同转速下的溶解速率,结果表明,旋转岩盘仪存在传质受限和表面反应受限两大特点,在 25℃时,方解石的传质速率在很高的旋转速度下也会受到限制,而白云石的溶解速率在很低的转速下也会受到表面反应速率的影响(Lund K 等,1973)。针对不同酸液类型对酸岩反应动力学参数的影响也开展了大量研究,包括研究了 HF 与硅酸盐的初次反应和二次反应动力学,测定了二次反应的反应速率,以及探讨了高温条件下乳化酸与白云岩的酸岩反应机理,并建立了相应的酸岩反应动力学方程(R. C. Navarrete 等,1998)。也有学者用旋转岩盘仪第一次系统的测试乳酸与石灰岩酸岩反应的传质系数。实验发现,乳酸与石灰岩的酸岩反应速率在低转速(500r/min 以下)主要是由传质系数控制,在高转速下由表面反应控制;酸液的扩散系数随着温度的升高而增大;同离子效应会很大程度地降低反应速率。

相比于国外学者的研究,国内对酸岩反应动力学的研究起步相对较晚。1979 年研制出国内第一台旋转岩盘酸岩反应动力学实验装置,并投入普通酸液体系的相关实验,取得的实验成果与国外专家的规律一致,旋转圆盘实验方式研究常规酸液体系的酸岩反应时可靠性强。实践证明旋转圆盘实验方式适用于高温、高压旋转运动条件下的常规酸液体系的酸岩反应研究,确定酸岩反应动力学方程、扩散活化能、H^+ 传质系数,还可研究酸岩反应速度及其影响因素等。随后有学者使用旋转岩盘仪进行酸岩反应动力学测试后发现，测定酸岩反应速率误差较大，分析认为在单位时间内测取酸液浓度差获得酸岩反应速率时，由于酸岩反应釜内酸浓度不均匀；实验中面容比较小，反应前后酸液的浓度差小，导致测定酸浓度时误差较大；另一个重要原因是取样过程中酸液浓度挥发严重（张建利等，2003）。

随着石油工业技术中酸液体系的发展，越来越多的高黏度酸液体系及缓速酸液体系投入到复杂油气储层改造应用中，如四川盆地磨溪—高石梯震旦系、龙王庙组及龙岗构造长兴组、飞仙关组等都采用高温胶凝酸、高温转向酸等进行酸化改造。而实验结果发现在酸岩反应过程中，岩心周围酸液与其他部位的酸液浓度差异较大，不能有效地进行 H+ 传质交换，影响测试结果。

因此，国内学者伊向艺等提出了"液体旋转"代替"岩盘旋转"的新思想，并设计利用液体旋转的方法使酸液与两侧岩石进行流动反应的新型实验装置。实验装置可模拟酸液在不同裂缝宽度间隙中的流动特征，同时取样时可以从两侧夹持器的任意一侧取样，也可以从釜体下侧的卸压接口取样，保证了酸液与反应釜中的岩面反应后的反应生成物均匀，且稳定性、准确性更高。基于此实验装置，有学者从酸岩反应模拟室内实验方法研究出发，对比分析了常规酸岩反应模拟实验在测试高黏度酸液体系时的适应性，在此基础上建立了一套适用于高黏度酸液酸岩反应动力学研究的实验方法，进行不同黏度酸液酸岩反应规律实验研究（李沁，2013）。同时采用流体计算力学（CFD）软件 FLUENT 对高黏酸液在反应釜内部的流动情况进行模拟，得出了转速与壁面速度损失的关系式和转速与壁面速度的关系式，以此两关系式可以较为精确地计算各转速下壁面速度损失与壁面速度，得到了施工排量与实验装置转速的关系，从而优化实验设计（张紫薇等，2014）。

国内外学者普遍应用各类酸岩反应测试实验装置对多种类型的酸液体系（包括胶凝酸、泡沫酸、乳化酸、清洁酸和交联酸等）进行了酸岩反应评价，求取了相应的酸岩反应参数，考察了酸岩反应的各影响因素，并且在酸岩反应机理上进行了详细研究，取得了一批成果。同时，近几年针对高黏酸液开展了酸液动力学研究，取得了一定的认识，建立了与黏度参数相关的酸岩反应模型。

三、酸蚀裂缝导流能力研究进展

在碳酸盐岩酸化后，粗糙不平的裂缝表面在闭合压力作用下能保持一定的开启程度，在裂缝中形成流体流动孔隙，以此形成一条具有一定导流能力的人工裂缝，从而达到改善流体渗流条件、增大油气产量的目的。因此，酸蚀裂缝的导流能力是评价酸压施工成功与否的重要指标之一。

酸蚀裂缝导流能力的研究主要以实验数据为基础，实验设备主要有两种，一种是酸蚀裂缝导流仪，主要采用经验公式来计算酸蚀裂缝导流能力：

$$K_f W = \frac{100Q\mu L}{h\Delta p} \tag{1-1}$$

另一种是酸液环流装置，主要使用 API 推荐的公式来计算酸液环流装置的导流能力：

$$K_f W = 1.67 \times \frac{Q\mu L}{h\Delta p} \tag{1-2}$$

式中 $K_f W$——酸蚀裂缝导流能力，$\mu m^2 \cdot cm$；

Δp——实验压差，MPa。

μ——液体黏度，mPa·s；

h——实验岩板宽度，cm；

Q——实验流量，mL/min；

L——实验平行板长度，cm。

然而，由于酸刻蚀岩样表面存在粗糙不平的"凸起"与"凹陷"结构，其并不像单纯的平行平板流动模型，故基于立方定律和达西公式的导流能力计算模型并不适用于酸蚀裂缝。1973 年，国外学者利用白云岩作为研究对象，测量酸岩反应后的岩石溶蚀体积，提出了考虑裂缝等效宽度、裂缝闭合压力及岩石嵌入强度等因素的裂缝导流能力预测模型，即之后被广泛使用的 N-K 模型（Nierode 等，1973），模型如下：

裂缝等效宽度：

$$w_i = \frac{XV}{2(1-\phi)h_f x_f} \tag{1-3}$$

裂缝导流能力：

$$C_f = 3.90293 \times 10^7 w_i^{2.47} e^{-c\sigma_c} \tag{1-4}$$

其中：

$$c = \begin{cases} (13.457 - 1.3 \ln S_f) \times 10^3; & 0 < S_f < 137.89 \\ (1.964 - 0.28 \ln S_f) \times 10^3; & S_f > 137.89 \end{cases} \tag{1-5}$$

式中　C_f——裂缝导流能力，$\mu m^2 \cdot cm$；

w_i——裂缝等效宽度，cm；

S_f——岩石嵌入强度，MPa；

σ_c——裂缝所受闭合压力，MPa。

1977 年，国外学者首次考虑了裂缝表面形态对导流有利的影响，将凹凸不平的裂缝表面假设为具有高度不同、而直径相同的"钉床"结构的粗糙表面，并基于此推导了裂缝导流力的计算模型（Gangi. F 等，1978），模型为：

$$C_f(\sigma) = C_{f0}\left[1 - \left(\frac{\sigma}{M}\right)^m\right] \tag{1-6}$$

式中　C_{f0}——裂缝初始导流能力，$\mu m^2 \cdot cm$；

M——"钉床"结松的有效弹性模量，MPa；

σ——裂缝所受的闭合压力，MPa；

m——粗糙度的分布函数特征值，常量（0<m<1）。

1981 年，相关学者研究了裂缝闭合压力对导流能力的影响，在考虑层流流动的条件下推导了导流能力计算模型（Walsh 等，1981）：

$$K_f w = (K_f w)_0 \left[1 - \left(\frac{\sqrt{2}h}{a_0}\right)\ln(\sigma_c - p_0)_e\right]^3 \left[\frac{1 - b(\sigma_c - p_0)}{1 + b(\sigma_c - p_0)}\right] \tag{1-7}$$

$$b = \sqrt{3}\pi\left(\frac{f}{h}\right)E(1 - \upsilon^2) \tag{1-8}$$

式中　$K_f w$——裂缝导流能力，$\mu m^2 \cdot cm$；

　　　p_0——参考压力，MPa；

　　　E——岩石弹性模量，MPa；

　　　a_0——参考压力下的裂缝半宽，cm；

　　　h——裂缝表面各点高度均方根。

　　　ν——泊松比；

　　　f——自相关距离，cm。

1989 年，国外学者研发了酸蚀裂缝导流能力测试仪器，使酸液以线性的方式流通裂缝，以此避免了酸液重力对刻蚀实验的影响，并研究了岩石岩性、酸液浓度、反应温度及酸液类型对酸刻蚀过程的影响。其研究成果表明，更高的反应温度有利于加快酸岩反应速率并增加岩石的溶蚀量，但并不相应地提高裂缝在闭合压力作用下的导流能力，说明岩石的溶蚀体积与裂缝导流能力之间并无直接关系（Malik 等，1989）。

2012 年，相关学者在张性条件下利用酸蚀岩样表面来模拟裂缝在地层中的真实形态，同时运用三维光学轮廓仪对酸蚀岩样表面进行三维扫描及 3D 成像。其研究成果发现，在张性条件下，裂缝导流能力主要受到裂缝表面的"凸起"和"凹陷"部分影响（Neumann. L. F 等，2012）。

基于国外学者的研究成果，国内学者在不同影响因素对酸蚀裂缝导流能力的影响以及酸蚀裂缝导流能力数学模型方面也开展了大量的研究工作。

国内学者利用白云岩开展酸蚀实验及导流能力测试实验，研究了酸液排量、反应温度、酸液浓度及裂缝宽度对酸蚀裂缝导流能力的影响。其研究成果表明，裂缝宽度对导流能力的影响程度最大，其次依次为：酸液浓度、反应温度及酸液排量。同时利用玉门青西油田储层的复杂岩性岩样开展酸刻蚀实验及裂缝导流能力测试实验，其研究成果表明，过高的酸液浓度可能导致岩石力学性质的破坏，同时，岩石表面反应后脱落的颗粒会导致裂缝孔隙堵塞，导致裂缝导流能力降低（郭静等，2003；付永强等，2003）。

2011 年，相关学者研究了岩石岩性分布、表面渗透率分布、酸岩反应温度等因素对裂缝导流能力的影响（牟建业等，2011）。其研究成果指出，表面岩石岩性和渗透率的分布情况对裂缝表面的刻蚀形态有着极大的影响，而裂缝表面的刻蚀形态及岩石力学性质则对裂缝在闭合压力下的变形特征产生重要影响。

2017 年，赵立强等运用酸蚀裂缝导流仪、激光扫描仪，在变参数条件下，对实际岩样进行了酸岩刻蚀及导流能力实验，系统考察了酸压工艺、酸液浓度、裂缝性质、酸液类型对酸岩刻蚀形态及酸蚀裂缝导流能力的影响。

四、酸蚀裂缝刻蚀形态表征研究进展

裂缝表面几何形态是影响裂缝导流能力的关键因素，准确地描述酸蚀裂缝表面的几何形态，研究具有不同刻蚀形态表面的裂缝对导流能力的影响，并能准备地计算酸蚀裂缝导流能力对酸压工艺具有重要的意义。

早在 20 世纪 70 年代，水利工程和土木工程领域的学者就引入各种表征粗糙表面的参数来量化粗糙表面或人工裂缝面。1977 年开始，Mandelbrot. B 等在研究中发现自相似性和仿射性是自然界中不规则的几何物体边界所共有的特点，并基于研究成果创立分形几何学，由此提供了一种描述自然界中粗糙表面特征的新方法。2002 年，国外学者首次利用三维表面光度仪对人工裂缝表面进行扫描测量并获取裂缝表面各点的高度分布，并利用扫描数据计算得到裂缝的宽度及分布情况（Iwano 等，2002）。

直到 1996 年，才开展了针对酸蚀裂缝刻蚀形态表征的大量研究。

1998 年，Ruffet 等人引入机械探针式的表面轮廓仪对酸蚀裂缝表面进行数据测量，首次实现了酸蚀裂缝表面参数（平均裂缝宽度、歪度、斜度、绝对粗糙度、线粗糙度、峰态、标准差及线粗糙度等）的获取。随后，国内学者首次将光学表面轮廓仪引入酸蚀裂缝表面形态的表征工作，利用软件得到了裂缝表面的三维立体图像。

2009 年，赵仕俊等首次研发用于酸刻蚀裂缝表面扫描的三维激光轮廓仪。然而其未形成真正的酸刻蚀裂缝壁面三维彩色图像，并且不具备壁面形态分析功能。

2012 年，Neumann 等人利用石灰岩和白云岩的露头岩样开展酸刻蚀物理模拟实验及导流能力测试实验，利用三维激光轮廓仪测量酸刻蚀后的裂缝表面，并针对均匀刻蚀、沟槽刻蚀和非均匀刻蚀 3 种不同刻蚀形态的裂缝表面进行数字化成像。

2015 年，白翔等利用三维数字化分析方法，定义了具有明确物理意义的酸蚀裂缝表面形态表征参数，定量揭示了表征参数和裂缝表面流动通道的关系，利用表征参数首次提出了酸蚀裂缝刻蚀类型的数字化分类方法，并揭示了不同刻蚀形态对酸蚀裂缝导流能力的影响规律。

在分析碳酸盐岩的酸岩反应与酸蚀机理的基础上，建立了酸蚀表面形态分析测试方法，并进行不同酸蚀条件下酸液溶蚀表面实验，研究了酸蚀表面变化规律，利用分形方法和数字化方法提取非均匀溶蚀特征参数，并分析了碳酸盐岩非均匀酸蚀裂缝表面对导流能力影响（戴亚婷等，2016）。

国内外学者经过数十年的探索，以大量理论和实验研究为基础，取得了大量的成果，尤其在酸蚀裂缝刻蚀形态表征方面。

（1）基于岩样酸刻蚀实验，利用获取的岩样表面三维数据对岩样表面的几何形态进行分析，得到表面起伏形态对裂缝内流体的影响；（2）通过对扫描三维数据的分析，获得了裂缝表面的几何形态定量表征参数，分析和评价裂缝的非均匀刻蚀程度；（3）利用新定义的表征参数将岩样刻蚀形态进行细分。

因此，在深入研究酸蚀裂缝表征的基础上，建立了基于表面形态表征参数推导裂缝导流能力计算模型，在模型中改变表面表征参数得到不同形态裂缝的导流能力数值，即利用数值模拟手段代替物理模拟实验，更加全面、方便地研究裂缝表面刻蚀形态对导流能力的影响。

五、岩石力学实验评价研究进展

岩石力学影响着油气勘探过程的各个方面，然而近年才作为地球科学的一个方面在能源开发中扮演不可替代的角色。其发展的源动力来自于水力压裂裂缝方位的解释、水力裂缝几何形状的预测、预防套管损坏、预测出砂、井壁稳定性问题等。水力压裂作为储层改造的重要手段，在油气增产中发挥了重要的作用。面对复杂地层、成本控制、环保要求等压力，对压裂设计的要求也越来越高，对裂缝方位/几何形状的预测逐渐从定性发展为定量。伴随着各种水力压裂设计模型的发展，对室内岩石力学参数的测试要求也就越来越高，这也促进了储层改造岩石力学实验技术的进步。

1. 岩石力学实验机技术研究现状介绍如下

岩石实验机是一种用于研究岩石力学性能，包括岩石的抗压强度、应力应变关系的基础科学实验仪器，主要由围压系统、轴压系统、温度控制系统等组成，利用压力室对岩石试样施加围向压力，同时通过轴压系统对岩石试样施加轴向力，由温度控制系统控制试样的上端面、中部、下端面的温度，模拟试样在多种环境下的实际工况。实验机技术的进步是实验技术发展的基础，而实验理论的进步也促进着实验机的改进。

岩石力学的实验研究已有近 250 年的历史，世界上有记录的第一台岩石力学仪是 1770 年由 E. M. Gauthey 建造。18 世纪后期到 19 世纪初由于大量桥梁的修建，激发了岩石力学实验机的制造，而每个时期实验机的制造都将当时的技术发挥到极致。19 世纪 80 年代的实验机已经能自动记录载荷/位移曲线。1865 年世界上第一个商业岩石力学实验室在伦敦建成。在过去的研究中，岩石实验机经历了 3 个历程。第一代是 1970 年以前的普通实验机，只对试样实施单维轴向加载。第二代始于 1970 年，电液伺服实验机投入使用，对试样实施轴压和围压加载，研究者们开始观测岩石应力—应变曲线峰值后的变化特性。2000 年，第三代研究在三轴加载的基础上结合了 CT 扫描成像技术，观察岩石内部破裂。

国内岩石实验机的研制和国外相比，首先是起步时间较晚，其次是工业发展水平不及发达国家，所以要赶上国际水平还需要一定的时间。20 世纪 50 年代，长江科学研究院开发了"长江 500 岩石三轴实验机"。其后，80 年代初，国家地震局出于地壳动力学研究的需要，参考 Griggs 的岩石三轴实验机的基本原理，在结构上进行了一些改进，研制了"基于固体传压介质的岩石三轴实验机"。1985 年，国家地震局地质研究所的刘天昌等人研制了"气体介质高温高压三轴实验系统"。1986 年，国家地震局地质研究所的施良琪、宋瑞卿和吴秀泉研制了一种"气液两用的高温高压岩石三轴实验机"。1989 年，王子潮和王威研制了一种岩石三轴实验机，该实验机具有较高的精度和自动化程度。同年，中国科学院地球物理研究所的康文法研制了中国第一台量测岩石孔隙压力的三轴实验机。1990 年，石泽全和周枚青研制了"800MPa 高温高压三轴实验机"。2004 年，长江科学院与长春朝阳实验仪器有限公司合作研制了"RLW－2000 岩石三轴实验机"，并在 2006 年时进行了升级，研制出"TLW－2000 型岩石三轴实验机"。2008 年，中国矿业大学等 4 家单位合作研制了"20MN 伺服控制高温高压岩体三轴实验机"。2011 年，张世银和田建利通过改装现有的压力实验机，研制出一种能够自动化操作的岩石实验机。国内也有研究者在进行岩石力学实验时利用工业技术对岩石试样的断裂过程进行观察，但是还停留在初期阶段。研究者事先对岩石试样进行人工预致损，然后进行扫描，而不是实时监测岩石试样开裂过程。

实验机发展初期主要从提高最大压缩载荷、增大样品尺寸等方面改进，在这过程中加载方式也得到了完善，从机械加载变为了液压加载。随着岩石强度理论的发展及岩石力学实验结果应用范围的扩大，催生了常规三轴岩石力学实验机的诞生。后来真三轴强度理论及真三轴岩石受力工况的需求又促进了真三轴岩石力学机的发展。基础科学的进步也促进岩石力学实验技术获得不断完善，岩石力学机控制及数据采集逐步实现了手动到自动的转变，同时也诞生了超声波测试、声发射定位、划痕强度测试、地应力室内测试等实验新技术。

2. 岩石力学实验

岩石力学实验一直是人们认识岩石在不同应力状态下力学性质的主要手段，也是建立强度理论和本构关系的主要依据。受科学技术发展水平和实验手段的限制，对岩石力学性质富有成果的研究也不过半个世纪左右的时间，岩石力学实验是研究岩石力学理论及工程技术的基础，实验结果的准确程度决定了岩石力学问题计算及工程设计的可靠程度。因此，岩石力学实验对于岩石力学理论研究及相关工程计算及设计具有非常重要的意义。

（1）单轴压缩实验。

单轴压缩实验是最早使用的岩石力学参数测试方法，在单轴应力压缩下，试件产生纵向压缩和横向扩张，当应力达到某一量级时，试件体积开始膨胀出现初裂，然后裂隙继续发展，最后导致破坏（图1-1）。由此看来，试件在单轴应力压缩下的变形和强度属于同一完整的概念。实验过程中，通过计算机同步采集数据，可以同时得到试件的强度和位移应变。通过在刚性压力机上进行单轴压缩实验，可以获得岩石的单轴抗压强度 σ_c、弹性模量 E、泊松比 ν 等基本岩石力学参数和全应力应变曲线。时至今日，单轴压缩实验仍然是使用最多的测试手段，具有技术成熟、测试过程简单、设备性能要求低、实验成本低等优点。针对单轴压缩实验，实施国外目前已有成熟的法国标准 NF P94-420 岩石单轴压缩强度测定，及美国材料与实验协会（US-ASTM）标准 ASTM D2938 完整岩石心样的无侧限抗压强度的标准实验方法。

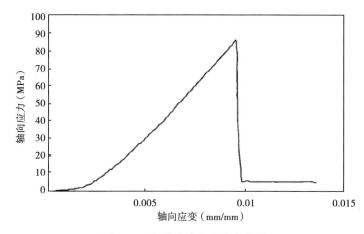

图 1-1　典型单轴应力应变曲线

（2）三轴压缩实验。

在地层中岩石总是处于一定地应力作用之下，受单轴荷载作用的情况是极少的，大多数处于两向或三向受力状态。采用岩石力学实验机对岩石试件进行三轴压缩实验，是研究岩石强度和变形特性及岩石破裂发展过程的基本手段之一。常规三轴实验与单轴实验相比，岩样除受轴向压力外还增加了侧向压力、孔压及温度条件。测试获得三轴抗压强度、杨氏模量、泊松比更能真实地反应岩石的地层力学性质。同时通过测试不同围压条件下的岩石强度还可以获得岩石黏聚力、内摩擦角。美国材料与实验协会为常规三轴实验制定了实验标准，ASTM D7012 在变化的应力和温度下完整岩石心样抗压强度和弹性模量的标准实验方法。

（3）真三轴压缩实验。

真三轴岩石压缩实验，与常规三轴压缩实验的区别在于考虑了中间应力对岩石强度的影响。最小主应力多采用液体加载，而中间应力采用机械加载。真三轴岩石压缩实验主要服务于真三轴岩石破坏准则的研究，应用较多的真三轴抗压强度准则有修正 Wellbols-Cook 准则、修正 Lade 准则及 Drucker-Prager 准则，目前国外还未形成专门针对真三轴压缩实验的标准。

（4）抗拉强度实验。

岩石抗拉强度测试主要目的在于获取岩石的抗拉强度。岩石抗拉强度测试主要采用直接拉伸实验和巴西劈裂间接实验两种。德国标准 DIN 22024 硬煤矿开采的原矿材的勘测——坚岩石的拉伸强度的测定，日本工业标准 JIS M0303 岩石拉伸强度实验方法，法国标准 NF P94-422 岩石拉伸强度的测定间接法 Brazil 实验对岩石抗拉强度测试过程做了规范要求。

（5）断裂韧性实验。

从 20 世纪 70 年代，许多学者借鉴金属断裂韧性测试方法，在岩石断裂韧性测试技术上做了大量的探索。当时通常用于测定岩石断裂韧性的方法有三点弯曲法、巴西圆盘法、厚壁圆筒法、双扭法以及划痕实验法等。

1984 年，美国材料与实验协会提出了单边直裂纹三点弯曲梁实验方法。该方法通过测量直缝矩形梁断裂时的临界载荷结合预裂纹长度，试样尺寸以及试样两支撑点间的跨距计算得出试样断裂韧性（图 1-2）。

1988 年，国际岩石力学学会（ISRM）推荐 V 形切槽圆梁（Chevron bend-CB）和短棒拉伸（Short rod-SR）等两种试样进行岩石 I 型断裂韧性测试。其中 V 形切槽弯曲梁（图 1-3）应用较多，该方法通过在试件两侧面两次进刀，各切一条斜直切口，相交形成 V 形切口，然后对试件施加载荷，测量试件断裂时的临界载荷，进而计算得出断裂韧性值。

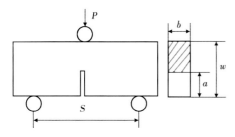 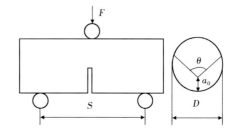

图 1-2　直缝矩形梁试件示意图　　　　图 1-3　V 形槽圆梁试件示意图

1978 年，Awai 和 Sato 首先提出使用圆盘形试件（图 1-4）测试 I 型、II 型断裂韧性；1982 年，Atkinson 推导出圆盘形试件测试 I 型、II 型断裂韧性的计算公式；1995 年，ISRM 提出"用人字形切槽巴西圆盘（Cracked chevron notched Brazilian dis-CCNBD）试件确定 I 型断裂韧性建议方法"。

厚壁圆筒法即水压致裂法，是利用液体压力对空心壁厚圆柱形岩样进行压裂而测定岩石断裂韧性的简单方法。

1966 年，学者提出用双组法测试断裂韧性，1972 年 Evans 和 Williams 对双扭法进一步完善，该方法最先用于研究玻璃和陶瓷材料的断裂性质，1977 年之后，Herry，Atlinson 等人将双扭法运用到岩石上。

划痕实验法是近年来新发展起来的一种断裂韧性测试方法，该方法通过划痕仪刀具在岩石表面刻划，获取法应力和切应力等力值信号，再根据相应数学模型，将这些信号与岩石断裂韧性相联系，进而获得沿划痕方向的断裂韧性连续剖面。

岩石超声波波速、剪切强度等测试在国外均已形成标准或推荐方法，具体做法可以查阅相关文献。

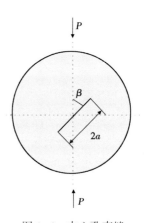

图 1-4　中心孔直缝
试件示意图

六、地应力实验评价研究进展

地应力是存在于地层中的未受工程扰动的天然应力，也称岩体初始应力、绝对应力或原岩应力，它是由地壳内部的水平构造运动及其他因素而引起的介质内部单位面积上的作用力。在岩体开挖前，地层处于自然的平衡状态。任何与地壳岩石接触的工程都受到它的影响和制约。而在地应力中与构造运动有关的那部分应力称为构造应力。它包括由当前推动力所引起的和由过去构造运动所遗留下来的（称为残余应力）两部分。在不同地区，不同深度的地层中，构造应力的大小和方向随空间和时间而变化就形成了构造应力场。

从某种意义上讲，油气勘探开发工程应该说是地下岩体渗流场、应力场、温度场等的耦合问题，其中地应力场作用占重要地位。因此，油气勘探开发的众多问题与地应力密切有关，如：地质构造形成与演化、油气运移和聚集、钻井过程中井壁的稳定、水平井的设计、水力压裂裂缝形态及方位预测和注水开发中井网的布置等。由此可以看出，有关地应力的研究是十分必要的。同样，裂缝的形成和演化受构造应力场控制，研究裂缝的重要意义，一方面在于能够提供有效的渗流通道、储集空间，并大大增加油井的泄油面积，从而极大地改善储层的渗流特性；另一方面还在于它往往直接控制着裂缝性油气藏的形成与分布。因此人们普遍认为搞清裂缝的分布规律，是油气勘探成功的一把钥匙。

地应力的研究已有上百年的历史，已有很多国家开展了地应力的测量及应用的研究工作。无论在构造地质学、地震预报和地球动力学等学科的研究中，还是在矿场开采、地下工程和能源开发的生产实践中，均有广泛的应用，并且日益受到国内外学术界和工程界的重视（张景和，2001）。

美国和加拿大是最早进行地应力测量和应用的两个国家，地应力在水利工程、地下建筑以及油气田和地热能开发方面已得到广泛应用。据有关资料显示，仅地应力用于防止井壁坍塌方面，每年就可节约 20 亿美元以上。苏联曾对西伯利亚油田进行过地下核爆炸用于改变油田应力场进行开发实验，对地应力的性质、形成机制、空间分布规律及其干扰因素的理论研究做了大量工作（陈澎年，1990）。

地应力的研究已有上百年的历史，1912 年瑞士地质学家海姆（A. Heim）在大型越岭隧道的施工过程中，通过观察和分析，首次提出了地应力的概念，并假设地应力是一种静水应力状态，即地壳中任意一点的应力在各个方向上均相等，且等于单位面积上上覆岩层的重量，即：

$$\sigma_h = \sigma_v = \gamma H \tag{1-9}$$

式中　σ_h——水平应力；

　　　σ_v——垂直应力；

　　　γ——上覆岩层容重；

　　　H——深度。

1926 年，苏联学者金尼克修正了海姆的静水压力假设，认为地层中各点的垂直应力等于上覆岩层的重量，而侧向应力（水平应力）是泊松效应的结果，其值应为 γH 乘以一个修正系数。他根据弹性力学理论，认为这个系数等于 $\dfrac{\nu}{1-\nu}$，即：

$$\sigma_h = \gamma H$$

$$\sigma_{h} = \frac{\nu}{1-\nu}\gamma H \qquad\qquad (1-10)$$

式中 ν——上覆岩层的泊松比。

同时期的其他学者研究重点主要在于如何用数学公式来定量计算地应力的大小，并且也都认为地应力只与重力有关，即以垂直应力为主，他们的不同点只在于侧压系数的不同。然而，许多地质现象，如断裂、褶皱等均表明地壳中水平应力的存在。

20世纪50年代，哈斯特（N. Hast）首先在斯堪的纳维亚半岛进行了地应力测量的工作，发现存在于地壳上部的最大主应力几乎处处是水平或接近水平的，而且最大水平主应力一般为垂直应力的1~2倍，甚至更多；在某些地表处，测得的最大水平应力高达7MPa。这就从根本上动摇了地应力是静水压力的理论和以垂直应力为主的观点。

后来的进一步研究表明，重力作用和构造运动是引起地应力的主要原因，其中尤其以水平方向的构造运动对地应力的形成影响最大。当前的应力状态主要由最近一次的构造运动控制，但也与历史上的构造运动有关。由于亿万年来，地球经历了无数次大大小小的构造运动，各次构造运动的应力场也经过多次的叠加、牵引和改造，另外，地应力场还受到其他多种因素的影响，因而造成了地应力状态的复杂性和多变性。即使在同一工程区域，不同点地应力的状态也可能是很不相同的。

在中国，李四光教授曾把地应力作为地质力学的一部分进行了研究。20世纪60年代以来，开始了地应力对地震预报的研究，1966年在河北省隆尧县建立了中国第一个地应力观测台站，1980年国家地震局首次进行了水力压裂地应力测量（蔡美峰，1995）。中国已经开展了地应力状态的区域特征、地应力随深度变化、活动断层附近的应力状态、强地震区应力状态、地应力状态与地壳运动关系、地应力与构造形态和地应力与矿产分布等方面的研究。其中在地应力与矿产分布、在着眼于地震成因和预报活动的断层附近应力状态及强震区应力状态方面，对世界地应力研究做出了重要贡献，同时地应力研究也在地质、冶金、煤炭、水利电力、铁路方面得到了应用。如：金川矿区的三维应力测量为该矿的地下巷道设计与施工安全提供了重要科学依据；又如：二滩水电站坝区及长江三峡坝区的应力测量，对坝区一系列重大岩体工程稳定性的处理，对于站枢纽布局方案的选择都发挥了作用。

在石油工业中，20世纪80年代石油大学黄荣樽教授结合地层破裂压力预测工作的需要，对地应力的分布规律进行了研究，80年代末，许多油田由于水力压裂裂缝扩展规律和油水井布置方案研究的需要，都相继开展了地应力测量与应用的研究工作，特别是"地应力测量及其在石油勘探开发中的应用"研究以来，中国石油部门地应力研究与应用水平得到迅速提高，取得了显著成果。这些研究，对加快中国石油工业地应力研究及运用起到了很大推动作用。

构造应力场概念（李四光，1973）在中国也是由李四光教授首先提出的，早在1947年就提出用构造形迹反推构造应力场，并研究各种不同力学性质的构造形迹与应力方向、应力作用方式之间的相互关系。几乎与之同时，20世纪40年代格佐夫斯基也提出研究构造应力场，并把用赤平投影求主应力轴方向的方法引进构造应力场的研究。50~60年代，国内外地质工作者结合地震地质的研究工作开展了构造应力测量，经多年努力，通过野外和室内实测证实了构造应力的存在，并探索、研究了行之有效的构造应力测量技术方法，完善了构造应力测量的理论基础，建立了可靠的测量技术方法和数据处理系统。70年代，构造应力场的研究有长足进展，应力场的研究逐渐深入到地质学的有关领域。万天丰1988年编著了《古构造应力场》一书，较全面地论述了构造应力场的有关问题。

目前，油气勘探开发中进行地应力研究及应用已经受到国内外石油界的普遍重视。经过10~20年的发展，中国石油工业各部门在地应力的测量和应用研究方面取得了许多成果，这对石油工业的发展起到了巨大的推动作用。

七、水力裂缝形态实验评价研究进展

目前国内外水力压裂实验研究主要有以下几种。

1. 裂缝形态的直观实验

方法是用有机玻璃等透明材料作为试样，便于直接观察裂缝扩展的过程和形态。法国石油研究院（IFP）曾做过这类实验；Thiercelin 等人采用高速照相机拍摄裂缝扩展过程，并用于扩展速度的分析。当试样为均质材料时，水力裂缝的缝长剖面和缝宽剖面形态近似为椭圆。但这一结论在裂缝穿过材料性质不同的隔层及不同的水平地应力层时是不适合的。

2. 非固结表面对裂缝垂向扩展的影响

主要是研究界面性质的影响。Thiercelin 指出当裂缝与界面相交时可能有 4 种情况：裂缝可能穿过、停留（止裂）、拐弯或者转向。Anderson，Teufel 用两块材料做成试样，通过改变垂向压力和在界面添加润滑剂来改变界面间的摩擦力，研究不同摩擦力条件和界面性质下裂缝的扩展问题。发现存在着一个以临界正应力表示的临界界面剪切强度，低于此值，裂缝将沿界面产生滑动，不会穿过界面，反之则可能穿过界面。同时指出临界剪切强度与界面性质（粗糙度、润滑性）和压裂液有关。当然在实际井下条件下，界面状况是难以测定的，况且在深井段地层的上覆岩层压力一般都足以产生较大的摩擦力，从而阻止滑动的产生。不过该研究对于裂缝穿过地层中天然裂隙时有一定意义。

3. 层状介质对裂缝垂向扩展的影响

主要是研究压裂层与隔层间水平地应力差、弹性模量差、断裂韧性差等因素对裂缝垂向扩展的影响。Warpinski 采用一种称为应力环（Stressring）的装置向岩样的一部分施加水平围压，用单一岩样研究水平应力差对垂向扩展的影响，用两种岩样组成多层体系，研究弹性模量差的影响。研究结果表明，当产层与隔层之间的地应力差达到 300~400psi（2~3MPa）时，裂缝的垂向延伸将受到截止。

4. 多裂缝扩展的模拟研究

Papadopoulos 采用水泥试样研究了两条裂缝在压裂过程中的扩展和相互影响。Daneshy 研究了岩石中含有脆弱面时裂缝的延伸情况，发现小的闭合脆弱面（裂缝）的存在并不能改变裂缝走向，但大的张开裂缝存在时裂缝将发生偏转。

5. 裂缝形态和压力的监测

研究裂缝几何尺寸和缝内压力随注入液体体积变化的规律。这种实验的难度较大，主要是要设法测量裂缝几何尺寸的变化。Thiercelin 采用有机玻璃作为试样，用高速摄像机记录裂缝扩展的过程和形态。Medlin 测量了限高裂缝延伸过程中宽度、长度和压力的变化，宽度通过放置在裂缝表面的一对铜板板间电容的变化反映出来，压力直接用压力传感器测定，长度则用超声波方法或压力脉冲方法测定，超声波方法还验证了裂尖与压裂液之间存在着一个无液空间。但这些方法均需对岩样进行特殊加工，破坏了岩样的完整性。

6. 裂缝内压裂液流动特性研究

美国 Oklahoma 大学建立了大型 FFCF 裂缝活动模拟装置，研究压裂液在缝内的流动特性，精确预测缝内压裂液流动和支撑剂的运移等。该装置可以改变裂缝的几何形态，采用激光和光纤技术进行细观研究。深部地层的水力压裂是一个十分复杂的物理过程。由于水力压裂所产生的裂缝实际形态难于直接观察，人们往往只能借助于建立在种种假设和简化条件基础上的数值模型进行间接分析。数值模型是重要的，但常常因对水力压裂裂缝扩展机理认识的局限而带来较大的误差。水力压裂模拟实验是认识裂缝扩展机制的重要手段，通过模拟地层条件下的压裂实验，可以对裂缝扩展的实际物理过程进行监测，并且对形成的裂缝进行直接观察。这对于正确认识特定层位水力裂缝扩展的机理，并在此基础上建立更贴近实际的数值模型具有重要的意义。

第二章 碳酸盐岩储层酸化实验评价方法及分类

第一节 实验评价方法分类

一、碳酸盐岩酸化压裂实验评价技术

酸化是油气井投产、增产的主要技术措施之一，酸化室内实验是实施酸化工艺的重要技术保障。酸化室内实验研究就是从基础着手，优选酸液体系和酸化工艺，它比直接在现场实施酸化实验来选择酸液体系和酸化工艺要全面、准确、省时、低耗（低成本）。因此，针对具体的油气层，酸化作业前开展酸化室内实验研究，用具体的储层岩石、流体来模拟储层条件下开展酸化实验，可以较为方便准确地弄清酸岩反应机理，优选酸液配方体系和酸化工艺。

归纳总结碳酸盐岩酸化室内评价类型，主要包括储层物性特征参数、岩心矿物成分、岩石力学参数、酸岩反应动力学参数、酸岩反应流动、酸蚀裂缝微观特征及残酸伤害等方面的评价实验。

具体来说，碳酸盐岩酸化压裂实验评价主要分为7大类（图2-1）：储层物性分析、岩心分析、岩石力学参数及地应力、储层敏感性评价、酸液性能参数测定、酸岩反应及流动实验测试、酸蚀裂缝刻蚀特征数字化。

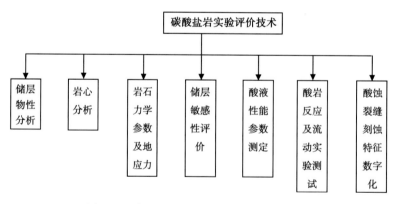

图2-1 碳酸盐岩酸化压裂实验评价分类图

将7大类碳酸盐岩酸化压裂实验评价再进行细分，可以划分为31小类评价实验，其中储层物性分析包括孔隙度、渗透率；岩心分析包括矿物成分和微观孔隙结构分析；岩石力学参数及地应力包括岩石力学参数、地应力大小、地应力方向；储层敏感性评价包括水敏、酸敏、碱敏、应力敏、速敏、水锁；酸液性能参数测定包括黏度、表面张力、配伍性、残渣、流变参数、腐蚀、酸液浓度、密度；酸岩反应及流动实验测试包括酸岩反应动力学、

酸溶蚀率、酸化效果、酸蚀裂缝导流能力、酸液穿透、酸液滤失、残酸伤害、钻井液伤害评价及解除实验。具体分类见表 2-1。

表 2-1 碳酸盐岩酸化压裂实验评价分类表

粗分类型	细分类型
储层物性分析	孔隙度、渗透率测试
岩心分析	矿物成分和微观孔隙结构分析
岩石力学参数及地应力	杨氏模量、泊松比、抗压强度、抗拉强度、地应力大小、地应力方向
储层敏感性评价	水敏、酸敏、碱敏、应力敏、速敏、盐敏、水锁
酸液性能参数测定	黏度、表面张力、配伍性、残渣、流变参数、腐蚀、酸液浓度、密度
酸岩反应及流动实验测试	酸岩反应动力学、酸溶蚀率、酸化效果、酸蚀裂缝导流能力、酸液穿透、酸液滤失、残酸伤害、钻井液伤害评价及解除实验
酸蚀裂缝刻蚀特征数字化	—

二、碳酸盐岩酸化评价实验设备

归纳总结了各种碳酸盐岩酸化压裂实验评价方法所需用到的实验设备及执行的石油天然气行业标准，见表 2-2 和表 2-3。对于少数没有相应的中华人民共和国石油天然气行业标准参照的评价实验，编制了相应的评价方法供参照执行。

表 2-2 碳酸盐岩酸化实验评价设备及执行标准（1）

实验类型		评价方法执行标准	实验结果	实验设备
物性	孔隙度	GB/T 29172—2012《岩心分析方法》	ϕ	游标卡尺、天平
		SY/T 6385—1999《覆压下岩石孔隙度和渗透率测定方法》	ϕ	覆压孔渗自动测量仪
	气测渗透率	GB/T 29172—2012《岩心分析方法》	K	气体渗透率仪
		SY/T 6385—1999《覆压下岩石孔隙度和渗透率测定方法》	K	覆压孔渗自动测量仪
矿物成分及微观结构	X 射线衍射	SY/T 5163—2010《沉积岩中黏土矿物和常见非黏土矿物 X 射线衍射分析方法》	全岩矿物和黏土矿物	X 射线衍射仪
	微观结构	SY/T 5162—1997《岩石样品扫描电子显微镜分析方法》	微观结构、岩石黏土组分	扫描电镜
岩石力学及地应力	岩石力学参数	ASTM D7012—2014《压力及温度变化下原状岩心样品抗压强度及弹性模量标准测试方法》	杨氏模量、泊松比、抗压强度、内聚力、内摩擦系数	GCTS 岩石力学测试仪、MTS 岩石力学仪、SAM 岩石力学仪
		GB/T 23561.10—2010《煤和岩石物理力学性质测定方法 第 10 部分：煤和岩石抗拉强度测定方法》	抗拉强度	
	地应力大小	《岩心应力释放产生的应变与应力的相关性》	最大、最小水平主应力、垂向地应力、地应力剖面	差应变测量系统、GCTS 岩石力学仪
	地应力方向		地应力方向	古地磁测试仪

实验类型		评价方法执行标准	实验结果	实验设备
酸液性能	密度、黏度、流变参数	SY/T 5107—2016《水基压裂液性能评价方法》	密度、黏度、稠度系数、流变指数	密度计、旋转黏度计、流变仪
	腐蚀速率	SY/T 5405—1996《酸化用缓蚀剂性能试验方法及评价指标》	腐蚀速率、缓蚀率	旋转岩盘仪
	表面张力	SY/T 5370—1999《表面及界面张力测定方法》	表面张力	界面张力仪
储层敏感性评价	酸敏、水敏、应力敏、速敏、碱敏、盐敏	SY/T 5358—2010《储层敏感性流动实验评价方法》	六敏伤害率及临界流速、临界pH值、临界应力	气测渗透率仪、高温高压滤失仪、长岩心流动仪、岩心伤害仪
酸蚀裂缝数值化		对检测方法进行编制	酸蚀裂缝三维图、裂缝间距等高线图及三维图	三维激光扫描

表2-3 碳酸盐岩酸化实验评价设备及执行标准（2）

实验类型		评价方法执行标准	实验结果	实验设备
酸岩反应及流动实验测试	酸岩反应动力学	碳酸钙含量>75%储层，采用称重法测定酸岩反应速率	反应速率、H⁺、活化能	旋转岩盘仪
		SY/T 6526—2002《盐酸与碳酸盐岩动态反应率测定方法》	反应速率、H⁺、活化能、残酸变成时间	旋转岩盘仪
	酸液滤失	SY/T 5107—2016《水基压裂液性能评价方法》	滤失系数、初滤失量	高温高压滤失仪
	酸化效果	SY/T 5358—2010《储层敏感性流动实验评价方法》	渗透率变化值	高温高压滤失仪、长岩心流动仪、岩心伤害仪
	钻井液伤害评价及解除实验	SY/T 6540—2002《钻井液完井损害油层室内评价方法》	钻井液伤害率、酸化效果	高温高压滤失仪、长岩心流动仪、岩心伤害仪
	残酸伤害	SY/T 5107—2016《水基压裂液性能评价方法》	残酸伤害率	高温高压滤失仪、长岩心流动仪、岩心伤害仪
	酸蚀裂缝导流能力	对检测方法进行编制	裂缝导流能力、酸蚀裂缝形态特征	酸蚀裂缝导流仪
	酸与岩石溶蚀率	GB/T 29172—2012《岩心分析方法》	溶蚀率	水浴锅
	酸液穿透	对检测方法进行编制	穿透时间、穿透体积	高温高压滤失仪、长岩心流动仪、岩心伤害仪

三、实验岩心尺寸及酸液用量

不同碳酸盐岩酸化评价实验所需岩心尺寸及每套实验所需酸液量见表2-4和表2-5。

表2-4 不同碳酸盐岩酸化评价实验所需岩心尺寸及每套实验所需酸液量（1）

实验类别	岩心尺寸	所需工作液	实验套次
孔隙度、渗透率	实验岩心尺寸	—	1
微裂缝分析	小岩块	—	1
岩石矿物成分	岩末	—	2~3

实验类别		岩心尺寸	所需工作液	实验套次
酸与岩石溶蚀率		岩末	100mL／套	2~3
岩石力学		D25.4mm×L50.8mm 或 D50.8mm×L100mm	—	2~3
地应力大小		L45mm×L45mm×H45mm	—	2~3
地应力方向		D39mm×L76mm	—	2~3
酸岩反应动力学	动力学方程	D25.4mm×L25.4mm（改造前）	500mL／套（改造前） 1000mL／套（改造后）	3~4
	活化能	D25.4mm×L（80.0~100）mm（改造后）		3~4
	传质系数	或 D50.8mm×L（80.0~100）mm（改造后）		3~4
酸液穿透		D25.4mm×L50.8mm	1L	1~2
残酸伤害		D25.4mm×L50.8mm	残酸、标准盐水各1L	1~2
酸蚀裂缝数字化		实验岩心尺寸	—	1
酸化效果		D25.4mm×L50.8mm	1L	1~2
酸蚀裂缝导流能力		两块 L152mm×L50mm×H23~25mm	视实验方案而定	1~2
酸液滤失		D25.4mm×L50.8mm	1L	1~2

表 2-5　不同碳酸盐岩酸化评价实验所需岩心尺寸及每套实验所需酸液量（2）

实验类别		岩心尺寸	所需工作液	实验套次
酸液性能	密度	—	250mL／套	2~3
	pH	—	250mL／套	2~3
	黏度	—	400mL／套	2~3
	表面张力	—	100mL／套	3~10
	残渣	—	100mL／套	2~3
	酸岩溶蚀	—	100mL／套	2~3
	腐蚀	—	600mL／套	2~3
	流变	—	100mL／套	1~2
敏感性实验	水敏	D25.4mm×L50.8mm	各种浓度标准盐水各1L	1~2
	速敏	D25.4mm×L50.8mm	2L	1~2
	碱敏	D25.4mm×L50.8mm	各种 pH 溶液及标准盐水各1L	1~2
	应力敏	D25.4mm×L50.8mm	—	1~2
	盐敏	D25.4mm×L50.8mm	各种矿化度盐水各1L	1~2
	酸敏	D25.4mm×L50.8mm	酸及标准盐水各1L	1~2
	水锁	D25.4mm×L50.8mm	1L	1~2

第二节　实验评价参数选择

一、碳酸盐岩酸化工艺实验评价类别

酸化按照工艺不同可分为酸洗、基质酸化和压裂酸化（也称酸压）。

1. 酸洗

对于酸洗工艺，酸化评价的主要目的是酸液对井筒中堵塞物的解除效果，通常是模拟储层温度条件下酸液对井筒堵塞物的溶蚀率。概括起来主要是以下几个方面：

（1）已施工井评价解堵效果：酸化施工用酸液对井筒堵塞物的溶蚀率测定。

（2）未施工井优选酸液：需要开展不同酸液类型及不同酸液浓度的酸液对井筒堵塞物的溶蚀率测定，优选酸液配方及浓度。

（3）堵塞物成分分析。

因此，酸洗工艺涉及的实验评价主要是酸对井筒堵塞物溶解，进行酸液性能评价及酸液优选。

2. 基质酸化

钻井、完井过程中外来流体对储层造成了伤害，堵塞孔隙喉道影响油气渗流通道，降低了气井天然产能。基质酸化是不压破地层的情况下将酸液注入地层孔隙（晶间、孔穴或裂缝）的工艺，利用酸液溶解孔隙及喉道中胶结物和堵塞物，改善储层渗流条件，提高油气产能，其适用于解除近井地带的污染。

基质酸化解堵工艺要考虑以下几个方面的问题：

（1）储层伤害因素分析。

（2）侵入深度、伤害程度的确定。

（3）酸液类型优选。

（4）为解除伤害尽量使表皮系数降为–3以下，立足经济优化，对施工排量和施工规模优化。

为达到基质酸化工艺设计及施工需达到的效果，基质酸化评价实验涉及类型有物性测试、岩石矿物成分分析、酸岩反应动力学、敏感性分析、酸液穿透、酸液性能、酸溶蚀率、残酸伤害及酸蚀裂缝微观特征描述，具体如下：

（1）孔隙度、渗透率测试及孔洞、裂缝描述：对储层特征的进一步了解，且便于对实验结果进行分析。

（2）岩石成分分析：岩石矿物成分决定着酸岩反应速率及酸液溶蚀量大小，同时黏土矿物矿物成分是储层敏感性影响因素分析的重要依据。

（3）储层伤害评价：工作液伤害实验及储层敏感性评价。

（4）施工排量和施工规模优化：根据岩心穿透实验结果、酸岩反应动力学、酸蚀裂缝微观特征进行指导。

（5）酸液类型及酸液浓度优选：酸液对钻井液溶蚀率、酸溶蚀率、岩心穿透实验、酸化效果、酸岩反应动力学、酸蚀裂缝微观特征、酸液性能测试、残酸伤害。

3. 压裂酸化

压裂酸化是在高于岩石破裂压力下将酸注入地层，在地层内形成裂缝，通过酸液对裂缝壁面物质的不均匀溶蚀形成高导流能力的裂缝。通过酸压在碳酸盐岩储层中形成人工裂缝，解除近井带污染，改变储层流型，沟通深部油气区，可大幅度提高油气井产量。

酸压裂通常要考虑以下几个方面的问题：

（1）储层物性、温度、裂缝发育状况、岩心等地质特征。

（2）弄清楚岩石力学及地应力特征，对施工压力、裂缝起裂方式、酸蚀裂缝延伸状况进行预估。

（3）酸化改造工艺的优选。

（4）酸蚀裂缝导流能力的评价。

（5）酸蚀裂缝长度优化。

（6）酸液体系的优选。

（7）施工规模、施工排量的优化。

所以，压裂酸化评价实验涉及类型有物性测试、岩石矿物成分分析、酸岩反应动力学、酸蚀裂缝导流能力、酸液滤失、酸液性能、残酸伤害、岩石力学与地应力及酸蚀裂缝微观特征描述，具体为：

（1）物性、岩石成分及微观结构分析。

（2）岩石力学及地应力：施工压力、酸蚀裂缝起裂研究及酸蚀裂缝形态分析的依据。

（3）储层改造工艺优选：酸蚀裂缝导流能力、酸液滤失、岩石力学及地应力、酸蚀裂缝微观特征。

（4）施工排量和施工规模优化：岩石力学及地应力、酸岩反应动力学、酸蚀裂缝导流能力、酸蚀裂缝微观特征进行指导。

（5）酸液类型及酸液浓度优选：酸化效果、酸岩反应动力学、酸蚀裂缝导流能力、酸蚀裂缝微观特征、酸液性能测试、残酸伤害。

二、实验评价参数选择

根据碳酸盐岩酸化改造工艺类型及达到的实验目的，将每种酸化工艺需要进行的评价实验类型进行汇总，并列出每种方法对应的评价设备、评价标准、实验结果参数，并利用这些实验结果能指导碳酸盐岩储层改造的酸液类型选择、施工参数优化及工艺类型选择等，见表2-6、表2-7。

表2-6　酸洗及基质酸化工艺实验评价表

工艺类型	实验类别	实验结果	应用范围
酸洗	酸对井筒堵塞物溶解	酸溶蚀率	酸液性能评价及酸液优选
基质酸化	孔隙度、渗透率	ϕ、K	认识储层，辅助实验结果分析
	微裂缝分析	岩石微观结构	黏土矿物成分分析，微裂缝产状及喉道特征
	岩石矿物成分	岩石及黏土矿物成分	酸岩反应速率、酸溶蚀率、储层敏感性分析依据
	酸与岩石溶蚀率	溶蚀率	酸液评价及酸液优选
	酸岩反应动力学	反应速率、H^+、活化能	酸液体系、施工排量选择
	酸液穿透	穿透时间、穿透体积	酸液体系、施工排量、施工规模选择依据
	酸化效果	渗透率变化值	酸液体系、施工规模选择依据
	酸液性能	密度、浓度、黏度、表面张力、腐蚀、残渣	酸液评价及酸液优选
	敏感性实验	六敏伤害率及临界流速、临界pH值、临界应力	储层伤害评价、开发过程中工作液、开发措施依据
	残酸伤害	残酸伤害率	酸液评价及酸液优选
	酸蚀裂缝数字化	酸蚀裂缝三维图、裂缝间距等高线图及三维图	酸液体系、施工排量选择依据

表 2-7　压裂酸化工艺实验评价表

工艺类型	实验类别	实验结果	应用范围
酸压裂	孔隙度、渗透率	ϕ、K	认识储层，辅助实验结果分析
	微裂缝分析	岩石微观结构	黏土矿物成分分析，微裂缝产状及喉道特征
	岩石矿物成分	岩石及黏土矿物成分	酸岩反应速率、酸溶蚀率、储层敏感性分析依据
	岩石力学	杨氏模量、泊松比、抗压强度、断裂韧性	施工压力、裂缝宽度及裂缝起裂研究
	地应力	地应力大小、应力剖面	酸蚀裂缝几何形态计算、闭合压力及裂缝纵向延伸分析
	酸岩反应动力学	反应速率、H^+、活化能	酸液体系、施工排量选择及酸液有效作用距离计算
	酸蚀裂缝导流能力	裂缝导流能力、酸蚀裂缝形态特征	酸化工艺、施工排量及施工规模、酸液体系优选
	酸液滤失	滤失系数、初滤失量	酸液体系、酸液有效作用距离计算、酸化工艺
	酸液性能	密度、黏度、稠度系数、流变指数、表面张力	酸液评价及酸液优、酸蚀裂缝尺寸分析
	残酸伤害	残酸伤害率	酸液评价及酸液优选
	敏感性实验	六敏伤害率及临界流速、临界 pH 值、临界应力	储层伤害评价、开发过程中工作液、开发措施依据
	酸蚀裂缝数字化	酸蚀裂缝三维图、裂缝间距等高线图及三维图	酸液体系、施工排量选择依据
	酸化效果	渗透率变化值	酸液体系、施工规模选择依据

（1）物性分析：采用储层岩心开展实验。

（2）矿物成分：全岩矿物成分分析在酸岩反应如酸岩反应动力学、酸化效果、酸蚀裂缝导流能力等实验考虑，黏土矿物成分分析在敏感性分析及储层伤害因素分析中需测试。

（3）岩石力学及地应力：多在在酸压改造工艺中考虑。

（4）基质酸化改造工艺中酸岩反应流动实验：酸液穿透、酸化效果、残酸伤害、酸岩反应动力学。

（5）压裂酸化改造工艺中酸岩反应流动实验：酸岩反应动力学、酸蚀裂缝导流能力、酸化效果、酸液滤失、残酸伤害。

（6）酸液性能测试：酸浓度、密度、黏度、表面张力、腐蚀是酸液性能评价及优选都需考虑的参数，在酸化压裂工艺中还需考虑流变参数及黏温性能测试，在酸液对储层伤害评价研究中还需测试酸液中残渣含量分析及酸液与储层流体配伍性分析。

（7）酸蚀裂缝数值化特征描述：酸岩反应动力学、酸液穿透、酸蚀裂缝导流能力、酸化效果、酸液滤失实验后酸蚀岩心表面特征。

（8）酸携砂工艺中，支撑剂类型、粒径、支撑导流能力测试、铺砂浓度优选都需要考虑，因此支撑剂性能评价与导流能力测试是必需的。鉴于这种工艺应用较少，除了支撑剂酸溶解度专门介绍外，其他相关测试在本书不重复介绍。

（9）指定性实验不受上述原则限制。

三、实验评价依据

碳酸盐岩压裂酸化实验评价建立在现场压裂酸化施工的基础上，模拟储层真实状况，因此，实验评价条件要以实际井下条件为基础。在开展实验以前，实验人员有必要收集以下资料获得相关参数。

1. 地质资料

主要包括单井地质设计、区块储层描述以及开展的物性分析相关实验等方面资料。其主要目的是弄清楚储层温度、压力、储层井段、流体性质、储层物性、岩性、钻井液漏失情况等。

2. 完井资料

主要包括完井设计。其主要目的是弄清楚完井管柱、完井方式、完井液类型等相关资料。

3. 酸化施工资料

主要包括单井酸化设计、酸化施工公报、酸化施工数据或者邻井及区域的酸化设计、酸化施工公报、酸化施工数据。其主要目的是弄清楚储层改造施工参数、工作液类型、闭合压力、工作液性能参数、酸化工艺、施工管柱以及酸蚀裂缝几何尺寸参数等。

综上所述，碳酸盐岩酸化压裂实验评价条件来源主要包括地质资料、完井资料及酸化施工资料，每一种类型资料具体包括哪些资料名称及能为实验评价提供哪些类型的参数见表2-8。

表 2-8　碳酸盐岩酸化压裂实验评价所需资料统计表

类别	资料名称	获取参数
地质资料	单井地质设计、区块储层描述、物性分析	储层温度、压力、储层井段、流体性质、储层物性、岩性、钻井液漏失情况等
完井资料	完井设计	完井管柱、完井方式、完井液类型等相关资料
酸化施工资料	单井酸化设计、酸化施工公报、酸化施工数据，邻井及区域的酸化设计、酸化施工公报、酸化施工数据	储层改造施工参数、工作液类型、闭合压力、工作液性能参数、酸化工艺、施工管柱以及酸蚀裂缝几何尺寸参数等

第三节　实验评价技术应用分类

碳酸盐岩酸化压裂通过酸岩反应动力学、酸液性能测试、酸液穿透、酸蚀裂缝导流能力等一系列评价实验，结合岩石矿物成分及储层物性特征，对酸刻蚀岩石特征、酸液滤失、酸化效果、酸岩反应速率快慢及外来流体对储层岩石伤害等都能取得一定认识。酸化实验评价结果主要用于指导酸化施工工艺、施工参数、酸液体系的优选及流体对储层的改造效果及伤害评价方面。

对碳酸盐岩酸化压裂实验结果进行了归纳总结分析，将实验结果对酸化设计、酸化效果分析的应用方面分为直接分析、输入酸化设计软件计算及利用理论公式计算三方面，见表2-9。

表 2-9　碳酸盐岩酸化评价实验结果应用分类

实验类型		实验结果	结果应用		
			直接应用	输入酸化设计软件计算	利用理论公式
物性	孔隙度	ϕ	√	√	√
	气测渗透率	K	√	√	√
矿物成分及微观孔隙结构	X 射线衍射	全岩矿物和黏土矿物	√	√	
	电镜扫描	微观结构、岩石黏土组分	√		
岩石力学及地应力	岩石力学	杨氏模量、泊松比、抗压强度、断裂韧性	√	√	√
	地应力	最大、最小水平主应力、垂向地应力、地应力剖面、地应力方向	√	√	√
酸液性能	密度、黏度、流变参数	密度、黏度、稠度系数、流变指数	√	√	
	表面张力	表面张力	√		
储层敏感性评价	酸敏、水敏、应力敏、速敏、碱敏、盐敏、水锁	六敏伤害率及临界流速、临界 pH 值、临界应力	√		
酸岩反应及流动实验测试	酸岩反应动力学	反应速率、H$^+$、活化能、残酸变成时间	√	√	√
	酸液滤失	滤失系数、初滤失量		√	√
	酸化效果	渗透率变化值	√		
	钻井液伤害评价及解除实验	钻井液伤害率、酸化效果	√		
	残酸伤害	残酸伤害率	√		
	酸蚀裂缝导流能力	裂缝导流能力、酸蚀裂缝形态特征	√	√	√
	酸与岩石溶蚀率	溶蚀率	√	√	
	酸液穿透	穿透时间、穿透体积	√		√
酸蚀裂缝数值化		酸蚀裂缝三维图、裂缝间距等高线图及三维图	√		

一、直接应用分析

实验评价结果直接应用分析主要是定性分析，主要包括以下几个方面。

（1）物性参数及微观孔隙结构：岩心物性参数孔隙度、渗透率的测试及岩心孔洞、微裂缝的观察除了了解储层物性外，其主要目的是作为实验选岩心、实验参数选择及对实验结果（如穿透实验、滤失实验等）的分析提供依据。

（2）矿物成分：了解储层岩心矿物成分组成，对储层改造工艺、酸液类型的选择进行指导，同时为酸化效果、酸岩反应速率、岩心伤害、储层敏感性、酸溶蚀率及酸蚀裂缝导流能力实验结果分析提供依据。

（3）岩石力学参数：通过岩石力学参数的测试了解储层岩石性质，初步判断储层改造施工难度及对裂缝形态的影响，同时可以为储层改造工艺进行指导。

（4）地应力大小及方向：地应力大小测试得出三向地应力的相对大小，为储层改造破裂压力及闭合压力的计算提供依据，同时可以初步判断储层改造形成的裂缝形态。通过地应力方向的测试，主要是为井眼轨迹设计及评价、射孔参数优化等提供指导。

（5）酸液性能：酸浓度、密度是酸液性能常规参数，酸密度的测试结果参与酸化施工压力的计算，酸浓度的测试对于不同浓度的酸岩反应实验结果进行分析评价的依据。酸液腐蚀测试是通过实验结果对酸液的腐蚀性能做出评价，从而优化酸液性能，减少酸液是施工井管柱的腐蚀。酸液流变参数测试得到酸液黏温性能、流态指数及稠度系数，分析酸液在储层温度下的抗剪切性能，对酸液在储层中滤失、酸压改造中缝高的影响以及酸携砂工艺中携砂能力的评价起重要作用。酸液中残渣含量测试及酸液与储层流体配伍性测试主要评价酸液对储层伤害，对指导酸液类型及酸液浓度的选择。酸液表面张力的测试主要是评价酸液的返排性能。

（6）储层敏感性包括酸敏、水敏、应力敏、速敏、碱敏、盐敏和水锁实验，实验结果可以获得 6 种敏感性实验的伤害率及临界流速、临界 pH 值、临界应力等值。通过敏感性实验结果主要用于评价钻井、完井、增产改造及生产过程中外来流体对储层的伤害评价，并对钻井液类型、钻井液 pH 值、完井方式、储层改造方式、储层改造流体类型和泵注速度以及开采速度的优选起指导作用。

（7）酸岩反应动力学测试主要通过酸浓度测试得到酸岩反应速率的大小，从而获得酸岩反应动力学方程、H$^+$ 传质系数、活化能以及酸液变成残酸时间。通过实验结果优选酸液类型、酸液浓度，了解酸岩反应过程中酸岩反应速率的控制特征，为酸岩反应机理研究提供依据。同时，根据酸液变成残酸时间指导增产改造施工规模的优化。

（8）酸岩反应流动实验测试包括了酸化效果、残酸伤害、酸液穿透、酸蚀裂缝导流能力实验，酸化效果和残酸伤害实验结果可以指导酸液的选择及酸化改造后排液方式的选择。酸液穿透实验可以获得穿透时间、穿透体积等结果，根据不同酸液、不同流速的穿透实验结果，一是指导酸液的选择，二是优化基质酸化注酸速率和酸化规模的依据。酸蚀裂缝导流能力实验则主要是评价酸液在不同排量下对岩石刻蚀后不同闭合压力下酸蚀裂缝导流能力的大小，指导酸压改造中酸液和施工排量选择。

（9）钻井液伤害评价及解除实验是通过测试钻井液对储层岩心的伤害率评价钻井液对储层的伤害程度，并通过酸液对钻井液的解除实验评价酸液对钻井液的溶蚀能力，从而为酸化工艺选择及酸液类型优选提供指导。

（10）酸蚀裂缝数值化可以对酸岩反应动力学、酸化效果、残酸伤害、酸液穿透、酸蚀裂缝导流能力等实验的岩心表面进行数值化描述，获得酸蚀裂缝三维图、裂缝间距等高线图及三维图，结合酸液穿透、酸化效果、酸蚀裂缝导流能力、酸岩反应等系列实验结果，为酸液类型、施工排量选择及酸化机理研究提供指导。

二、输入酸化设计软件计算

目前压裂酸化设计种类较多，有国外进口软件，也有各大石油高校自主编制的软件，它们的编制依据都是在研究压裂酸化过程中裂缝延伸模型的基础上，西南油气田分公司工程技术研究院压裂酸化研究所主要采用的软件是 FracPT 和 StimPT 软件，FracPT 软件主要用于压裂酸化设计，StimPT 软件主要用于基质酸化设计。在这两个软件中，除了需要施工井井身条件参数、利用测井和试井获得储层参数外，还需要输入大量实验室测定的物性参数及酸液性能参数。

1. FracPT 软件输入参数

FracPT 软件压裂酸化设计、压裂酸化分析、产量分析及经济优化模块涉及输入参数主要有井身结构、热交换参数、油藏参数、流体和支撑剂参数、施工规模选择等，其中油藏参数和酸液性能参数是压裂酸化设计和分析时必不可少的，其中有些参数通过实验室测试获得，具体输入参数窗体介绍如下。

1）储层物性参数

包括渗透率和孔隙度，这两个参数获得有两个途径，一是由测井解释得出不同层段的 K 和 ϕ，二是由实验室测量不同井段岩心的 K 和 ϕ，如图 2-2、图 2-3 所示。

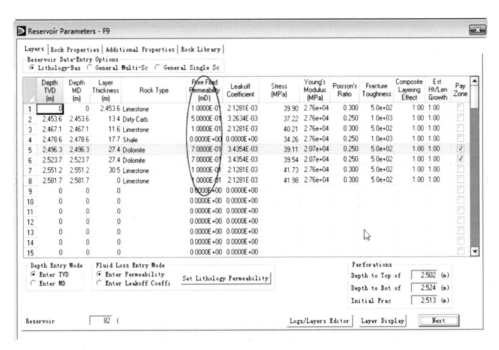

图 2-2　渗透率输入窗体

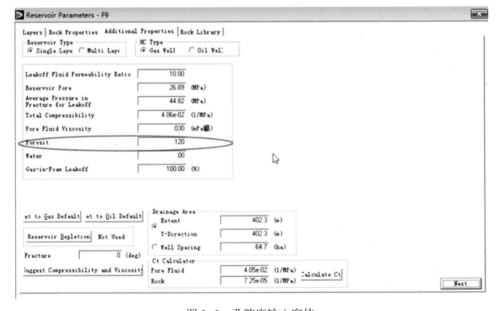

图 2-3　孔隙度输入窗体

2）岩石特性参数

这里需要输入的参数有 3 类：岩石力学特性、岩石化学特性、岩石热力学特性。

（1）岩石力学特性参数。

包括闭合应力梯度、杨氏模量、泊松比和断裂韧性，杨氏模量和泊松比可以通过岩石力学参数测试获得，闭合应力梯度值可以根据本井或者邻井同层位的施工压力来获得，也可根据地应力测试结果输入该值，如图 2-4 所示。

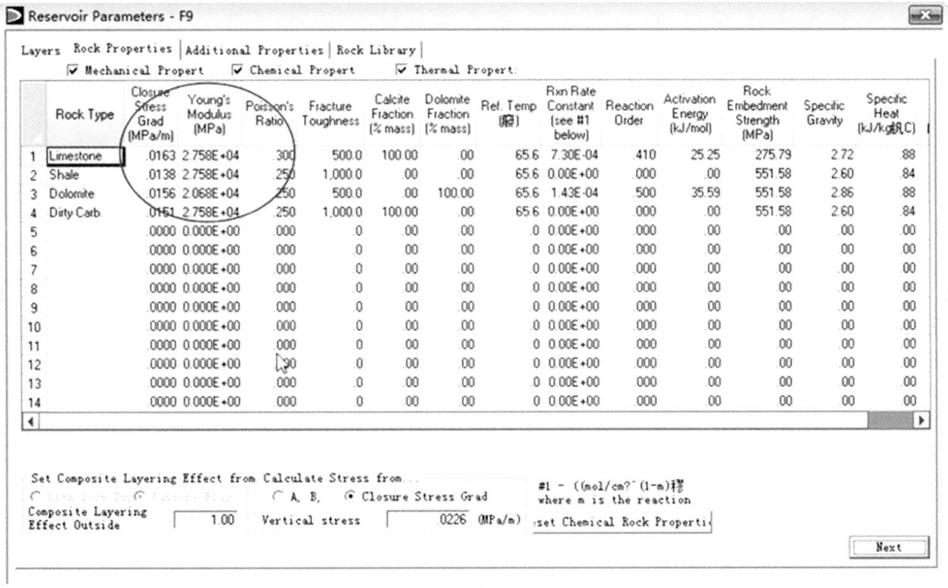

	Rock Type	Closure Stress Grad (MPa/m)	Young's Modulus (MPa)	Poisson's Ratio	Fracture Toughness	Calcite Fraction (% mass)	Dolomite Fraction (% mass)	Ref. Temp (鏍)	Rxn Rate Constant (see #1 below)	Reaction Order	Activation Energy (kJ/mol)	Rock Embedment Strength (MPa)	Specific Gravity	Specific Heat (kJ/kg鏍C)
1	Limestone	.0163	2.758E+04	.300	500.0	100.00	.00	65.6	7.30E-04	.410	25.25	275.79	2.72	.88
2	Shale	.0138	2.758E+04	.250	1,000.0	.00	.00	65.6	0.00E+00	.000	.00	551.58	2.60	.84
3	Dolomite	.0156	2.068E+04	.250	500.0	.00	100.00	65.6	1.43E-04	.500	35.59	551.58	2.86	.88
4	Dirty Carb.	.0151	2.758E+04	.250	1,000.0	100.00	.00	65.6	0.00E+00	.000	.00	551.58	2.60	.84
5		.0000	0.000E+00	.000	.0	.00	.00	.0	0.00E+00	.000	.00	.00	.00	.00
6		.0000	0.000E+00	.000	.0	.00	.00	.0	0.00E+00	.000	.00	.00	.00	.00
7		.0000	0.000E+00	.000	.0	.00	.00	.0	0.00E+00	.000	.00	.00	.00	.00
8		.0000	0.000E+00	.000	.0	.00	.00	.0	0.00E+00	.000	.00	.00	.00	.00
9		.0000	0.000E+00	.000	.0	.00	.00	.0	0.00E+00	.000	.00	.00	.00	.00
10		.0000	0.000E+00	.000	.0	.00	.00	.0	0.00E+00	.000	.00	.00	.00	.00
11		.0000	0.000E+00	.000	.0	.00	.00	.0	0.00E+00	.000	.00	.00	.00	.00
12		.0000	0.000E+00	[illegible]	.0	.00	.00	.0	0.00E+00	.000	.00	.00	.00	.00
13		.0000	0.000E+00	.000	.0	.00	.00	.0	0.00E+00	.000	.00	.00	.00	.00
14		.0000	0.000E+00	.000	.0	.00	.00	.0	0.00E+00	.000	.00	.00	.00	.00

图 2-4　岩石力学特性参数输入窗体

（2）岩石化学特性参数。

包括岩石矿物成分（主要是碳酸盐岩含量）、储层温度、反应速率常数、反应级数、活化能等。碳酸盐岩含量由岩石矿物成分分析得到，反应速率常数、反应级数、活化能等则由酸岩反应速率实验测试获得，如图 2-5 所示。

（3）岩石热力学特性参数。

包括相对密度、比热和热传导系数。岩石相对密度可由实验室测试获得，比热和热传导系数这两个参数对计算结果影响不是太大，实验室测试此类参数的时候不多，大多采用默认值，如图 2-6 所示。

3）酸液性能参数

酸液性能参数包括酸液特性、滤失特性、热力学、流变及摩阻特性，下面以 20%HCl 为例进行实验室测定的酸液性能参数输入进行演示。

（1）酸液特性。

包括酸浓度、液体扩散率，酸浓度由滴定方式获得，液体扩散率由酸岩反应速率测试获得，如图 2-7 所示。

（2）滤失特性。

包括滤失系数、初滤失、滤液黏度，这主要针对前置液酸压过程中压裂液的造壁滤失系数、初滤失、滤液黏度，如图 2-8 所示。

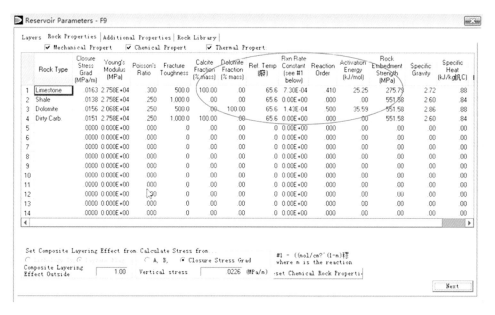

Reservoir Parameters - F9

Layers | Rock Properties | Additional Properties | Rock Library

☑ Mechanical Propert ☑ Chemical Propert ☑ Thermal Propert

	Rock Type	Closure Stress Grad (MPa/m)	Young's Modulus (MPa)	Poisson's Ratio	Fracture Toughness	Calcite Fraction (% mass)	Dolomite Fraction (% mass)	Ref. Temp (癈)	Rxn Rate Constant (see #1 below)	Reaction Order	Activation Energy (kJ/mol)	Rock Embedment Strength (MPa)	Specific Gravity	Specific Heat (kJ/kg汎C)
1	Limestone	.0163	2.758E+04	.300	500.0	100.00	.00	65.6	7.30E-04	.410	25.25	275.79	2.72	.88
2	Shale	.0138	2.758E+04	.250	1,000.0	.00	.00	65.6	0.00E+00	.000	.00	551.58	2.60	.84
3	Dolomite	.0156	2.068E+04	.250	500.0	.00	100.00	65.6	1.43E-04	.500	35.59	551.58	2.86	.88
4	Dirty Carb.	.0151	2.758E+04	.250	1,000.0	100.00	.00	65.6	0.00E+00	.000	.00	551.58	2.60	.84
5		.0000	0.000E+00	.000	0	.00	.00	0	0.00E+00	.000	.00	.00	.00	.00
6		.0000	0.000E+00	.000	0	.00	.00	0	0.00E+00	.000	.00	.00	.00	.00
7		.0000	0.000E+00	.000	0	.00	.00	0	0.00E+00	.000	.00	.00	.00	.00
8		.0000	0.000E+00	.000	0	.00	.00	0	0.00E+00	.000	.00	.00	.00	.00
9		.0000	0.000E+00	.000	0	.00	.00	0	0.00E+00	.000	.00	.00	.00	.00
10		.0000	0.000E+00	.000	0	.00	.00	0	0.00E+00	.000	.00	.00	.00	.00
11		.0000	0.000E+00	.000	0	.00	.00	0	0.00E+00	.000	.00	.00	.00	.00
12		.0000	0.000E+00	[illegible]	0	.00	.00	0	0.00E+00	.000	.00	.00	.00	.00
13		.0000	0.000E+00	.000	0	.00	.00	0	0.00E+00	.000	.00	.00	.00	.00
14		.0000	0.000E+00	.000	0	.00	.00	0	0.00E+00	.000	.00	.00	.00	.00

Set Composite Layering Effect from Calculate Stress from...

○ A, B, ◉ Closure Stress Grad

Composite Layering Effect Outside 1.00 Vertical stress .0226 (MPa/m)

#1 - ((mol/cm?^(1-m)移 where m is the reaction

set Chemical Rock Properti

Next

图 2-5　岩石化学特性参数输入窗体

Layers | Rock Properties | Additional Properties | Rock Library

☑ Mechanical Propert ☑ Chemical Propert ☑ Thermal Propert

	Rock Type	Closure Stress Grad (MPa/m)	Young's Modulus (MPa)	Poisson's Ratio	Fracture Toughness	Calcite Fraction (% mass)	Dolomite Fraction (% mass)	Ref. Temp (癈)	Rxn Rate Constant (see #1 below)	Reaction Order	Activation Energy (kJ/mol)	Rock Embedment Strength (MPa)	Specific Gravity	Specific Heat (kJ/kg汎C)
1	Limestone	.0163	2.758E+04	.300	500.0	100.00	.00	65.6	7.30E-04	.410	25.25	275.79	2.72	.88
2	Shale	.0138	2.758E+04	.250	1,000.0	.00	.00	65.6	0.00E+00	.000	.00	551.58	2.60	.84
3	Dolomite	.0156	2.068E+04	.250	500.0	.00	100.00	65.6	1.43E-04	.500	35.59	551.58	2.86	.88
4	Dirty Carb.	.0151	2.758E+04	.250	1,000.0	100.00	.00	65.6	0.00E+00	.000	.00	551.58	2.60	.84
5		.0000	0.000E+00	.000	0	.00	.00	0	0.00E+00	.000	.00	.00	.00	.00
6		.0000	0.000E+00	.000	0	.00	.00	0	0.00E+00	.000	.00	.00	.00	.00
7		.0000	0.000E+00	.000	0	.00	.00	0	0.00E+00	.000	.00	.00	.00	.00
8		.0000	0.000E+00	.000	0	.00	.00	0	0.00E+00	.000	.00	.00	.00	.00
9		.0000	0.000E+00	.000	0	.00	.00	0	0.00E+00	.000	.00	.00	.00	.00
10		.0000	0.000E+00	.000	0	.00	.00	0	0.00E+00	.000	.00	.00	.00	.00
11		.0000	0.000E+00	.000	0	.00	.00	0	0.00E+00	.000	.00	.00	.00	.00
12		.0000	0.000E+00	[illegible]	0	.00	.00	0	0.00E+00	.000	.00	.00	.00	.00
13		.0000	0.000E+00	.000	0	.00	.00	0	0.00E+00	.000	.00	.00	.00	.00
14		.0000	0.000E+00	.000	0	.00	.00	0	0.00E+00	.000	.00	.00	.00	.00

Set Composite Layering Effect from Calculate Stress from...

○ A, B, ◉ Closure Stress Grad

Composite Layering Effect Outside 1.00 Vertical stress .0226 (MPa/m)

#1 - ((mol/cm?^(1-m)移 where m is the reaction

set Chemical Rock Properti

Next

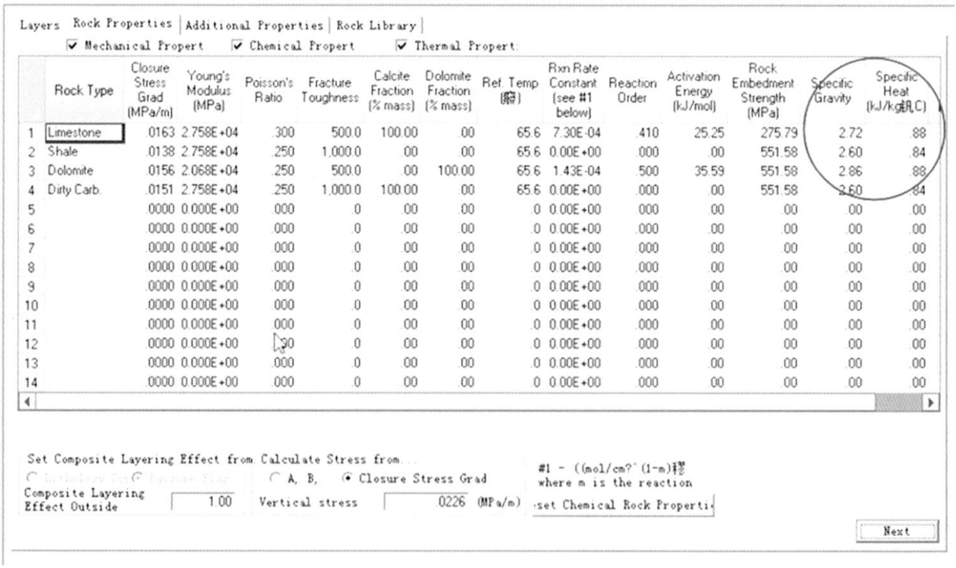

图 2-6　岩石热力学特性参数输入窗体

（3）流变参数。

测定储层温度下不同剪切速率下的黏度，得到不同时刻的稠度系数和流态指数，将流变实验结果输入以下窗体，如图 2-9 所示。

2. StimPT 软件输入参数

StimPT 软件基质酸化设计、基质酸化分析及产量分析模块涉及输入参数主要也有井身结构、热交换参数、油藏参数、流体参数、施工规模选择等，其中油藏参数和酸液性能参数

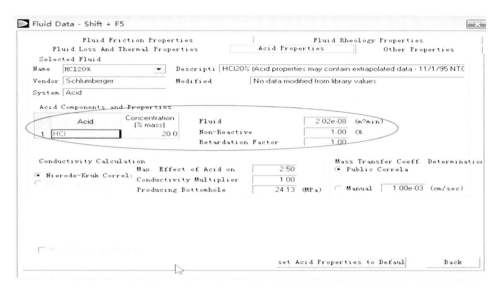

图 2-7　酸液特性参数输入窗体

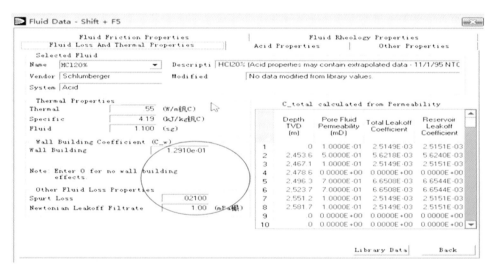

图 2-8　酸液滤失参数输入窗体

是基质酸化设计和分析时必不可少的，其中有些参数通过实验室测试获得，具体输入参数窗体介绍如下。

　　1）储层参数

　　包括渗透率、孔隙度、储层流体黏度和压缩系数，渗透率、孔隙度这两个参数获得有两个途径，一是由测井解释得出不同层段的 K 和 ϕ，二是由实验室测量不同井段岩心的 K 和 ϕ，储层流体黏度和压缩系数主要通过实验室测试获得，如图 2-10 所示。

　　2）地应力参数

　　压裂压力梯度值可以根据本井或者邻井同层位的施工压力来获得，也可根据地应力测试结果输入该值，如图 2-11 所示。

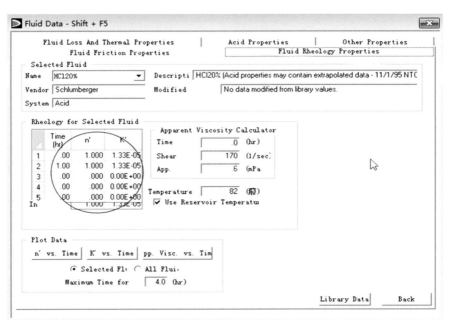

图 2-9　酸液流变参数输入窗体

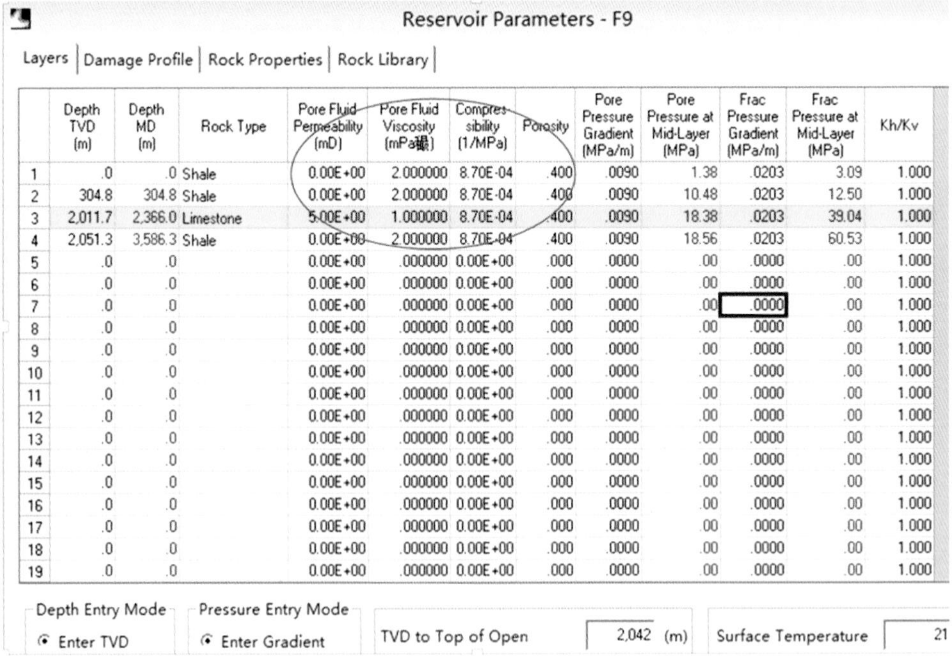

图 2-10　储层参数输入窗体

3）岩石矿物成分

岩石矿物成分是基质酸化设计和分析的关键环节，主要由实验室分析获得，包括组分及含量，如图 2-12 所示。

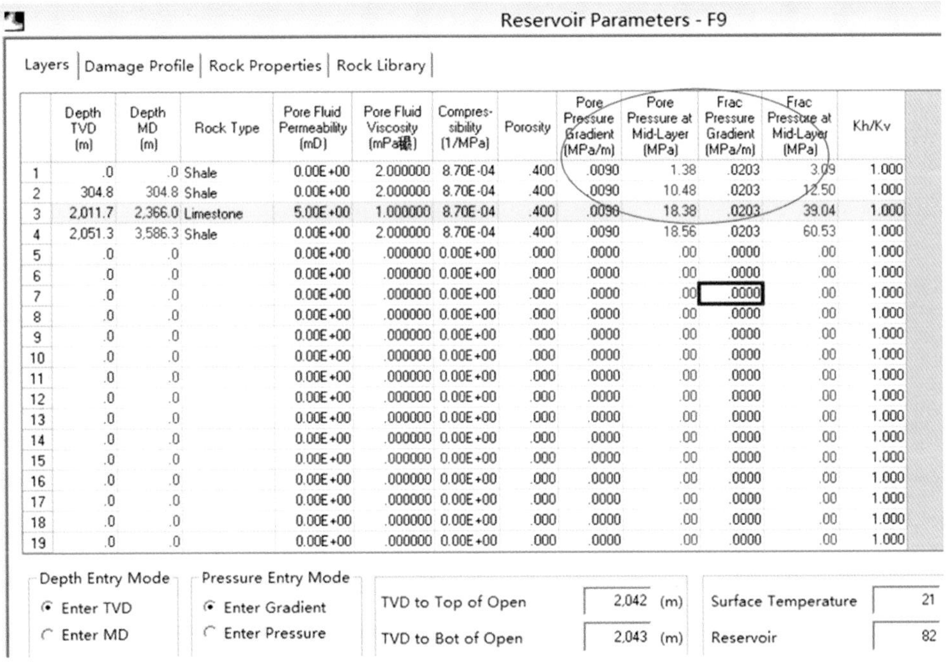

Reservoir Parameters - F9

Layers | Damage Profile | Rock Properties | Rock Library

	Depth TVD (m)	Depth MD (m)	Rock Type	Pore Fluid Permeability (mD)	Pore Fluid Viscosity (mPa锟)	Compres-sibility (1/MPa)	Porosity	Pore Pressure Gradient (MPa/m)	Pore Pressure at Mid-Layer (MPa)	Frac Pressure Gradient (MPa/m)	Frac Pressure at Mid-Layer (MPa)	Kh/Kv
1	.0	.0	Shale	0.00E+00	2.000000	8.70E-04	.400	.0090	1.38	.0203	3.09	1.000
2	304.8	304.8	Shale	0.00E+00	2.000000	8.70E-04	.400	.0090	10.48	.0203	12.50	1.000
3	2,011.7	2,366.0	Limestone	5.00E+00	1.000000	8.70E-04	.400	.0090	18.38	.0203	39.04	1.000
4	2,051.3	3,586.3	Shale	0.00E+00	2.000000	8.70E-04	.400	.0090	18.56	.0203	60.53	1.000
5	.0	.0		0.00E+00	.000000	0.00E+00	.000	.0000	.00	.0000	.00	1.000
6	.0	.0		0.00E+00	.000000	0.00E+00	.000	.0000	.00	.0000	.00	1.000
7	.0	.0		0.00E+00	.000000	0.00E+00	.000	.0000	.00	.0000	.00	1.000
8	.0	.0		0.00E+00	.000000	0.00E+00	.000	.0000	.00	.0000	.00	1.000
9	.0	.0		0.00E+00	.000000	0.00E+00	.000	.0000	.00	.0000	.00	1.000
10	.0	.0		0.00E+00	.000000	0.00E+00	.000	.0000	.00	.0000	.00	1.000
11	.0	.0		0.00E+00	.000000	0.00E+00	.000	.0000	.00	.0000	.00	1.000
12	.0	.0		0.00E+00	.000000	0.00E+00	.000	.0000	.00	.0000	.00	1.000
13	.0	.0		0.00E+00	.000000	0.00E+00	.000	.0000	.00	.0000	.00	1.000
14	.0	.0		0.00E+00	.000000	0.00E+00	.000	.0000	.00	.0000	.00	1.000
15	.0	.0		0.00E+00	.000000	0.00E+00	.000	.0000	.00	.0000	.00	1.000
16	.0	.0		0.00E+00	.000000	0.00E+00	.000	.0000	.00	.0000	.00	1.000
17	.0	.0		0.00E+00	.000000	0.00E+00	.000	.0000	.00	.0000	.00	1.000
18	.0	.0		0.00E+00	.000000	0.00E+00	.000	.0000	.00	.0000	.00	1.000
19	.0	.0		0.00E+00	.000000	0.00E+00	.000	.0000	.00	.0000	.00	1.000

Depth Entry Mode: ◉ Enter TVD ○ Enter MD

Pressure Entry Mode: ◉ Enter Gradient ○ Enter Pressure

TVD to Top of Open 2,042 (m)

TVD to Bot of Open 2,043 (m)

Surface Temperature 21

Reservoir 82

图 2-11　地应力参数输入窗体

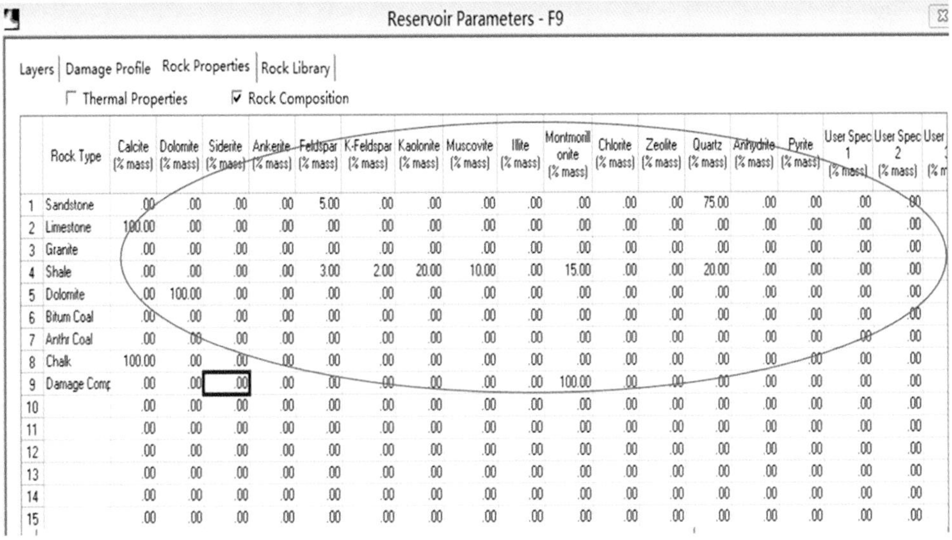

Reservoir Parameters - F9

Layers | Damage Profile | Rock Properties | Rock Library

☐ Thermal Properties　☑ Rock Composition

	Rock Type	Calcite (% mass)	Dolomite (% mass)	Siderite (% mass)	Ankerite (% mass)	Feldspar (% mass)	K-Feldspar (% mass)	Kaolonite (% mass)	Muscovite (% mass)	Illite (% mass)	Montmorillonite (% mass)	Chlorite (% mass)	Zeolite (% mass)	Quartz (% mass)	Anhydrite (% mass)	Pyrite (% mass)	User Spec 1 (% mass)	User Spec 2 (% mass)
1	Sandstone	.00	.00	.00	.00	5.00	.00	.00	.00	.00	.00	.00	.00	75.00	.00	.00	.00	.00
2	Limestone	100.00	.00	.00	.00	.00	.00	.00	.00	.00	.00	.00	.00	.00	.00	.00	.00	.00
3	Granite	.00	.00	.00	.00	.00	.00	.00	.00	.00	.00	.00	.00	.00	.00	.00	.00	.00
4	Shale	.00	.00	.00	.00	3.00	2.00	20.00	10.00	.00	15.00	.00	.00	20.00	.00	.00	.00	.00
5	Dolomite	.00	100.00	.00	.00	.00	.00	.00	.00	.00	.00	.00	.00	.00	.00	.00	.00	.00
6	Bitum Coal	.00	.00	.00	.00	.00	.00	.00	.00	.00	.00	.00	.00	.00	.00	.00	.00	.00
7	Anthr Coal	.00	.00	.00	.00	.00	.00	.00	.00	.00	.00	.00	.00	.00	.00	.00	.00	.00
8	Chalk	100.00	.00	.00	.00	.00	.00	.00	.00	.00	.00	.00	.00	.00	.00	.00	.00	.00
9	Damage Comp	.00	.00	.00	.00	.00	.00	.00	.00	.00	100.00	.00	.00	.00	.00	.00	.00	.00
10		.00	.00	.00	.00	.00	.00	.00	.00	.00	.00	.00	.00	.00	.00	.00	.00	.00
11		.00	.00	.00	.00	.00	.00	.00	.00	.00	.00	.00	.00	.00	.00	.00	.00	.00
12		.00	.00	.00	.00	.00	.00	.00	.00	.00	.00	.00	.00	.00	.00	.00	.00	.00
13		.00	.00	.00	.00	.00	.00	.00	.00	.00	.00	.00	.00	.00	.00	.00	.00	.00
14		.00	.00	.00	.00	.00	.00	.00	.00	.00	.00	.00	.00	.00	.00	.00	.00	.00
15		.00	.00	.00	.00	.00	.00	.00	.00	.00	.00	.00	.00	.00	.00	.00	.00	.00

图 2-12　岩石矿物成分输入窗体

4）酸液性能参数

包括酸浓度、液体扩散率，酸浓度、稠度系数、流变参数等。酸浓度由滴定方式获得，液体扩散率由酸岩反应速率测试获得，稠度系数和流变参数由流变测试得到，如图 2-13 至图 2-15 所示。

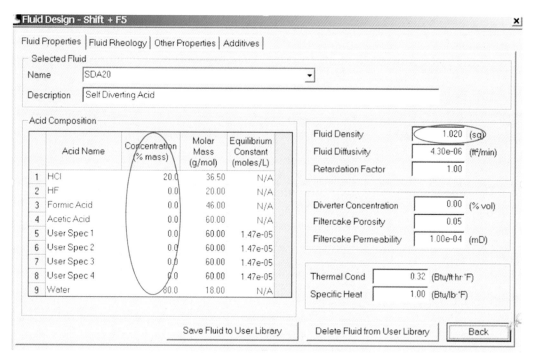

图 2-13　酸液浓度、密度输入窗体

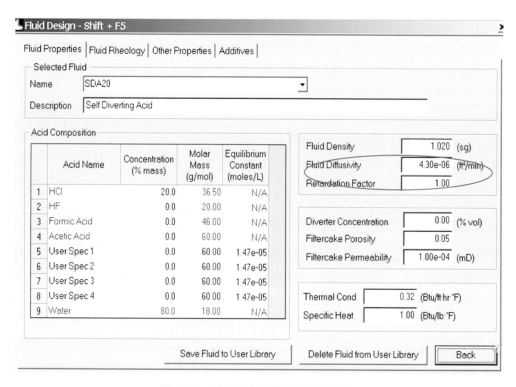

图 2-14　酸液反应速率参数输入窗体

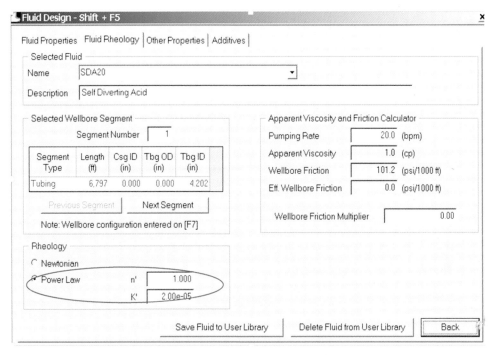

图 2-15　酸液流变参数输入窗体

三、利用理论公式计算

1. 基质酸化施工规模和施工排量优化

Hoefner 和 Fogler（1988）以及 Wang（1993）等通过运用酸液进行的岩心驱替实验发现，在较低的注入速度下，反应物大量消耗在岩心入口端，岩心端面被均匀溶解，不能形成酸蚀蚓孔；在中等注入速率下，未消耗的酸液流动到大孔隙或孔道末端，不断溶解并最终形成较为单一的大孔道酸蚀孔洞；在较高的注入流速下，酸液流动加快，随着大孔隙的生长酸液不断进入小孔道形成了越来越多的分支结构。许多研究者通过测量蚓孔穿透岩心时的酸液体积发现存在一个最优注入速率使得蚓孔穿透一定长度岩心所需的酸液最少（PV_{bt}）。当运用最优的排量进行酸化改造时，可以使一定酸量下改造后形成的酸蚀蚓孔深度越深，从而达到较好的增产效果；或者为了达到一定的处理半径，当运用最优排量进行注入时，可以使所用的酸液最少，从而起到降低施工成本的作用。

对于任何岩石或液体体系而言，这个最优值是形成酸蚀孔洞注入的酸液孔隙体积倍数与酸液注入速率的交汇图（图 2-16）。最优值受很多因素的影响，包括酸液种类、浓度、矿物成分和地层温度等。

依据酸岩反应形成蚓孔理论，通过开展酸液穿透体积实验评价不同注入速率与酸液穿透岩心所用体积关系、X 射线透视法和三维激光数字化扫描法分别对酸蚀蚓孔形态定性及定量表征等系列研究。实验研究发现为了达到一定的处理半径，存在一个最优注入速率使得既能够形成有效的酸蚀蚓孔，且蚓孔穿透一定长度岩心所需的酸液最少（PV_{bt}），将较优注入速率下的酸液穿透体积引入到施工规模优化中，提高施工参数设计的针对性和经济性。

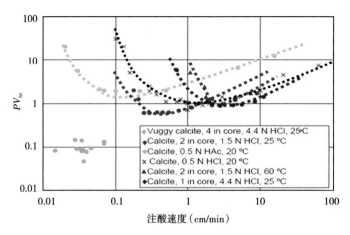

图 2-16　注入速率—酸液穿透体积关系图

以前计算方法，假设酸液均匀推进：

$$V_{酸液} = \pi(r_{wh}^2 - r_w^2)\phi h \qquad (2-1)$$

现在计算方法，考虑了酸液的突进：

$$V'_{酸液} = \pi \times (r_{wh}^2 - r_w^2) \times \phi \times h \times PV_{bt} \qquad (2-2)$$

式中　$V_{酸液}$——酸液规模，m^3；

r_{wh}——处理半径，m；

r_w——井筒半径，m；

h——储层厚度，m；

ϕ——孔隙度，%。

根据不同注入速率与酸液穿透岩心所用体积关系图版，结合 X 射线透视法和三维激光数字化扫描法分别对酸蚀蚓孔形态定性及定量表征，综合选择用酸量最少、酸蚀蚓孔形态特征明显、裂缝端面吻合度下降值最大时对应的施工排量，如图 2-17 所示。

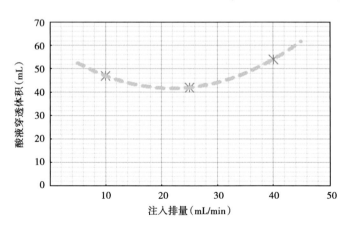

图 2-17　不同注入速率与酸液穿透岩心所用体积关系图版示意图

2. 酸液有效作用距离计算

利用理论公式进行酸液有效作用距离计算主要采用的是酸岩反应速率的大小计算酸液变成残酸的时间。在酸岩反应速率测试中，采用不同浓度酸液进行测试可以得到酸岩反应动力学方程、不同温度下酸岩反应速率测试可以得到活化能、不同转速下酸岩反应速率测试可以得到 H^+ 传质系数，如图 2-18 所示。

假设施工排量 Q，平均缝高 h，平均缝宽 w，酸液初始浓度 C_0，失效残酸浓度 C_t。

酸液在人工裂缝中的平均流速 v：

$$v = Q / (2wh) \qquad (2-3)$$

单位体积在地层中的反应速率：

$$J_1 = 2JS/V \qquad (2-4)$$

$$S/V = 2h\Delta x / (h\Delta xw) \qquad (2-5)$$

式中　S/V——实验条件对应地层条件时面容比的换算，单位体积酸液的面容比；

　　　　h——缝高；

　　　　W——平均缝宽；

　　　　Δx——单位长度。

酸浓度变化：

$$C_t = C_0 - J_1\Delta t \qquad (2-6)$$

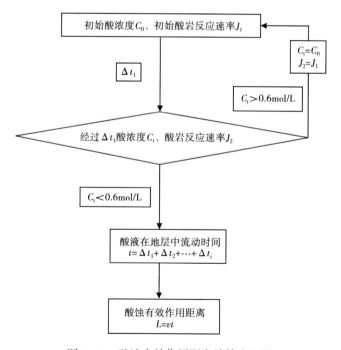

图 2-18　酸液有效作用距离计算流程图

第三章 碳酸盐岩储层物性特征实验评价技术

地层岩石的成分常常是酸岩反应的决定因素，根据岩石成分选择酸液体系是酸化施工的主要思想。岩石成分决定着酸岩反应的速率或酸液的溶蚀量，同时黏土矿物的矿物成分是储层敏感性影响因素分析的重要依据。因此有必要在开展酸化压裂实验评价前，确定储层岩石的全岩及黏土矿物成分组成及含量。

第一节 岩石矿物成分测试

一、碳酸盐岩类型及成分划分

储层岩石的矿物成分直接影响酸化施工中的酸岩反应过程，矿物类型及含量对于酸液体系的优选液有重要的影响，同时其黏土矿物是影响碳酸盐岩敏感性影响因素的重要依据。

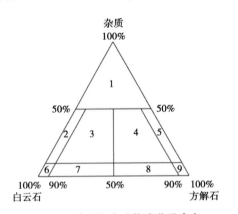

图 3-1 碳酸盐岩矿物成分及命名
（据张琪，2000）

1—非碳酸盐岩；2—不纯白云岩；3—不纯灰质白云岩；
4—不纯白云质灰岩；5—不纯石灰岩；6—白云岩；
7—灰质白云岩；8—白云质灰岩；9—石灰岩

1. 全岩矿物成分

地层岩石的化学成分常常是酸岩反应的决定因素。根据岩石成分选择酸液体系是酸化施工的主要思想。岩石成分决定着酸岩反应的速率或酸液的溶蚀量。因此有必要在了解酸岩反应机理前，确定地层岩石的化学成分。

碳酸盐岩经成岩和次生作用，其岩石矿物成分从工程应用角度命名，如图 3-1 所示。

2. 黏土矿物

研究表明，黏土矿物的种类有十几种，但常见的只有 8 种，为了简单明了地说明问题只选其中的 6 种来说明黏土矿物的定性、定量分析。这 6 种矿物是：

（1）蒙皂石/S：主要是二八面体蒙皂石亚族矿物即蒙脱石和贝得石。

（2）伊利石/蒙皂石不规则间层矿物（I/S）：即伊利石/蒙皂石无序间层矿物和伊利石/蒙皂石有序间层矿物。

（3）伊利石（It）。

（4）高岭石（Kao）。

（5）绿泥石（C）：主要是三八面体绿泥石亚族矿物。

（6）绿泥石/蒙皂石不规则间层矿物：简称绿泥石/蒙皂石间层矿物（C/S），主要是三八面体绿泥石/蒙皂石不规则间层矿物。

在一般的酸岩反应中，含 $CaCO_3$ 较多的石灰岩与盐酸反应较快，化学反应几乎在瞬间进行，随着杂质的增加，含泥质较多的石英砂岩是酸岩反应较慢的一种矿物岩石。因此在实际施工中为了大面积地溶蚀地层岩石或酸蚀穿透更深的地层，需要针对不同的地层岩石类型选择不同的酸液类型。

二、岩石矿物成分测定

岩石矿物成分在室内多采用 X 射线衍射方法测定（蒲海波，2011），X 射线衍射（XRD）分析是黏土矿物鉴定的主要方法。目前岩石的全岩及黏土矿物成分组成及含量测定主要通过室内实验评价，利用 X 射线衍射仪，依据标准 SY/T 5163—2010《沉积岩中黏土矿物和常见非黏土矿物 X 射线衍射分析方法》执行，图 3-2 是西南油气田分公司工程技术研究院的 X 射线衍射仪。

图 3-2　X 射线衍射仪

1. 实验原理

X 射线是一种波长很短的光波，穿透力很强，X 射线射入黏土矿物晶格中时会产生衍射现象，不同的黏土矿物、晶格构造各异，会产生不同的衍射图谱。每种黏土矿物都有其特定的构造层型和层间物，构造层型和层间物的不同决定了它们的基面间距不同。一般来说，所谓的黏土矿物 X 射线衍射定性分析是指将所获得的实际样品中的某种黏土矿物的 X 射线衍射特征（d 值、强度和峰形）与标准黏土矿物的衍射特征进行对比，如果两者吻合，就表明样品中的这种黏土矿物与该标准黏上矿物是同一种黏土矿物，从而做出黏土矿物的种属鉴定。XRD 分析就是基于不同的黏土矿物具有不同的晶体构造，利用了黏土矿物具有层状结构的特征以及 X 射线的衍射原理，根据衍射峰值计算出晶面间距，判断出矿物类型，并半定量地推断出样品中各种黏土矿物的百分含量。

黏土矿物的定量分析就是在定性分析的基础上，利用各种矿物相衍射峰的强度、高度关系等计算各自的相对百分含量。总之，黏土矿物 X 射线衍射分析就是根据基面衍射的 d 值和衍射峰强度对黏土矿物进行定性、定量分析。

1）绝热法

$$X_i = \frac{\dfrac{I_i}{K_i}}{\sum \dfrac{I_i}{K_i}} \times 100\% \qquad (3-1)$$

式中　X_i——岩样中 i 矿物的百分含量，用百分数表示；

　　　K_i——i 矿物的参比强度；

　　　I_i——i 矿物某衍射峰的强度。

2）K 值法

$$X_i = \frac{1}{K_i} \times \frac{I_i}{I_{cor}} \times 100\% \qquad (3-2)$$

式中　X_i——岩样中 i 矿物的百分含量，用百分数表示；

K_i——i 矿物的参比强度；

I_i——i 矿物某衍射峰的强度；

I_{cor}——刚玉某衍射峰的强度。

2. 全岩矿物测量方法

检测参数：黏土矿物总量和石英、方解石、白云石、铁白云石、菱铁矿、硬石膏、石膏、无水芒硝、重晶石、黄铁矿、石盐、斜长石、钾长石、钙芒硝、浊沸石、方沸石等常见非黏土矿物。黏土矿物总量和常见非黏土矿物的百分含量值为 0~100%。

（1）样品的制备。

X 射线衍射分析的样品主要有粉末样品、块状样品、薄膜样品、纤维样品等，样品不同，分析目的不同（定性分析或定量分析），则样品制备方法也不同。

X 射线衍射分析的粉末试样必须满足两个条件：晶粒要细小，试样无择优取向（取向排列混乱），所以通常将试样加工细后使用，可用玛瑙研钵研细定性分析时粒度应小于 $44\mu m$（350 目），定量分析时应将试样研细至 $10\mu m$ 左右，将试样粉末一点一点地放进试样填充区，用玻璃板压平实，要求试样面与玻璃表面齐平。

X 射线衍射分析的是块状试样的情况下，先将块状样品表面研磨抛光，大小不超过 20mm×18mm，然后用橡皮泥将样品黏在样品支架上，要求样品表面与样品支架表面平齐。

（2）质量要求：取心要干净，避免污染，样品如需含油，需洗油至荧光四级以下。

（3）取样量：以粉末试样为例，取样量不少于 2g，采用自然沉降法提取粒径小于 $10\mu m$ 的全部组分，粒径小于 $10\mu m$ 的组分在样品中的百分含量为：

$$X_{10} = \frac{W_{10}}{W_T} \times 100\% \qquad (3-3)$$

式中　X_{10}——粒径小于 $10\mu m$ 组分在样品中的百分含量，用百分数表示；

　　　W_{10}——粒径小于 $10\mu m$ 组分的质量，g；

　　　W_T——样品的质量，g。

（4）在粒径小于 $10\mu m$ 组分的岩样中按照 1:1 掺入刚玉，混合均匀后将岩末装入样品框内，制成样品粉末平面。

（5）将样品放在射线衍射仪的实验台上，选定技术参数和实验条件后，启动仪器进行操作，当测角器转至所需角度 2θ 后，即可结束实验。

（6）用 K 值法计算各种非黏土矿物的含量，粒径小于 $10\mu m$ 组分中各种非黏土矿物含量总和为 $\sum X_i$。

（7）黏土矿物总量为：

$$X_{TCCM} = X_{10} \times (1 - \sum X_i) \qquad (3-4)$$

式中　X_{TCCM}——黏土矿物总的百分含量，用百分数表示。

（8）用绝热法计算各种非黏土矿物的百分含量：

$$X_i = \frac{\dfrac{I_i}{K_i}}{\sum \dfrac{I_i}{K_i}} \times (1 - X_{TCCM}) \times 100\% \qquad (3-5)$$

40

3. 黏土矿物分析方法

黏土矿物中各种黏土矿物种类的相对含量测定首先要按照碳酸盐岩黏土分离方法将黏土分离出来，制成定向片，然后采用 X 射线衍射分析方法根据基面衍射的 d 值和衍射峰强度对黏土矿物进行定性、定量分析，即将样品中的某种黏土矿物的 X 射线衍射特征（d 值、强度和峰形）与标准黏土矿物的衍射特征进行对比，如果两者吻合，就表明样品中的这种黏土矿物与该标准黏土矿物是同一种黏土矿物，从而做出黏土矿物的种属鉴定。在定性分析的基础上，利用各种矿物相衍射峰的强度、高度关系等计算各自的相对百分含量。

具体实验步骤主要分为三步：分离小于 $2\mu m$ 的黏土颗粒、试样制备和 XRD 分析。

1）分离黏土颗粒

按下述方法提取样品中小于 $2\mu m$ 的颗粒。

（1）首先用蒸馏水清洗，去除样品中残留的钻井液。

（2）将清洗好的样品放入塑料瓶中，用蒸馏水浸泡，用振动器使样品完全崩解。对于非常坚硬的样品则需用超声波进行处理。

（3）在样品中加入蒸馏水直到液体导电率小于 50～60s。

（4）然后将制成的悬浮液用离心机以 2000r/min 的速度分离 2min，粉土颗粒最终会沉淀下来，而小于 $2\mu m$ 的颗粒仍会保留在悬浮液中。

（5）悬浮液用陶瓷过滤器进行过滤，去掉水分，剩余的黏土颗粒放到小碟中，在烘箱中以 550℃ 的温度恒温 2 h 进行烘干。

2）样品制备

（1）从上述分离出来的小于 $2\mu m$ 的样品中，称取 1g 左右放入 0.5mol/L 氯化镁溶液中，用球状玻璃棒充分搅拌；

（2）称取 0.05g 镁饱和试样加入 2～3mL 纯水，充分搅拌使其分散，吸出 1.5mL 悬液，在洁净的平面载玻板上均匀铺开，静置晾干，制备成定向薄膜试样。

（3）做好的载玻片放在干燥器中保留 24h。

3）试样 550℃ 热处理

目的是供绿泥石与高岭石以及其他黏土矿物区分用。定向薄膜放入 550℃ 高温炉中加热 2h，然后冷却至 60℃ 左右取出，贮于盛有无水氯化钙的干燥器中，直至进行 X 射线衍射分析时取出使用。

4）X 射线衍射

（1）将粉末样品装在随机附带的样品架内，用载玻片压平，然后装在标准粉末样品台上，选择合适的狭缝，一般情况下，选择 2.0mm、2.0mm 和 0.2mm 的狭缝组合，也可根据分析样品的强度情况选择适当的狭缝。

（2）将做好的载玻片插在射线衍射仪的实验台上，选定技术参数和实验条件后，启动仪器进行操作，当测角器转至所需角度 2θ 后，即可结束实验。

5）黏土矿物中各种黏土矿物种类的相对含量测定

各种黏土矿物成分百分含量计算公式见 SY/T 5163—2010《沉积岩中黏土矿物和常见非黏土矿物 X 射线衍射分析方法》中 4.4.2～4.4.4 节及附录 D。

三、岩石矿物成分测定结果

龙王庙组储层均发育在白云岩中，综合岩心、薄片观察及物性分析认为，安岳气田磨溪区块龙王庙组储集岩类主要为砂屑白云岩、残余砂屑白云岩和细—中晶白云岩等。龙王庙组储层 X 射线衍射分析结果表明，储层岩石以白云岩为主，见表 3-1。

表 3-1 磨溪区块龙王庙组储层 X 射线衍射分析结果

岩样编号	白云石（%）	方解石（%）	黄铁矿（%）	刚玉（%）
yx-2013-39-08	88.13	1.12	5.49	5.27
yx-2013-39-09	89.61		4.43	5.96
yx-2013-39-10	88.87		5.51	5.62
yx-2013-40-05	87.29		4.80	7.91
yx-2013-40-06	90.17		4.21	5.62
yx-2013-40-07	88.73		4.51	6.77
yx-2013-41-07	90.49		4.13	5.37
yx-2013-41-08	91.56		3.29	5.14
yx-2013-41-09	91.03		3.71	5.26
yx-2013-43-10	89.07		4.6	6.33
yx-2013-43-11	91.14		3.78	5.08
yx-2013-44-10	89.92		4.32	5.76
yx-2013-44-11	89.38		4.65	5.97
yx-2013-44-12	89.65		4.49	5.87
yx-2013-45-06	90.53		4.38	5.09
yx-2013-45-07	89.78		5.01	5.21

第二节 储层物性参数测试

碳酸盐岩的储层特征参数主要包括孔隙度、渗透率、孔隙结构以及裂缝发育特征等。孔隙度的大小直接影响储层性能的好坏，渗透率的好坏直接影响流体的渗流能力。

大多数碳酸盐岩储层表现为储集类型多样（孔隙型、裂缝—孔隙型）、岩相变化大、各向异性强、储层基质孔隙度低的特点，为储层的识别增加了难度，主要表现如下：

（1）碳酸盐岩储层岩性比较复杂，一般用常规测井资料很难区分不同岩性。

（2）裂缝的识别，由于裂缝储层的测井响应特征不具备很强的规律性，所以很难利用测井曲线准确识别。

（3）储层的表征参数的确定，由于研究区域的储层为礁滩相双重介质储层，储层空间结构复杂，测井响应特征不明显，难以计算储层的非均质参数。

因此，碳酸盐岩物性及微观孔隙特征的研究，应在地质特征基础上，通过室内实验手段，对岩心、薄片资料和岩心的裂缝发育情况、裂缝产状、充填情况进行分析，对区块碳酸盐岩的物性及微观孔隙特征进行分析，系统认识该地区碳酸盐岩成岩作用类型以及储层的物性、电性等基本地质特征。

一、孔隙度

碳酸盐岩储层孔隙类型复杂，分类方法多样。根据 Choquette 和 Pray 的碳酸盐岩孔隙分类可以分为：组构选择性的粒间孔、粒内孔、窗格孔、遮蔽孔、格架孔、晶间孔、铸模孔；非组构选择性的裂缝、溶缝、溶孔、大溶洞；以及非上述两种的砾间孔、钻孔、潜穴、收缩缝等孔隙基本类型。

上述孔隙类型在四川盆地碳酸盐岩中均可见。但孔隙类型以粒间孔及粒间溶孔、粒内孔及粒内溶孔、晶间孔及晶间溶孔、体腔孔及铸模孔等最为常见。

粒间孔指碳酸盐岩颗粒之间仍保留的孔隙。根据水介质盐度的不同，粒间孔的保存程度差异也较大。一般高盐度水介质中白云石结晶慢而少，粒间孔隙保存较好，而在正常盐度介质中，结晶速度快而多，保存较差甚至消失；粒间孔在成岩过程中，具有不同时代的亮晶胶结物充填，使沉积时的粒间孔缩小而成为残余粒间孔。

粒间溶孔为颗粒之间孔隙经溶蚀改造所形成。因颗粒类型的不同可分为鲕内溶孔、砂屑内溶孔、藻屑内溶孔等。粒内溶孔在中国分布较常见，渗透性相对较差，只能形成中等储集岩。

晶间孔、晶间溶孔产生于成岩期白云化作用所形成的白云石晶体间，即由晶粒支撑而成，后经淡水的选择性溶蚀改造则形成晶间溶孔。晶间孔容积大、喉道宽，故孔隙度高、渗透率大，四川盆地三叠系层位中较发育。

粒内溶孔是颗粒内部被选择性溶蚀而成的孔隙，形态不规则且易受控于组构，连通性差，多被石膏、方解石、白云石半—全充填，储渗条件很差。

孔隙度是储层评价的重要参数之一，很多方法均可测定岩石的孔隙度。特别是近年来，关于岩石孔隙度的测定又出现了许多新的进展，例如在地质上，有岩石薄片、铸体法（通过镜下观测、统计出孔隙所占面积与薄片面积之比，称为面孔率）以及各种地球物理测井方法，如中子、声波、密度测井、微电极测井等，根据实测的测井曲线查相应的孔隙度图版即可求得地层中岩石孔隙度。

1. 孔隙度定义

岩样中所有孔隙空间体积之和与该岩样体积的比值，称为该岩石的总孔隙度，以百分数表示。储层的总孔隙度越大，说明岩石中孔隙空间越大。

显然，微毛细管孔隙和孤立的孔隙对油气储集是毫无意义的。从油田开发的观点考虑，只有那种既能储集油气，又可让其渗流通过的连通孔隙才更具有实际意义。为此，根据孔隙的连通状况可分为连通孔隙（敞开孔隙）和不连通孔隙（封闭孔隙）。参与渗流的连通孔隙为有效孔隙，不参与渗流的则为无效孔隙。因此，在油田开发实践中，就有必要区分出上述的情况，从而引出了绝对孔隙度、有效孔隙度（连通孔隙度）及流动孔隙度等概念。

1）岩石的绝对孔隙度（ϕ_a）

岩石的总孔隙体积 V_a 与岩石外表体积 V_b 之比，即，

$$\phi_z = \frac{V_a}{V_b} \times 100\% \qquad (3-6)$$

2）岩石的有效孔隙度（ϕ_e）

岩石中有效孔隙的体积 V_e 与岩石外表体积 V_b 之比。有效孔隙体积是指在一定压差下被

油气饱和并参与渗流的连通孔隙体积，即：

$$\phi_e = \frac{V_e}{V_b} \times 100\% \qquad (3-7)$$

需要注意的是：有些孔隙虽然彼此连通但未必都能让流体流过。例如，由于孔隙的喉道半径极小，在通常的开采压差下仍难以使流体流过；又如在亲水岩石孔壁表面常存在着水膜，相应地缩小了油流孔隙通道。因此，从油田开发实际出发，又在上述孔隙度基础上，进一步划分出流动孔隙度的概念来。

3）岩石的流动孔隙度（ϕ_{ff}）

在含油岩石中，流体能在其内流动的孔隙体积 V_{ff} 与岩石外表体积 V_b 之比。即

$$\phi_{ff} = \frac{V_{ff}}{V_b} \times 100\% \qquad (3-8)$$

流动孔隙度与有效孔隙度的区别在于：它不仅排除了死孔隙，亦排除了那些为毛细管力所束缚的液体所占有的孔隙体积，还排除了岩石颗粒表面上液体薄膜的体积。此外，流动孔隙度还随地层中的压力梯度和液体的物理—化学性质如黏度等而变化。因此，岩石的流动孔隙度在数值上是不确定的。尽管如此，在油田开发分析中，流动孔隙度仍具有一定的实际价值。

由上述分析不难理解，绝对孔隙度 ϕ_a、有效孔隙度 ϕ_e 及流动孔隙度 ϕ_{ff} 间的关系应该是 $\phi_a > \phi_e > \phi_{ff}$。

2. 孔隙度分级

在实际工业评价中，一般均采用有效孔隙度，因为对储层的工业评价只有有效孔隙度才具有真正的意义。习惯上人们把有效孔隙度称为孔隙度。砂岩储层的孔隙度变化在 5%~30% 之间，一般为 10%~20%，碳酸盐岩储层的孔隙度一般小于 5%。

按孔隙度的大小将砂岩储层分为五级（表 3-2）。

孔隙度小于 5% 的砂岩储层，一般可认为是没有开采价值的储层。

表 3-2　储层孔隙度分级

孔隙度（%）	评价
25~20	极好
20~15	好
15~10	中等
10~5	差
5~0	无价值

3. 孔隙度测量方法

目前，孔隙度的测定方法可归纳为两类：即实验室的直接测定法和以各种测井方法为基础的间接测定法，各种方法可互相对比、互为补充。由于间接测定法误差较大，影响因素较多，故目前国内外普遍采用油层物理实验室（或开发实验室）常规岩心分析法来直接测定岩心的孔隙度值。

常规岩心分析中，测定岩石孔隙度的各种方法均从孔隙度的定义出发。按孔隙度定义，

岩样中所有孔隙空间体积之和与该岩样体积的比值，称为该岩石的总孔隙度，以百分数表示，即：

$$\phi = \frac{V_p}{V_b} = 1 - \frac{V_s}{V_b} \qquad (3-9)$$

因此，只需在实验室测得 V_b 及 V_p（或 V_s）中的两个值，即可求出孔隙度值。测定岩心孔隙度通常有几种方法，其测量的主要目的就是为了获得岩石颗粒体积、孔隙体积及岩心总体积（图 3-3）。

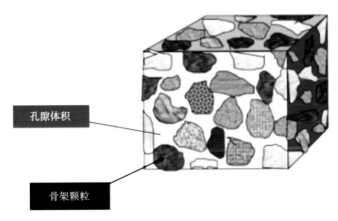

图 3-3　岩石孔隙结构示意图

实验室孔隙度测试分为两种方式，一种采用覆压条件下孔隙度的测量采用覆压孔渗仪（图 3-4）按照标准 SY/T 6385—1999《覆压下岩石孔隙度和渗透率测定方法》执行；另一种是非覆压条件下孔隙度的测量，按照标准 GB/T 29172—2012《岩心分析方法》执行。

图 3-4　覆压孔渗仪图

1）岩石外表（视）体积 V_b 的测定

岩石外表（视）体积 V_b 的测定方法有 4 种，即直接量度法、封蜡法、饱和煤油法和水银法。

直接量度法最常用，且适用于胶结较好，钻切过程中不垮、不碎的岩石。把准备用做其他实验的岩心（如用来测定渗透率等），通常用 2.54cm 钻头钻取一小段，经两端磨平而成为规则的岩心柱。采用千分卡尺直接量得岩心的直径 d 和长度 L，便可计算出岩心的视体积 V_b，即：

$$V_b = \pi d^2 L/4 \tag{3-10}$$

式中 V_b——岩心视体积，cm^3；

      d——岩心直径，cm；

      L——岩心长度，cm。

对于较疏松的易垮、易碎的岩石，可采用封蜡法。其过程是：将外表不规则但仍光滑的岩样称其重量为 w_1，再浸入熔化的石蜡中让其表面覆盖一层蜡衣，再称其重量为 w_2，最后将已封蜡的岩样置于水中称重得 w_3，再计算 V_b：

$$V_b = \frac{w_2 - w_3}{\rho_w} - \frac{w_2 - 2_1}{\rho_P} \tag{3-11}$$

式中 ρ_w，ρ_P——分别为水和石蜡的密度，通常 $\rho_w = 0.918g/cm^3$。

饱和煤油法适用于外表不规则的岩心，其过程为：将岩心抽真空后饱和煤油，再将已饱和煤油的岩心分别在空气和在煤油中称重得 w_1 和 w_2，利用阿基米德浮力原理，计算 V_b 值：

$$V_b = \frac{w_1 - w_2}{\rho_o} \tag{3-12}$$

式中 ρ_o——煤油的密度。

对于不规则的岩心，以及准备用压汞法测定毛细管压力曲线的岩心常用水银法。它借助于水银体积泵来测定岩样的总体积。原理是：分别记录下岩心装入岩样室前、后水银到达某一固定标志时泵上刻度盘读数值大小，其差值即为岩样的外表体积。当水银不侵入岩样的孔隙时，该法相当可靠且测量迅速。

2）岩心的孔隙体积 V_p 测定

除了计算岩心孔隙度需要测定 V_p 值之外，在岩心的各种流动实验、驱替实验中，岩心的孔隙体积 V_p 值也是一个很重要的参数，通常整理资料数据时用的"注入孔隙体积倍数"就是以 V_p 为基础的。因此，对岩石孔隙体积 V_p 的测定的测量应给予高度重视。

由于不同的方法采用不同的工作介质（如空气、水），故同一岩样所测得的 V_p 值可能不相同，要根据介质充满岩心孔隙的程度，确定所测孔隙度值代表何种孔隙度概念。下面介绍最常用的、也是行业标准中"常规岩心分析作法"中所提及的 3 种测定岩石孔隙体积的方法。

气体孔隙度仪是一种专门用来测量体积的仪器，由它可测得岩样的颗粒体积，其原理是波义尔（Boyle）定律（图 3-5）：将已知体积（标准室）的气体 V_K 在一定的压力 p_k 下，向未知室做等温膨胀，再测定膨胀后的体系最终压力 p，该压力的大小取决于未知体积 V 的

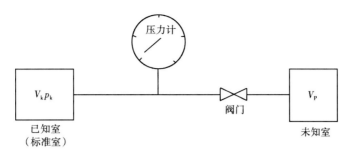

图 3-5　气体孔隙度仪原理示意图

大小，故由最终平衡压力按波义耳定律可得：

$$V_k \cdot p_k = p \cdot (V + V_k) \tag{3-13}$$

$$V_p = \frac{V_k\,(p_k{-}p)}{P} \tag{3-14}$$

因此，由上述原理可测出岩样的孔隙体积或颗粒体积。目前中国采用此孔隙度仪较为普遍，所用气体为氮气或氦气。因氦气分子量低，对岩石具有较高的渗透能力，而有利于氦气进入岩石孔隙中，故对于较为致密的石灰岩和孔隙较小的岩样采用氦气测定岩石孔隙体积比用氮气更精确。

液体（水或煤油）饱和法将已抽提、洗净、烘干、表面经平整的岩样在空气中称重为 w_1，然后在真空下使岩样饱和煤油，在空气中称出饱和煤油后的岩样重为 w_2，若煤油密度为 ρ_o，则岩石孔隙体积 V_p 为

$$V_p = (w_2{-}w_1)\ /\rho_o \tag{3-15}$$

此种方法装置简单，操作方便。当实验过程中需要将岩心饱和液体时，常用此法测定岩心孔隙度。

如用煤油饱和岩心，则在测量过程中动作应迅速，以防煤油挥发引起误差。为预防岩心遇水膨胀，不能用淡水来饱和岩心。但在不少实验中，需要将岩心抽空饱和地层水，此时即可同样测得岩心孔隙体积。

流体加和法测定出岩样中油、水、气的含量，三者之和即为岩心的孔隙体积。

3）孔隙度计算

非覆压条件下测试获得的孔隙度计算见式（3-16）至式（3-18）：

$$\phi = \frac{v_2}{v_1 + v_2} \times 100\% \tag{3-16}$$

$$\phi = \frac{v_3 - v_1}{v_3} \times 100\% \tag{3-17}$$

$$\phi = \frac{v_2}{v_3} \times 100\% \tag{3-18}$$

式中　ϕ——孔隙度；

V_1——岩石颗粒体积；

V_2——岩石孔隙体积；

V_3——岩石总体积。

知道了孔隙体积和岩心总体积，孔隙度计算公式为：

$$\phi = \frac{\text{孔隙体积}}{\text{岩心总体积}} \times 100\% \qquad (3\text{-}19)$$

CMS-300覆压孔渗自动测量仪由一个机械样品夹持器系统，氦气、氮气/空气、真空和液压油压力系统，与控制计算机结合的电路系统组成。这些系统包含在一个带有氦气、氮气/空气、真空、电源盒数据通信接口的紧凑底盘上。前控制面板包括显示氦气测试压力和施加的围压的数字显示器。CMS-300覆压孔渗仪可对直径为1in的岩心覆压下的孔隙度进行测量，采用非稳态法，基于波义耳定律，即用已知体积的标准体，在设定的初始压力下，使气体向处于常压下的岩心室做等温膨胀，气体扩散到岩心孔隙之中，利用压力的变化和已知体积，依据气态方程，即可求出被测岩样的有效孔隙体积和颗粒体积，则可算出岩样孔隙度。

对于中、高渗透率样品，平衡时间短，计算孔隙体积的公式为：

$$V_{\mathrm{p}}[\sigma_i] = \frac{1}{\dfrac{p_1 Z_2}{p_2 Z_1} - 1} \times \left[V_0 \left(1 - \frac{p_a Z_2}{p_2 Z_0}\right) + V_{V0} - \sqrt{V_{p1\text{-}2}} - \sqrt{V_{\alpha 1\text{-}2}} \right] - V_{\alpha}[\sigma_i] \qquad (3\text{-}20)$$

对于致密样品，由于平衡时间长，计算孔隙体积的公式为：

$$V_{\mathrm{p}}[\sigma_i] = \frac{1}{\dfrac{p_1}{Z_1} - \dfrac{p_5}{Z_5}} \times \left[V_0\left(\frac{p_3}{Z_3} - \frac{p_a}{Z_a}\right) + \left(V_{V0} - \frac{V_{V2}V_1[\sigma_3]}{V_0 + V_1[\sigma_2]}\right)\frac{p_3}{Z_3} - \right.$$

$$\left. \left(\sqrt{V_{P1\text{-}5}} + \sqrt{V_{\alpha 1\text{-}5}}\right) \right] - V_{\alpha}[\sigma_i] \qquad (3\text{-}21)$$

式中 V_{p}——孔隙体积，cm^3；

V_0——零应力时管汇体积，cm^3；

V_{α}——死体积，cm^3；

p_a——测试时大气压，MPa（1MPa = 145.137psi）；

V_{V0}——当岩心阀打开时管汇体积的增加量，cm^3；

V_{V2}——当岩心阀打开时管汇体积的减少量，cm^3；

p_1，p_2，p_3，p_5——测样过程平衡时的短暂时刻的压力，MPa；

σ_i——净围压，MPa（$i = 0,1,2,3,\cdots$）；

Z_i——在压力p_i下的气体压缩系数，（$i = 0,1,2,3,\cdots$）；

$\sqrt{V_{p1\text{-}i}}$——氦气压力从p_1减至p_i时样品孔隙体积的减少量，（$i = 0,1,2,3,\cdots$）；

$\sqrt{V_{\alpha 1\text{-}i}}$——氦气压力从$p_1$减至$p_i$时夹持器中的死体积减少量，（$i = 0,1,2,3,\cdots$）。

岩心孔隙度的计算：

$$\phi = \frac{V_{\mathrm{p}}}{V_{\mathrm{B}}} \qquad (3\text{-}22)$$

式中 ϕ——孔隙度,%;

V_B——样品总体积,cm^3;

V_p——孔隙体积,cm^3。

二、渗透率测试

孔隙是储存油、气的空间,相互连通的孔隙网就构成了油气流动的通道。怎样才能得到在一定条件下岩石允许流体流过的数量呢?由于孔隙结构的错综复杂,采用微观的研究方法来计算出流过各个单一孔道的流体数量是相当困难的,但可以通过对整块岩石进行某种实验,来测量宏观的、平均的流通能力。因此,对岩石渗透性的研究与对岩石的其他物性参数研究方法相同,主要是建立在实验基础上的。

1. 渗透率定义

渗透率是指在一定压差下,岩石允许流体通过的能力,是表征土或岩石本身传导液体能力的参数。其大小与孔隙度、液体渗透方向上孔隙的几何形状、颗粒大小以及排列方向等因素有关,而与在介质中运动的液体性质无关。

2. 渗透率分类

岩石渗透性的好坏,以渗透率的数值大小来表示,有绝对渗透率、有效渗透率和相对渗透率 3 种表示方式。

1)绝对渗透率

当单相流体通过孔隙介质呈层状流动时,单位时间内通过岩石截面积的液体流量与压力差和截面积的大小成正比,而与液体通过岩石的长度以及液体的黏度成反比。岩石的绝对渗透率是岩石孔隙中只有一种流体(单相)存在,流体不与岩石起任何物理和化学反应,且流体的流动符合达西直线渗滤定律时,所测得的渗透率为绝对渗透率。

当岩心全部孔隙为单相液体所充满并在岩心中流动,岩石与液体不发生化学和物理化学作用的条件下,对同一岩心,比例系数值 K 的大小是与液体性质无关的常数。对不同孔隙结构的岩心,K 值不同。因此,在上述条件下,K 仅仅是取决于岩石孔隙结构的参数,我们把这一系数称为岩石的绝对渗透率,如图 3-6 所示。

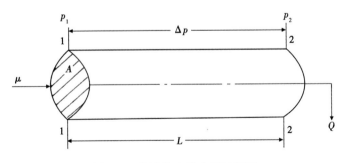

图 3-6 渗流的力学分析示意图

2)有效渗透率

在非饱和水流运动条件下的多孔介质的渗透率。

3)相对渗透率

多相流体在多孔介质中渗流时,其中某一项流体在该饱和度下的渗透系数与该介质的饱和渗透系数的比值叫相对渗透率，是无量纲量。

作为基数的渗透率可以是：用空气测定的绝对渗透率，用水测定的绝对渗透率，在某一储层的共存水饱和度下油的渗透率。

与有效渗透率一样，相对渗透率的大小与液体饱和度有关。同一多孔介质中不同流体在某一饱和度下的相对渗透率之和永远小于1。根据测得的不同饱和度下的相对渗透率值绘制的相对渗透率与饱和度的关系曲线，称相对渗透率曲线。

2. 渗透率测定

渗透率测试包括气测渗透率和液测渗透率的测定，气测渗透率采用气体渗透率仪或者CMS-300覆压孔渗自动测量仪进行测量，液测渗透率的仪器包括高温高压滤失仪、长岩心流动仪、岩心伤害仪等。参照 GB/T 29172—2012《岩心分析方法》和 SY/T 6385—1999《覆压下岩石孔隙度和渗透率测定方法》标准执行。

(a) 覆压孔渗仪图　　　　　　　　　　(b) 超低渗透率仪

图 3-7　渗透率测试仪

1）液测渗透率

岩石绝对渗透率的测定基于达西公式。即：当流体通过岩样时，其流量与岩石的截面积 A、进出口端压差 Δp 成正比，与岩样长度 L 成反比，与流体黏度 μ 成反比。

当单相流体通过横截面积为 A、长度为 L、压力差为 Δp 的一段孔隙介质呈层状流动时，流体黏度为 μ，则单位时间内通过这段岩石孔隙的流体量为：

$$Q = K\frac{A\Delta p}{\mu L} \times 10 \tag{3-23}$$

式中　　Q——在压差 Δp 下，通过岩心的流量，cm^3/s；

　　　　A——岩心截面积，cm^2；

　　　　L——岩心长度，cm；

　　　　μ——通过岩心的流体黏度，$mPa \cdot s$；

　　　　Δp——流体通过岩心前后的压力差，MPa；

　　　　K——比例系数，又称为砂子或岩心的渗透系数或渗透率，D（法定计量单位为 μm^2）。

根据达西定律，只要知道实验岩心的几何尺寸（A、L），液体性质（μ），实验中测出液体流量（Q）及相应于流量为 Q 时岩心两端的压力差 Δp，即可计算出岩石绝对渗透率 K 值。

用达西公式来测定岩石绝对渗透率时必须满足以下条件：

（1）岩石中，只能饱和且流动着一种液体，即流动是单相流，而且是稳定流。并认为液体是不可压缩的，即在岩心两端压力 p_1 和 p_2 下，其体积流量 Q 在各横断面上不变，并与时间无关。

（2）在液体性质（μ）和岩心几何尺寸（A、L）不变的情况下，流过岩心的体积流量 Q 和岩心两端的压力差 Δp 成正比，即 Q 和 Δp 间呈直线关系，也即所谓直线（线性）渗流。只有这时，达西公式中的比例系数 K 才是常数，它代表了岩石绝对渗透率的概念。

（3）液体性质稳定，不与岩石发生物理、化学作用。但在实际用液体测定时，很难选用到这种液体。例如，当用水测岩石渗透率而岩石中含有黏土矿物时，黏土会遇水膨胀而使渗透率降低。而空气具有来源广、价格低，氮气又具有化学稳定性好，使用方便的优点等，故目前中国常规岩心分析标准中，规定用气体（干燥空气或氮气）来测定岩石的绝对渗透率。

由于气体受压力影响十分明显，当气体沿岩石由（高压力）流向（低压力）时，气体体积要发生膨胀，其体积流量通过各处截面积时都是变数，故达西公式中的体积流量应是通过岩石的平均流量。

2）气测渗透率

岩石渗透率的测试通常采用气体法，测试介质为氮气。对于气测渗透率的测试方法是首先对岩样进行烘干，用游标卡尺测量岩样长度和直径，长度取正交两个方向的平均值，直径取两端的平均值。将烘干的岩样沿测定方向装入岩心夹持器内，加围压高于注入压力2MPa，每个样品加 4 个以上的注入压力，记录岩心两端的压力、注入速度等参数，从而测出无上覆压力下的渗透率。

气测渗透率的原理和流程示于图 3-8。理论基础仍是达西定律，具体做法是用加压气体（用氮气瓶或压风机）方法在岩样两端建立压力差，测量进、出口压力及出口流量，如为液体就可使用式（3-23）进行计算。

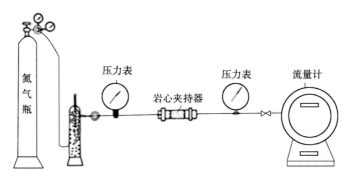

图 3-8　岩石气体渗透率测定仪

但由于气体和液体具有不同的性质，因而在使用公式上及具体用气体测定岩石渗透率时，都与液测渗透率有所不同。

当液测时，液体体积流量 Q 在岩心两端压力 p_1 和 p_2 下，以及在岩心中任意横截面上都是不变的，即认为液体不可压缩。这虽然是近似，但在低压实验条件下是允许的。

然而气体却不同，气体的体积随压力和温度变化而变化。由于在岩心中沿长度 L 每一断面的压力均不相同，因此，进入岩心的气体体积流量在岩心各点上是变化的，与出口气量也不相等，而是沿着压降的方向不断膨胀、增大，此时就需采用达西公式的微分形式：

$$K = -\frac{Q\mu}{A} \cdot \frac{\mathrm{d}L}{\mathrm{d}P} \tag{3-24}$$

即认为在一个微小单元 dL 上，流量不变。实际沿岩心整个长度 L 上，流量 Q 是变数。由于 dp 和 dL 有着不同的符号（即 dL 增量为正时，dp 为负，因为压力在降低），为保证渗透率 K 为正值，在公式右边取负号。

考虑气体在岩心中渗流时为稳定流，故气体流过各断面的重量流量是不变的。若其所发生的膨胀过程为等温过程，根据波义耳—马略特定律，流量 Q 随压力 p 变化见公式 3-25：

$$QP = Q_o p_0 = 常数 \quad 或 \quad Q = \frac{Q_o p_0}{p} \tag{3-25}$$

式中　Q_o——在大气压 p_0 下气体的体积流量（即出口气量）。

因此：

$$K = -\frac{Q_o p_0 \mu}{A} \cdot \frac{dL}{p dp} \tag{3-26}$$

分离变量，两边积分，则：

$$\int_{p_2}^{p_1} K p dp = -\int_0^L \frac{Q_o p_0 \mu}{A} dl \tag{3-27}$$

$$K \frac{p_2^2 - p_1^1}{2} = -\frac{Q_o p_0 \mu}{A} L \tag{3-28}$$

$$K_a = -\frac{2 Q_o P_0 \mu L}{A(p_1^2 - p_2^2)} \times 10^{-1} \tag{3-29}$$

式中　K_a——气体渗透率，μm^2；

　　　　μ——为气体黏度，$mPa \cdot s$；

　　　　Q_0——气体在一定时间内通过岩样的体积，cm^3/s；

　　　　p_0——测试条件下的标准大气压，MPa；

　　　　L——岩样长度，cm；

　　　　A——岩样横切面积，cm^2；

　　　　p_1——岩样进口压力，MPa；

　　　　p_2——岩样进口压力，MPa。

其余符号同液测渗透率公式（3-23）。

式（3-29）即为气测岩石渗透率的计算公式，它与液测渗透率计算公式的最大不同点是：岩石渗透率 K 不是与岩石两端的压力差 Δp 成反比，而是与两端压力的平方差 $p_1^2 - p_2^2$ 成反比。

3. 气测渗透率与液测渗透率的差异

液测岩石渗透率的达西公式是建立在液体（确切讲是牛顿流体）渗滤实验的基础上的，认为液体的黏度不随液体的流动状态而改变，即所谓的黏性流动。其基本特点是液体在管内某一横断面上的流速分布是圆锥曲线 [图 3-9（a）]。由图可见：液体流动时，在管壁处的流速为 0，这可理解为由于液体和管壁固体分子间出现的黏滞阻力。通常，液—固间的分子力比液—液间的分子力更大，故在管壁附近表现的黏滞阻力更大，致使液体无法流动而黏附在管壁上，表现为流速减少到零。

然而对气体来说，因为气—固之间的分子作用力远比液—固间的分子作用力小得多，在

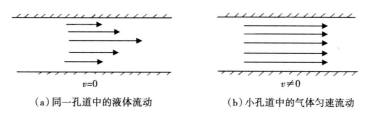

v=0	v≠0
（a）同一孔道中的液体流动	（b）小孔道中的气体匀速流动

图 3-9　气体"滑动效应"示意图

管壁处的气体分子有的仍处于运动状态，并不全部黏附于管壁上。另一方面，相邻层的气体分子由于动量交换，可连同管壁处的气体分子一起做定向的沿管壁流动，这就形成了所谓的"气体滑动现象"。正是由于气体滑动现象的存在，便出现了气测渗透率与液测渗透率的种种差异。

（1）同一岩石的气测渗透率值大于液测的岩石渗透率。

由于气体滑动现象的存在，即在管壁处气体亦参加流动，这就增加了气体的流量。较液测而言，其实质就是岩石孔道提供了更大的孔隙流动空间，因此，一般气测渗透率都较液测渗透率更大。因为液测时在孔壁上不流动的液膜占去了一部分流通通道。但就岩石孔隙本身而言，孔隙并没有增加，孔道断面也并未增大，从这种意义上来说，气测法测出的岩石渗透率应更能确切地反映出岩石的渗透性。

（2）平均压力越小，所测渗透率值 K_a 越大。

所谓平均压力就是岩石孔隙中气体分子对单位管壁面积上的碰撞力，它既决定于气体分子本身的动量，又决定于气体分子的密度。平均压力越小，就意味着气体分子密度小，即气体稀薄，气体分子间的相互碰撞就少，气体分子的平均自由行程就越大，它可能等于、甚至远大于孔道的直径，这就使气体分子更易流动，"气体滑脱现象"就更严重，因而测出的渗透率值 K_a 就越大。

反之，如果平均压力增大，则渗透率减小；当压力增至无穷大时，这时渗透率不再变化，而趋于一个常数 K_∞，这个数值一般接近于液测渗透率 K_L，故又称为等效液体渗透率。这是在压力无穷大时，气体的流动性质已接近于液体的流动性质，气—固之间的作用力增大，因而气体滑动效应逐渐消失，管壁上的气膜逐渐趋于稳定，所测渗透率也趋于不变。

由于气体在微细毛细管孔道中流动时的滑动效应是克林肯贝格（Klinkenberg）在实验中发现的，故人们将滑动效应称为克氏效应，将 K_∞ 称为"克氏渗透率"。

早在 1941 年，克林肯贝格就给出了考虑气体滑动效应的气测渗透率数学表达式：

$$K_a = K_\infty \left(1 + \frac{b}{\bar{p}} \right) \tag{3-30}$$

式中　K_a——气测渗透率；

　　　K_∞——等效液体渗透率；

　　　$\bar{p}$——岩心进出口平均压力，$\bar{p} = (p_1 + p_2)/2$；

　　　b——取决于气体性质和岩石孔隙结构的常数，称为"辐脱因子"或"滑脱系数"。

对气体在一根毛细管内的流动来说：

$$b = \frac{4C\lambda \bar{p}}{r} \tag{3-31}$$

式中　λ——对应于平均压力虾气体分子平均自由行程；

r——毛细管半径（相当于岩石孔隙半径）；

C——近似于1的比例常数。

$$\lambda = \frac{1}{\sqrt{2}\pi d^2 n} \tag{3-32}$$

式中　d——分子直径，由气体种类决定；

n——分子密度，与平均压力厢关。

（3）不同气体所测的渗透率值也不同。

气体的滑脱效应还与气体的性质有关。气体种类不同如氦、空气和 CO_2，它们的分子量分别为 4、29 和 44，分子直径不同。由式（3-32）可知，自由行程又不同，使得滑脱系数 b 不同。分子量小，d 小，λ 大，b 大，滑脱效应严重，这与图 3-9 中所示的氦、空气、CO_2 气体随分子量增大，滑脱效应减弱相一致。

（4）岩石不同，气测 K_a 与液测 K_∞ 差值大小不同。

越致密的岩心，孔道半径 r 越小，由式（3-31）可知，则 b 越大，滑脱效应越严重。这是因为只有在气体分子的平均自由行程和它流动的孔道相当时，气体滑动的这一微观机理才可能表现出来，滑动所造成的影响也才会突出出来。然而在高渗透率岩心中渗流时，气体是在较大的孔道中渗流，滑脱现象就不明显，因为此时岩石孔道直径比气体分子自由行程大很多，气体本身就很容易流动，气体滑动对整个流动的影响就显得微不足道。

由上面的讨论可以看出，气体滑动现象对气测渗透率有较大的影响，特别是对于低渗透岩石，在低压下测定时影响更大。此时，由于气体滑动现象存在，所测得的渗透率尽管反映了岩石渗透性的好坏，但同时又是测量压力的函数，从而失去了岩石参数是定值的准则，使之无法用于储层产能的评价。因此，在美国《油藏工程》一书中提出：凡渗透率小于 $100 \times 10^{-3}\mu m^2$ 的岩心，均需进行克氏渗透率校正。中国现行某些标准中，也沿用此规定。

4. 气测渗透率的校正

目前，有两类方法。一是在实验室测定渗透率值时，进行校正；一是利用经验公式和图版进行校正。

1）实验测定时的校正

在实验测定时，可改变几次平均压力 $\bar{p}$，再按气测法公式计算出 K_a，并绘制出 K_a 与 $1/\bar{p}$ 关系曲线。从公式 $K_a = K_\infty \left(1 + b/\bar{p}\right) = K_\infty + K_\infty b \cdot 1\bar{p}$ 看出，K_a 与 $1/\bar{p}$ 间呈直线，该直线在 K_a 轴上的截距即为 K_∞ 值。

2）伊弗莱计算法

使用条件是：在 $\bar{p}$ 近于 0.1MPa 时：

$$K_L = K_a \frac{C}{C + 0.74} \tag{3-33}$$

其中　　　　　　　　　　　$C = 7/\bar{p} \mu m$

式中　$\bar{p}$——由压汞法所得出的毛管压力曲线中平缓段的平均压力。

54

3）图版法

就中国而言，特别是四川地区，多采用室内实验测定过程中，改变几次平均压力再按达西公式计算 K_a，并绘制 K_a 与 $\bar{p}$ 关系曲线，外推与 K_a 轴相交，便可得到 K_∞ 值，并以 K_∞ 作为岩石的绝对渗透率。

三、孔隙度、渗透率测试结果

为了能更真实地反映龙王庙组储层物性特征，采用全直径样品分析孔隙度，岩心储层段孔隙度在 2.01%~12.41% 之间，总平均孔隙度为 5.19（图 3-10、图 3-11）。其中 2.0%~4.0% 的样品占总样品的 34.29%，4.0%~6.0% 的样品占总样品的 38.57%，大于 6.0% 的样品占总样品的 27.14%，孔隙度主要分布在 2.0%~6.0%（占样品总数的 72.86%），说明 2.0%~6.0% 是储层段的主要孔隙度范围，储层总体具有低孔特征。对比全直径样品孔隙度和柱塞小样孔隙度，全直径样品孔隙度高得多，见图 3-12，说明龙王庙组储层风洞比较发育。

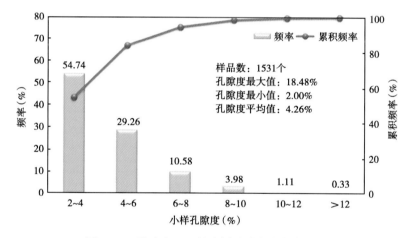

图 3-10　孔隙度>2%的小样孔隙度分布直方图

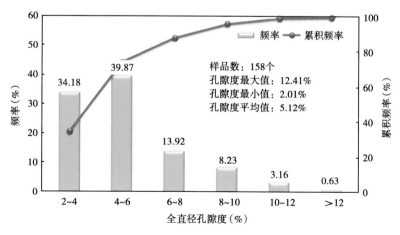

图 3-11　孔隙度>2%的全直径孔隙度分布直方图

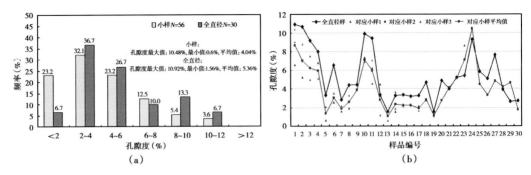

图 3-12 磨溪 12 井全直径和小样的孔隙度对比图

龙王庙组储层段全直径样品分析渗透率在 （0.0005~178）×10⁻³μm² 之间，全直径样品的渗透率平均值达到 8.10×10⁻³μm²。对比全直径和小样渗透率，渗透率分布的主频向高渗透方向明显偏移，渗透率（0.01~10）×10⁻³μm²，约占样品总数的 77.78%（图 3-13、图 3-14），其中，渗透率（0.1~1）×10⁻³μm² 的占样品总数的 34.92%；渗透率（1~10）×10⁻³μm² 的占样品总数的 30.95%。表明渗透率（0.01~10）×10⁻³μm² 是安岳气田龙王庙组气藏储层基质的主要渗透率范围，岩心分析储层基质具有中低渗特征。

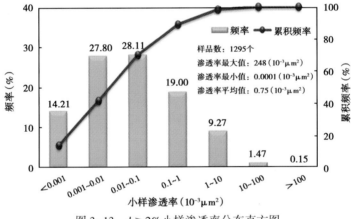

图 3-13 φ≥2% 小样渗透率分布直方图

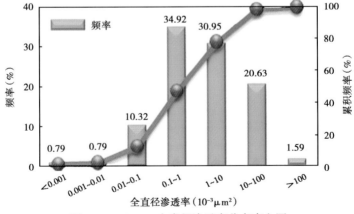

图 3-14 φ≥2% 全直径渗透率分布直方图

位于低渗透区的磨溪 23 井渗透率（0.01~10）×10^{-3} μm^2，占样品总数的 61.9%。其中，渗透率（0.1~1）×10^{-3} μm^2，占样品总数的 54%；渗透率（1~10）×10^{-3} μm^2，占样品总数的 11.9%。龙女寺龙王庙储层小岩样渗透率（0.000196~6.38）×10^{-3} μm^2（平均 0.37×10^{-3} μm^2），远低于磨溪主体储层小岩样渗透率（0.0001~248）×10^{-3} μm^2（平均 0.966×10^{-3} μm^2），低渗透特征明显。

利用岩心实测物性分析龙王庙组孔隙度—渗透率关系（图 3-15），无论是柱塞样还是全直径样品，除孔隙度小于 4% 的储层有部分裂缝影响外，储层渗透率随孔隙度增加明显，储层孔隙度—渗透率存在一定的相关性，但孔渗关系较差。

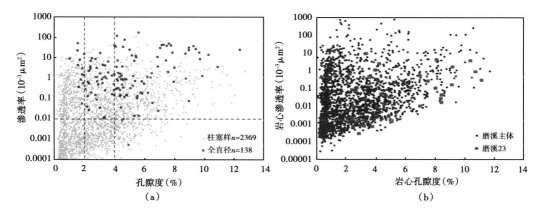

图 3-15 龙王庙组储层段岩心孔—渗关系图

分析认为由于龙王庙组储层中溶蚀孔洞发育，全直径样品中含有较多溶洞的影响，使得储层的均质性变差，另一方面微裂缝提高了岩心储层渗透性，造成了孔隙度和渗透率相关性变差。

第三节　储层微观结构分析

一、碳酸盐岩储层裂缝、溶洞、孔隙发育特征

中国碳酸盐岩油气资源量占总资源量 30% 以上，是油气增储上产的重要领域。中国碳酸盐岩储层基质物性差，次生成岩作用所形成的缝洞系统是主要储集空间和渗流通道。

1. 孔隙特征

孔隙特征见本章第二节孔隙度的介绍。

2. 溶洞特征

石灰岩地区地下水长期溶蚀的结果就是形成大量的溶洞。溶洞是石灰岩里不溶性的碳酸钙受水和二氧化碳的作用转化为微溶性的碳酸氢钙的结果。由于石灰岩内部石灰质含量的不同，被侵蚀的程度也不尽相同，因此就逐渐被溶解分割成大小各异的溶洞。

中国首次在陆上海相碳酸盐岩地层中发现与探明的非常规隐蔽性大型岩溶古地貌气藏靖边气田就是一个典型的岩溶型气藏。岩石类型以泥粉晶含硬石膏白云岩为主（约占储层厚度的 85%），在岩溶古地貌单元中，因处于岩溶阶地发育带，先后经历了层间岩溶、风化壳岩溶和压释水岩溶的叠加改造，塑造了分布广泛的孔洞缝储集空间。由于层间岩溶的发育依赖于沉积旋回的顶部环境，导致溶蚀孔洞的分布，具有层状延伸展布的特征；风化壳岩溶的发育，进一步加大了孔洞缝及岩溶管道和沟槽网络的发育；埋藏期，压释水岩溶的形成，改

变了风化壳水化学环境，伴随烃类的成熟，有机质脱酸基作用产生的压释水进入风化壳，通过对前期岩溶孔隙的调整改造，使岩溶储层的发育，总体表现为在低孔隙低渗透背景上，存在着孔渗性相对较好的区块，且层间差异明显。

四川盆地茅口组石灰岩地层是典型的溶洞发育储层。溶洞以钻井放空为主，溶洞大小差异大，小型溶洞只有 0.1m，大型溶洞可以达到几米。钻井钻遇溶洞时发生井喷、放空、井漏频繁等特征。

3. 裂缝特征

国内碳酸盐岩气藏中，裂缝对于储层的改造及提高渗透能力的效果已经被证实。当然如果后期次生矿物充填的裂缝，也会阻碍流体聚集及运移。裂缝一般通过沟通孤立孔隙，提高储层渗透能力达到改善储层的目的。四川碳酸盐岩中，裂缝的发育与否，对于储层的性质影响很大，由于裂缝的作用使低基质储层形成工业油气流的例子在四川气田开发中屡见不鲜。近几年四川盆地低渗透气藏的开发基本没有裂缝的贡献，气藏基本不具开发价值。

裂缝发育影响因素较多，区域构造形变、岩石类型、温度、应变率等因素都影响裂缝发育延伸的长度、发育密度等参数要素的变化。通过实验分析，相同深度、压力、温度情况下，白云岩断裂前允许的应变百分比较石灰岩低很多。即与石灰岩相比，白云岩更易发生断裂，形成裂缝。

二、裂缝、溶洞、孔隙描述

1. 裂缝、溶洞、孔隙描述方法

碳酸盐岩的微观孔隙及裂缝特征可以通过岩心、铸体薄片、CT 扫描、成像测井、地震相干切片等多种资料获取。孔隙结构特征主要依据压汞实验分析，根据毛细管压力曲线分析其分选性及歪度，曲线表征为分选好、粗歪度代表最优质的一类储层，储层具有高孔隙度、高渗透率特征。

岩心的裂缝发育情况主要通过宏观的观察、测井资料解释和微观的室内实验评价。在岩心流动实验及酸岩反应实验中，由于裂缝或者孔洞的存在，酸液优先进入流动性能较大的区域，即大孔隙、孔洞或天然裂缝，并逐渐扩大和延伸这些孔洞形成酸蚀蚓孔，使得酸岩反应速度加快或者在较小的注入压力下就会很快穿透岩心，从而造成实验结果有较大的差异。

储层岩石的微观结构是影响油气储集及渗流特性的重要因素，随着成像设备的改进和图像处理技术的发展，包含岩心微观结构特征的重要信息可以通过扫描电镜图、CT 图及核磁共振资料获得（冯文凯，2009）。采用扫描电镜分析能提供孔隙内充填物的矿物类型、产状的直观资料，同时也是研究孔隙结构的重要手段，岩心微观结构及黏土矿物成分定性分析主要参照标准 SY/T 5162—1997《岩石样品扫描电子显微镜分析方法》和 SY/T 6189—1996《岩石矿物能谱定量分析方法》执行。

扫描电镜测量原理是具有一定能量的入射电子束轰击样品表面时，将从样品中激发出各种信号，这些信号被检测器接受后，形成不同信号的图像（图 3-16）。从不同倍数下的扫描图像分析样品结

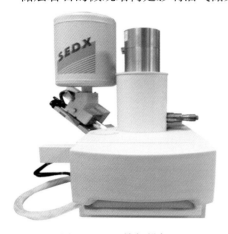

图 3-16　电镜扫描仪

构、孔隙、喉道和胶结物类型及产状。具体步骤如下：

（1）样品制备。通过敲碎的方法选取岩石的新鲜断面，要求断面平整，大小1cm×1cm左右，并将样品表面碎屑颗粒吹干净，保持清洁，避免污染。

（2）样品外表喷镀金，一般喷镀厚度在100Å左右，要求均匀。

（3）粘样：要求镀金一面向上，块状样品用胶类物质，而颗粒在0.5mm以下者通常用胶纸进行粘样，且样品必须保持清洁。

（4）将粘贴牢固的样品放进SEM样品室，进行镜下观察。

为了便于实验结果的分析对比，在实验前要开展岩心外观形态的描述，包括对微观裂缝、孔洞的定性描述，采用的手段主要是照相，包括横截面和侧面的外观形态描述。

2. 磨溪区块龙王庙组储层裂缝发育特征

1）岩心观察

安岳气田磨溪构造龙王庙组气藏取心段裂缝较发育，主要包括构造缝、压溶缝和构造扩溶缝3类。裂缝对储层孔隙度的贡献有限，主要改善储层连通性和渗透能力。不同类型的裂缝由于充填程度和发育程度不同，对储渗性的贡献大小不一（表3-3），现今对储渗性贡献较大的有效缝主要包括白云石—沥青部分充填的构造缝和沿构造缝分布的溶蚀缝等。

构造缝中又以高角度缝为主，其具有开度大、充填程度弱的特征，对储层纵向连通性及渗透性的改善具有重要作用。比较而言，水平缝和网状缝开度小，充填程度强，在岩心上只是偶见。

表3-3 龙王庙组储层裂缝分类特征表

类	亚类	发育特征	取心段内发育程度	储层（产能）贡献
构造缝	沥青部分充填缝	高角度，弱溶扩	局部发育	中
	沥青近全充填缝	两期同组，微细	普遍	小
	方解石全充填缝	高角度	局部发育	无
	白云石、方解石部分充填缝	高角度	常见	大
	未充填	高角度	偶见	小
	水平张开缝	水平	偶见	小
压溶缝	网状压溶缝	多组交切	普遍	中
	粒缘压溶缝	缝合线	局部发育	小
构造溶蚀缝		连通溶孔、溶洞	局部发育	中

岩心上见到的构造缝一般比较平直，多以高角度缝出现，从不同区域取心井的岩心裂缝发育特征图（图3-17）可以看出，这些井的高角度缝发育，缝的开度大，充填弱，对储层纵向连通性及渗透性的改善具有重要作用。

岩心观察表明，高角度构造缝一般切穿岩心，延伸范围应该很大。岩心观察到的垂直缝最长可达1~2m（图3-18），且一般无充填或充填较弱，容易形成渗流的裂缝网络，构成油气的储集体或成为油气运移的通道。

岩心观察表明，宏观有效缝主要发育在磨溪12井、磨溪13井、磨溪17井、磨溪21井

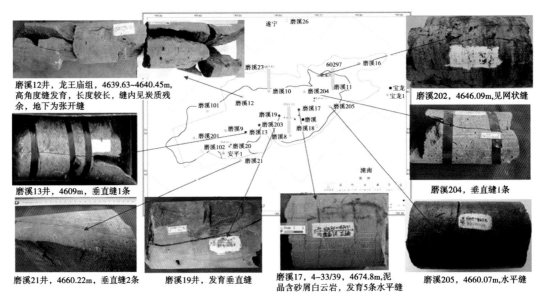

图 3-17　安岳气田龙王庙组取心井裂缝发育特征图

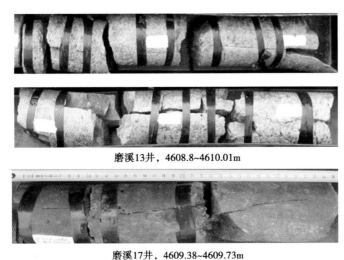

图 3-18　取心段岩心见到延伸较长的垂直缝

等井区，缝密度0.5~0.7条/m（图3-19），磨溪202、磨溪203等井区发育程度较差，低于0.3条/m。因此自西向东裂缝发育程度有减弱趋势，磨溪12—磨溪13—磨溪7井区裂缝相对发育。

2）测井解释

成像测井图上该类裂缝的显示也较普遍。开启裂缝没有被固体物质（不包括沥青）充填，在水基钻井液中，裂缝中充填导电钻井液，造成开启裂缝的电阻率比岩石低很多，而在FMI图像上显示为低阻黑色曲线，图3-20表明，不同区域井的成像测井上均能见到高角度的低阻黑色曲线。

根据成像测井解释结果，磨溪地区龙王庙组高角度构造缝一般延伸长度都比较大，延伸

60

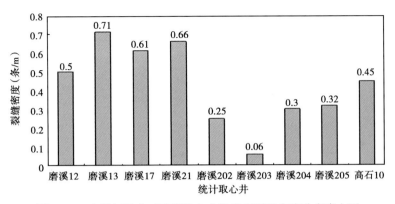

图 3-19 安岳气田龙王庙组取心井段宏观裂缝密度分布直方图

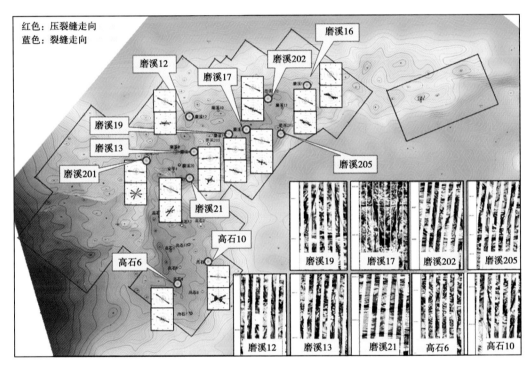

图 3-20 成像测井上高角度缝发育示意图

长度一般在 2~8m 之间, 少量的直立缝长度延伸长度超过 10m (图 3-21)。

成像测井解释高角度裂缝普遍存在 (图 3-22), 缝密度为 0.01~0.6 条/m, 平均 0.21 条/m。

3) 微裂缝发育情况

虽然岩心上宏观裂缝缝密度总体不高, 但是根据已有的薄片及 CT 扫描观察, 龙王庙组微裂缝较发育, 缝宽介于 0.001~0.1mm。根据统计, 磨溪构造微裂缝发育频率达到 40%, 即近 40% 的薄片发育微裂缝, 其中以溶蚀缝为主, 发育频率达到 23.4%, 占总裂缝样的 56.6% (图 3-23)。

微裂缝对储层储集空间的贡献较小, 对储层的贡献主要体现在有效沟通孔洞储集空间,

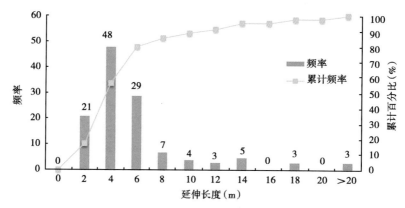

图3-21　成像测井解释高角度缝延伸长度直方图

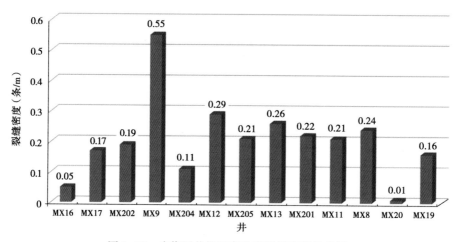

图3-22　成像测井解释高角度裂缝密度柱状图

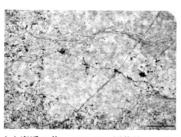 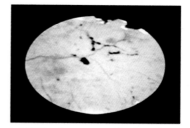

（a）磨溪12井，4628.32m，网状缝，×20　　　（b）磨溪13井，4619.02，微裂缝发育，CT

图3-23　磨溪龙王庙组主要微裂缝发育镜下照片及CT扫描照片

起到优化改善储层整体渗透性的作用（图3-24），例如，图中的其中一个样品，孔隙度仅2.62%，由于微裂缝发育其渗透率达到了 $7.92\times10^{-3}\,\mu m^2$，表明微裂缝可大大提高低孔储层的渗透率。

3. 磨溪区块龙王庙组储层储集类型及孔隙结构

1）储集类型

基于岩心描述和成像测井解释成果，依据储集空间的差异，可将龙王庙组储层划分为溶蚀孔洞型、溶蚀孔隙型和晶间孔隙型3种类型（表3-4）。

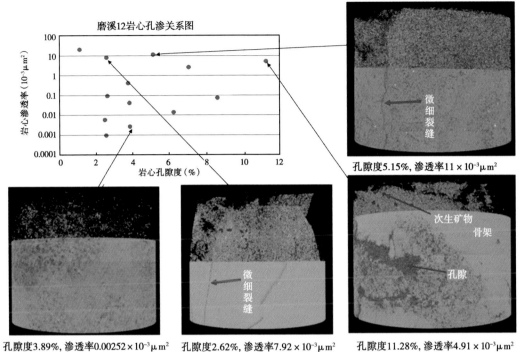

孔隙度3.89%, 渗透率0.00252×10⁻³μm²　孔隙度2.62%, 渗透率7.92×10⁻³μm²　孔隙度11.28%, 渗透率4.91×10⁻³μm²

图 3-24　微裂缝与渗透率关系图

表 3-4　磨溪区块龙王庙组不同储集类型储层划分表

分类	溶蚀孔洞型	溶蚀孔隙型	晶间孔隙型
储集空间	溶孔+溶洞	溶孔	晶间孔
岩石类型	残余砂屑白云岩 中—细晶砂屑云岩	粉细晶砂屑云岩	泥粉晶砂屑云岩 泥晶含砂屑白云岩
岩心观察	溶洞十分发育 溶洞大于 20 个/m	针孔发育 偶见溶洞	孔、洞均不发育
成像测井	暗黑色斑块	均匀分布的暗黑色斑点	测井解释孔隙度大于2%
沉积微相	颗粒滩主体	颗粒滩主体	颗粒滩边缘
典型井段岩心照片及成像测井图	磨溪204, 4685.6~4685.78m	磨溪17井, 4665.71~4665.88m	磨溪13井, 4580.2m

研究表明，溶蚀孔洞型储层最发育，其次为溶蚀孔隙型。三种类型储层垂向上叠置，平面上大面积连片分布，且在磨溪 8—磨溪 11、磨溪 9—磨溪 12 两个区带上溶蚀孔洞型+溶蚀孔隙型储层厚度均大于20m以上（图 3-25）。

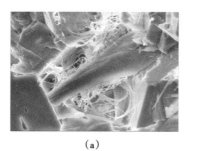 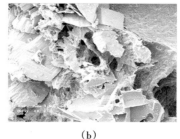

（a） （b）

图 3-25 磨溪区块龙王庙组储层岩心微观结构扫描电镜观察

2）孔隙结构特征

储层中见缩颈喉道、管束状喉道和片状喉道 3 类喉道类型，以缩颈喉道和片状喉道为主。孔隙缩小部分形成喉道。孔隙缩小可能是因晶体的生长或是砂屑颗粒的自然接触造成。孔隙与喉道无明显界线，扩大部分为孔隙，缩小部分为喉道。白云石晶面之间形成的喉道，连接晶粒间的多面体或四面体孔隙，喉道宽度一般在 1μm 以下。龙王庙组白云岩储层中，这种片状喉道占绝对优势（图 3-26）。

（a） （b）

图 3-26 磨溪区块岩心孔隙主要喉道类型图

根据"单井碳酸盐岩储层评价"行业标准：大喉：$R_{50}>2.0\mu m$；中喉：$0.5\mu m<R_{50}\leq 2.0\mu m$；小喉：$0.04\mu m\leq R_{50}\leq 0.5\mu m$；微喉：$R_{50}<0.04\mu m$。安岳气田龙王庙组压汞测试参数研究表明，进汞中值饱和度孔喉半径最大值 4.845μm、最小值 0.015μm、平均值为

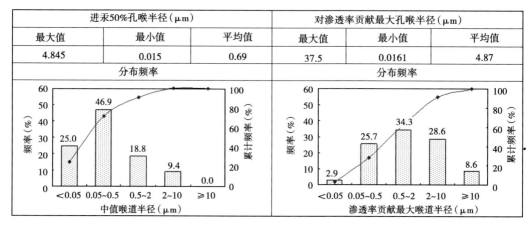

图 3-27 安岳气田龙王庙组储层孔喉参数及分布图

0.69μm，属于中喉储层。

第四节　储层物性特征对酸化工艺的指导

磨溪区块龙王庙组气藏，储层岩性为云岩，Ⅰ+Ⅱ类储层发育，储层厚度占总厚度的61.2%，储层裂缝、孔洞发育，储集类型为孔隙型和裂缝—孔隙（洞），物性较好。磨溪区块龙王庙组气藏储层高角度裂缝发育，倾角在45°~75°时对应裂缝开启的条件为井筒压力梯度范围1.9~2.25g/cm³，钻井液容易漏失进入地层堵塞裂缝（图3-28），

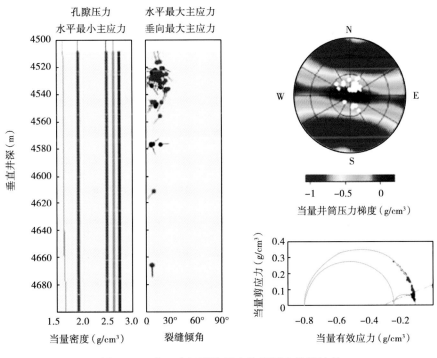

图3-28　龙王庙组裂缝开启临界压力分析结果

龙王庙组储层平面上连片分布，区内储层孔隙度基本都大于4%，大于5%的区域主要在中东部，测井孔隙度主要集中在4%~10%，储层在纵横向剖面上具有一定的非均质性（图3-29、图3-30）。Ⅰ类、Ⅱ类、Ⅲ类储层在纵向上和横向上均不同程度发育（图3-31），存在层段间吸酸能力的差异，需要均匀布酸工艺，实现储层纵横向上的均匀布酸。

针对龙王庙组储层特征，且该区块龙王庙组储层主要布置大斜度井、水平井，因此，Ⅰ类、Ⅱ类储层需要解除钻井完井液污染堵塞、纵向上分层转向、大斜度井水平井均匀布酸等生产实际难题。对于非均质储层来说，常规的酸液体系通常优先穿透大孔道或高渗透部分，酸液很难作用于低渗透部分。如果向普通酸中添加转向剂，转向剂就会暂时堵住这些通道，改变注酸流动剖面，使酸液进入相对低渗透区域，与未酸化的储层部分反应。即通过对储层的大孔道或高渗透带进行暂堵，迫使酸液转向低渗透带。龙王庙组大斜度井/水平井依据完井方式（射孔、衬管）可以选择暂堵球分段、纤维转向剂以及转向酸复合转向等搭配使用，实现均匀布酸。具体采用哪种酸液类型以及转向材料根据实验评价及结果获得，详见第六

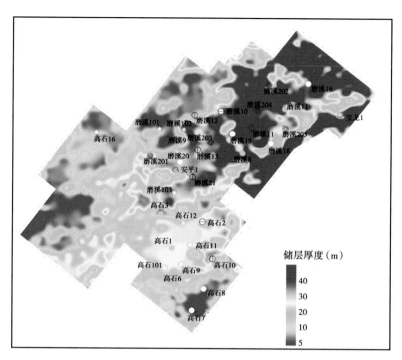

图 3-29　储层厚度地震预测分布图

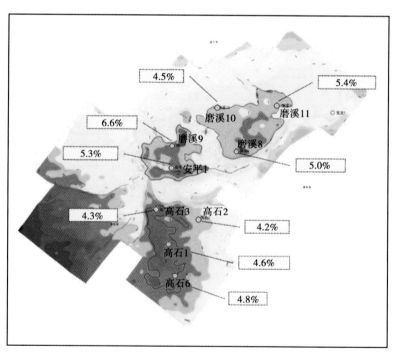

图 3-30　储层孔隙度地震预测分布图

章。对于Ⅲ类为主的低渗透储层，岩性致密、缝洞欠发育、物性较差，则需要采用前置液酸压工艺沟通远井地带天然裂缝。

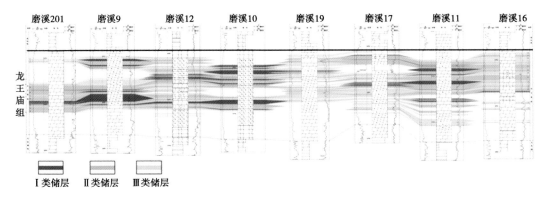

图 3-31 磨溪构造龙王庙组不同储层类别单井剖面分布图

第四章　岩石力学及地应力实验评价技术

岩石力学及地应力参数的应用贯穿了石油天然气勘探开发的全过程。主要应用有地质勘探过程天然裂缝的形成、扩展、演化与分布规律分析；钻井过程可钻性分析、井眼轨迹控制、井壁稳定性以及井身结构的优化设计；完井过程完井管柱的优化设计、完井方式的优选及完井优化设计、射孔优化设计；固井过程套管完整性预测和套管挤毁机理分析；油气增产过程水力压裂缝的形成、扩展，以及压裂酸化的优化设计（李志明，1997；刘向君，2004；陈勉，2011）。

在压裂工艺设计中，通常涉及的力学性质为：弹性性质，如杨氏模量及泊松比；强度性质，如断裂韧性、抗张强度和抗压强度；孔隙弹性参数主要是孔隙弹性系数。

岩石力学和地应力参数对酸压的影响主要体现在以下4方面：

（1）杨氏模量和泊松比。

杨氏模量可理解为对岩石的"刚度"的测度，是岩石在外力作用下抵抗变形的能力。通常用 E 表示，国际单位为MPa：

$$杨氏模量 = \frac{应力的变化}{应变的变化}$$

当岩样在一个方向受压缩时，它不仅沿载荷方向变短，同时也径向膨胀。这种影响可用泊松比来描述。

泊松比定义为径向膨胀量与纵向收缩量的比值：

$$泊松比 = \frac{径向膨胀量}{纵向收缩量}$$

岩石杨氏模量、泊松比对于计算储层压裂压力和水力裂缝宽度剖面是重要影响参数。此外，储层岩石和遮挡层岩石之间杨氏模量的差异对裂缝高度延伸和最终裂缝几何形状有影响，同时还影响支撑剂的嵌入深度。

①杨氏模量对裂缝宽度的影响。

在裂缝高度假设为恒定的二维模型中，对牛顿流体，裂缝宽度与杨氏模量的四分之一次幂成反比，即 $W—1/E^{1/4}$。对于非牛顿流体，裂缝宽度与杨氏模量的关系式为：即 $W—1/E^{1/2n'+2}$。$N'=0.5$，则裂缝宽度与杨氏模量1/3次幂成反比。这种情况表明，当地层的杨氏模量提高一倍，则裂缝宽度减少16%~20%。

②岩石杨氏模量对压裂压力的影响。

根据二维裂缝模拟理论，对牛顿流体，压裂施工中净压力（裂缝内流体压力与裂缝闭合压力之差）和岩石杨氏模量的3/4次幂成比例，即 $p(t)—E^{3/4}$。对非牛顿流体，压力和杨氏模量的关系为 $\Delta p(t)—E^{(2n+1)/(2n+2)}$。因此，当杨氏模量增加一倍，净压力将增高1.6~1.7。

③泊松比对裂缝宽度的影响。

泊松比对压裂优化设计的重要性虽然次于杨氏模量，但在计算裂缝宽度分布时是需要的。此外，对于计算油藏地应力的分布，无论是原始应力还是变化的应力状态方面，泊松比都是重要的。

（2）断裂韧性。

岩石断裂韧性就是裂缝开始延伸时的临界应力强度因子，它是评价裂缝延伸过程中岩石破裂难易程度的一个物理参数，是对岩石阻止裂缝扩展的度量值。

岩石断裂韧性在水力压裂的设计与施工中有着非常重要的意义。因为它直接涉及施工压力、裂缝形状、裂缝转向以及裂缝遮挡等。岩石断裂韧性高会导致高裂缝延伸压力和施工压力，从而使得裂缝变宽，液体滤失增加，同时较高岩石断裂韧性会使裂缝长度缩短，当裂缝在射孔孔眼起裂以后，如果裂缝延伸方向不是在最大主应力方向，存在裂缝转向的问题，岩石断裂韧性直接影响裂缝转向（郭新江，2012）。

（3）抗张强度。

岩石的抗张强度是指岩石样品在单轴拉伸应力作用下，岩样达到破坏的极限强度，它在数值上等于破坏时的最大张应力。

抗张强度用于计算裂缝张开时的破裂压力，但对于岩石抗张强度较小的地层，实际工程中常常忽略不计。

（4）地应力。

①地应力与岩石破裂及扩张的关系。

不同的地应力条件下，水力压裂缝的产状是不同的。众所周知，水力压裂形成是张破裂，因而现今地应力大小及状态决定了张破裂的产状及扩展形式。

在不考虑有关层面及层理面和早期破裂面（天然裂缝）等力学结构面的条件下，不同地应力状态下，张破裂的产状如图4-1所示。即有下列张破类型及扩展形式。

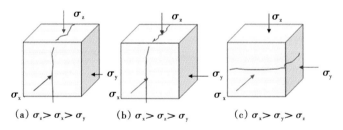

（a）$\sigma_z > \sigma_x > \sigma_y$　　（b）$\sigma_x > \sigma_z > \sigma_y$　　（c）$\sigma_x > \sigma_y > \sigma_z$

图4-1　不同应力状态下张破裂产状及扩展方向关系图

a. 应力状为$\sigma_z > \sigma_x > \sigma_y$时［图4-1（a）］，产生垂向张破裂，而且主扩展方向与σ_z平行。该类破裂，纵向上扩展能力强，如果顶底盖层（塑性层）厚度小时，可以造成穿层现象。该类破裂模型为PKN模型。

b. 应力状态为$\sigma_x \gg \sigma_z > \sigma_y$时［图4-1（b）］，也产生垂直张破裂，但其主扩展方向与σ_x平行。该类破裂的纵向扩展能力弱，所以顶底盖层不需要太大厚度即可以限制裂缝。这类破裂横向扩展能力很强，在相同条件下其比前一种应力状态产生张破裂缝半长长近一倍多。这类井的压裂效果一般均相对较好。该类破裂模型为KGD模型。

c. 应力状态为$\sigma_x > \sigma_y > \sigma_z$时［图4-1（c）］，产生水平压裂缝，其扩展方向为径向，称为径向模型。该类破裂最可能沿地层中如层面、层理层等近水平产状的力学薄弱面进行破裂和扩展。

②地应力剖面与压裂缝关系。

利用测井资料分析单井地应力剖面。由于地壳环境具有水平不自由和垂直自由性，构造应力垂向主应力为零。因此，地层的垂向主应力就是重力垂向应力，等于上覆地层压力 p_o，孔隙流体压力产生的应力是球应力，等于流体压力乘以 Biot 系数。上述重力应力、构造应力、孔隙流体压力共同作用于地层骨架和孔隙流体，根据各向性物体的广义虎克定律，得描述地层三向主应力的数学模型：

$$S_H = \delta \frac{\mu}{1-\mu} p_o + (1 - \delta \frac{\mu}{1-\mu}) \alpha p_p$$

$$S_h = \frac{\mu}{1-\mu} p_o + (1 - \frac{\mu}{1-\mu}) \alpha p_p$$

$$S_V = p_o \qquad (4-1)$$

式中　δ——水平骨架应力非平衡因子，等于沿最大、最小水平主应力方向的水平骨架应力比值。δ 通常在 1~3 范围内变化。可根据双井径曲线或压裂资料确定；

　　　μ——泊松比；

　　　α——Biot 系数，由地层和骨架的体积模量确定。

可用密度测井资料或应力梯度法计算，应力梯度法的计算公式为：

$$S_z = G_z \times TD + OFFSET \qquad (4-2)$$

式中　S_z——总垂直应力；

　　　TD——真垂直深度；

　　　$OFFSET$——偏移量；

　　　G_z——垂直应力梯度。

用密度测井资料计算上覆地层压力 p_o 的公式为：

$$p_o = g \int_0^{TD} \rho_b(h) \, dh + OFFSET \qquad (4-3)$$

式中　g——重力加速度；

　　　ρ_b——体积密度，测井井段以上可用插值法获得联系的密度曲线。

第一节　岩石力学参数测试

岩石力学数据处理方法有静态法和动态法两种，静态法是通过在实验室内使用单轴、三轴岩石力学实验仪对岩样进行静态加载测其变形得到。动态法分为两种：一是可以使用测井设备在原地应力条件下进行现场声波测井，测定超声波在地层岩石中的传播速度转换得到，而且可以获得沿井深连续的岩层弹性系数；二是可以在实验室内通过测定超声波在岩样中的传播速度转换得到。根据地下岩层的应力形成和起作用的机理，特别是在应力幅值、加载速度和所引起的岩石变形等方面，更接近岩石静态测试的条件，因此在地应力计算和实际工程中应采用岩石的静态弹性参数，但由于测试岩样的数量有限，只能得到少量的"点"数据，而动态法则可获得沿井深连续的岩石力学参数剖面。因此，通过少量"点"的静态实验结果，结合动态计算结果，建立岩石力学参数的动静态转换关系，并以此为基准建立校核后连续的岩石力学参数剖面，是国内外推崇的较为准确的岩石力学参数求取方法（张永兴，2004；张传进，2002；路保平，2005）。

一、岩石静态力学参数测定方法

通过模拟岩心在对应取心深度处承受的上覆应力、围压、孔隙压力、温度等地层条件，进行三轴应力条件下的岩石力学实验，并依据相关的岩石强度理论和实验标准，得到岩石的抗压强度、弹性模量、泊松比等参数。通过不同围压条件下的三轴岩石力学实验，采用摩尔—库仑准则，可得到岩石的内聚力、内摩擦角等参数。国内多采用 GCTS 岩石力学测试仪、MTS 岩石力学仪、SAM 岩石力学仪进行岩石力学参数测定，岩石压缩实验执行 ASTM D7012—2014《压力及温度变化下原状岩心样品抗压强度及弹性模量标准测试方法》，抗拉实验执行 GB/T 23561.10—2010《煤和岩石物理力学性质测定方法　第 10 部分：煤和岩石抗拉强度测定方法》。

1. 测试原理及测试方法

1）岩样密度

采用量积法测量岩石的密度。测量圆柱形岩样的高度 h 和直径 d 各 3~5 次，取平均值；然后用电子天平测量试样的质量。计算岩石密度公式为：

$$\rho = \frac{4m}{\pi d^2 h} \tag{4-4}$$

式中　m——岩样的质量，g；

　　　d——岩样直径，cm；

　　　h——岩样的高度，cm。

2）岩心纵、横波波速

图 4-2 为岩心超声波波速测试原理示意图。为模拟地层的原始压力环境，测试时利用岩石力学三轴实验系统给岩心加载，用超声波参数测定仪测定岩石试件的纵横波时差。然后，利用计算纵、横波波速：

$$v_{\mathrm{p}} = \frac{L}{t_{\mathrm{p}} - t_{\mathrm{p0}}} = \frac{L}{\Delta t_{\mathrm{p}}} \tag{4-5}$$

$$v_{\mathrm{s}} = \frac{L}{t_{\mathrm{s}} - t_{\mathrm{s0}}} = \frac{L}{\Delta t_{\mathrm{s}}} \tag{4-6}$$

式中　L——岩心高度，m；

　　　Δt_{p}——纵波在岩样中的传播时间，μs；

　　　Δt_{s}——横波在岩样中的传播时间，μs。

中国石油西南油气田岩石力学三轴实验系统为进口的 GCTS 三轴岩石力学实验系统，它可以模拟地层的温度、压力条件进行多种岩石力学实验（图 4-3）。

其技术指标如下：

轴向力：1.0x107kN。

围压：210MPa。

孔隙压力 140MPa。

温度：200℃。

通过伺服控制系统可以按事先设定的程序给岩样加轴压、围压和孔隙水压。

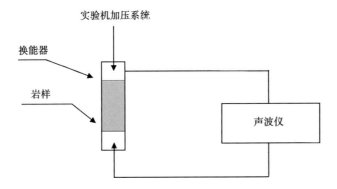

图 4-2　超声波波速测试原理示意图

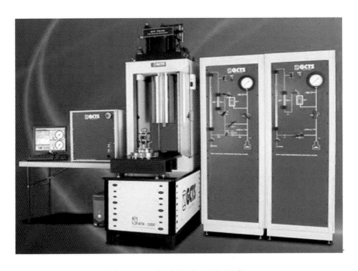

图 4-3　多功能岩石力学仪

3）单轴抗压强度

岩石单轴抗压强度实验原理示意图如图 4-4 所示。

利用式（4-7）计算岩心单轴抗压强度：

$$\sigma_c = \frac{p_c}{A} \tag{4-7}$$

式中　σ_c——单轴抗压强度，MPa；

　　　p_c——破坏时的载荷，N；

　　　A——岩样的截面积，mm^2。

图 4-4　岩石的单轴抗压
强度实验原理示意图

4）单轴抗拉强度

岩石的单轴抗拉强度通常通过巴西实验获得。图 4-5 是巴西实验示意图，岩石单轴抗拉强度计算公式为：

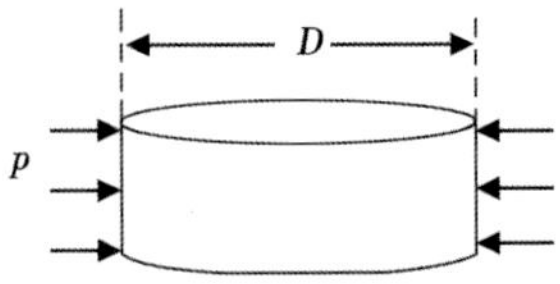

$$\sigma_t = \frac{2p}{\pi DL} \tag{4-8}$$

图 4-5　巴西实验示意图

式中 σ_t——单轴抗拉强度，MPa；

p——岩石破坏时的载荷，N；

D——岩心的直径，mm；

L——岩心的厚度，mm。

5）三轴抗压强度实验

岩石三轴实验装置如图4-6所示，将岩样放置在高压釜内，通过液压油给岩心施加侧向压力（围压 σ_3），通过压机液缸给岩心施加轴向应力（σ_1）。实验过程中保持围压恒定，逐渐增加轴向载荷，直到岩石破坏。这样可得到岩石加载过程中轴向应变、周向应变随轴向应力的变化曲线，同时得到岩心破坏时轴向应力 σ_1 和围压 σ_3 值。

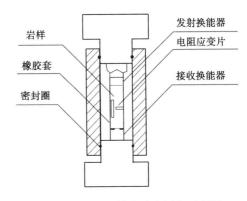

图4-6 岩石三轴实验高压釜示意图

实验结束后，在 $\sigma-\tau$ 坐标系中可画出岩石破坏应力圆。用相同的岩样在不同侧向压力 σ_3 下进行三轴实验，可以得到一系列岩石破坏时的 σ_1、σ_3 值，可画出一组破坏应力圆。这组破坏应力圆的包络线，即为岩石的抗剪强度曲线。

库仑—摩尔破坏准则是目前岩石力学最常用的一种强度准则。该准则认为岩石沿某一面发生破坏，不仅与该面上剪应力大小有关，而且与该面上的正应力有关。岩石并不沿最大剪应力作用面产生破坏，而是沿剪应力与正应力达到最不利组合的某一面产生破坏。即：

$$|\tau_f| = \tau_0 + \sigma_n \cdot \tan\phi \tag{4-9}$$

$$f = \tan\phi \tag{4-10}$$

式中 $|\tau_f|$——岩石剪切面的抗剪强度；

τ_0——岩石固有的剪切强度；

σ_n——剪切面上的正应力；

f——内摩擦系数；

ϕ——内摩擦角。

在 $\sigma-\tau$ 坐标系下，库仑—摩尔破坏准则可以用如图4-7所示的一条直线来表示。

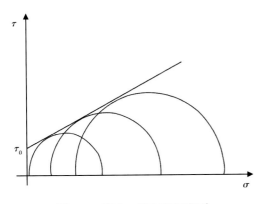

图4-7 库仑—摩尔破坏准则

2. 岩石静态力学参数测试结果计算方法

岩石力学参数测试可以得到弹性模量、泊松比、抗压强度、抗拉强度、内聚力及内摩擦角。通过实验过程中记录的岩心尺寸、上覆压力、孔压、围压、温度、轴向及径向应变等参数可以计算得到以上参数值。

1）抗压强度

岩石抗压强度是指岩石在单轴/三轴压力作用下达到破坏的极限强度，在数值上等于破坏时的最大差应力。根据实验条件的不同分为单轴抗压强度和三轴抗压强度。其中岩石的三轴抗压强度是在模拟储层条件下获得，具有较高的可靠性。

$$\sigma_c = \sigma_a - \sigma_s \tag{4-11}$$

式中 σ_c ——抗压强度，MPa；

$\quad\quad$ σ_a ——岩心破坏时对应的轴向应力，MPa；

$\quad\quad$ σ_s ——岩心破坏实验围压值，MPa（单轴压缩实验 $\sigma_s = 0$）。

2）弹性模量及泊松比

取轴向应力—应变曲线上近似直线部分的平均斜率为弹性模量，在轴向应力—应变曲线的直线段部分用线性最小二乘法拟合，其直线段部分的斜率即为杨氏模量，如图4-8所示。

$$E = \frac{\sigma}{\varepsilon} \tag{4-12}$$

式中 E ——弹性模量，MPa；

$\quad\quad$ σ ——轴向应力，MPa；

$\quad\quad$ ε ——轴向应变。

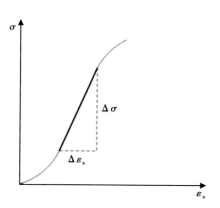

图4-8 计算杨氏模量示意图

$$\gamma = \frac{\varepsilon_t}{\varepsilon} \tag{4-13}$$

式中 γ ——泊松比；

$\quad\quad$ ε_t ——径向应变；

$\quad\quad$ ε ——轴向应变。

3）内聚力、内摩擦角及拟合单轴抗压强度

通过一组不同围压下的三轴压缩实验获得岩石内聚力、内摩擦角及拟合单轴抗压强度。将不同围压和对应的岩石三轴抗压强度直接绘图，如图4-9所示。通过数学线性逼近拟合，所得拟合直线的截距即为拟合单轴抗压强度 σ_{c0}，斜率为 n。

内摩擦系数 μ_i，内摩擦角 φ，黏聚力 C 通过式（4-14）至式（4-16）计算：

$$\mu_i = \frac{n-1}{2\sqrt{n}} \tag{4-14}$$

式中 μ_i ——内摩擦系数；

$\quad\quad$ n ——拟合直线的斜率。

$$\varphi = \arctan\mu_i \tag{4-15}$$

式中 φ ——内摩擦角，rad；

$\quad\quad$ μ_i ——内摩擦系数。

$$C = \frac{\sigma_{c0}}{2\left(\sqrt{\mu_i^2 + 1} + \mu_i\right)} \tag{4-16}$$

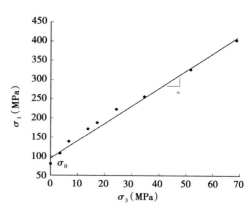

图4-9 摩尔—库伦准则计算内聚力及
内摩擦角示意图

式中 C ——黏聚力，MPa；

74

σ_{c0}——拟合单轴抗压强度，MPa；

μ_i——内摩擦系数。

4）岩石抗拉强度计算

岩石抗拉强度计算公式为：

$$\sigma_x = \frac{2F_{max}}{1000\pi DL} \tag{4-17}$$

式中　σ_x——岩石抗拉强度，MPa；

F_{max}——破坏时轴向载荷，kN；

D——岩样直径，mm；

L——岩样厚度，mm。

二、岩石动态力学参数计算方法

利用测井资料，采用相关的弹性力学模型和公式，计算沿井深连续的动态岩石力学参数剖面。可求取的动态力学参数主要有弹性参数和强度参数。

岩石的弹性参数：弹性模量、泊松比、拉梅系数、Biot系数等。

岩石的强度参数：单轴抗压强度、单轴抗拉强度、内聚力、内摩擦角等。

1. 岩石弹性参数的测井计算方法

根据阵列声波测井的波形分析所提供的纵波、横波时差，结合密度测井资料可以计算出地层任一深度的岩石力学参数（J. I. 迈昂，1985；杨宽，1990）。

岩石在一定的初载荷作用下，可以视为弹性体。当声波强度在 $1\sim 5W/m^2$（在几个至十几个大气压下）范围内时，岩体的形变和应力呈线性关系，可以用虎克定律和波动方程来描述，此时两种波的波速方程为：

$$v_p^2 = \frac{E(1-\mu)}{\rho_b(1+\mu)(1-2\mu)} \tag{4-18}$$

$$v_s^2 = \frac{E}{2\rho_b(1+\mu)} \tag{4-19}$$

式中　v_p——纵波波速；

v_s——横波波速；

E——弹性模量（杨氏模量）；

μ——泊松比；

ρ_b——岩石密度。

其计算模型及其力学意义具体如下：

（1）弹性模量：

$$E = \frac{\rho_b}{\Delta t_s^2} \cdot \frac{3\Delta t_s^2 - 4\Delta t_c^2}{\Delta t_s^2 - \Delta t_c^2} \tag{4-20}$$

式中　ρ_b——岩石的密度；

Δt_c，Δt_s——纵、横波时差。

（2）泊松比：

$$\mu = \frac{1}{2} \cdot \frac{\Delta t_{\mathrm{s}}^2 - 2\Delta t_{\mathrm{c}}^2}{\Delta t_{\mathrm{s}}^2 - \Delta t_{\mathrm{c}}^2} \tag{4-21}$$

（3）休积弹性模量：

$$K = \rho_{\mathrm{b}} \cdot \frac{3\Delta t_{\mathrm{s}}^2 - 4\Delta t_{\mathrm{c}}^2}{3\Delta t_{\mathrm{s}}^2 \cdot \Delta t_{\mathrm{c}}^2} \tag{4-22}$$

（4）体积压缩系数：是体积弹性模量的倒数，即：

$$C_{\mathrm{b}} = \frac{1}{K} \tag{4-23}$$

（5）骨架体积压缩系数：

$$C_{\mathrm{r}} = \frac{3\Delta t_{\mathrm{sma}}^2 - 4\Delta t_{\mathrm{cma}}^2}{\rho_{\mathrm{bma}} \cdot 3\Delta t_{\mathrm{sma}}^2 \cdot \Delta t_{\mathrm{cma}}^2} \tag{4-24}$$

式中　ρ_{bma}——岩石骨架的密度，$\mathrm{g/cm}^3$；

　　Δt_{cma}，Δt_{sma}——纵、横波时差，$\mu\mathrm{s/ft}$（$1\mu\mathrm{s/ft} = 3.28\mu\mathrm{s/m}$）。

（6）剪切模量：

$$G = E/2(1 + \mu) \tag{4-25}$$

（7）拉梅系数：指阻止物体侧向收缩所需要的侧向张应力与纵向拉伸形变之比，即：

$$l = r_{\mathrm{b}}(1/Dt_{\mathrm{c}}^2 - 1/Dt_{\mathrm{s}}^2) \tag{4-26}$$

（8）Biot 弹性系数：

$$\alpha = 1 - \frac{C_{\mathrm{r}}}{C_{\mathrm{b}}} \tag{4-27}$$

在以上这些岩石力学参数中，泊松比可以直接反映岩石的破碎机理，对于大多数岩石来说，其泊松比都在 0.25 上下，随着岩石质量变差，泊松比增大。泊松比在 0.35～0.40 之间变化时，是岩石质量变坏；在 0.48～0.49 之间，是岩石破碎并充水。根据声波对裂缝的响应研究表明，裂缝（主要指低角度缝、水平缝）使纵波传播时间增大，而对横波基本无影响（或影响较小），因此在低角度缝发育时，通过纵横波时差计算出来的泊松比随着纵波的衰减较上围岩减小，由泊松比数值上看，通常将泊松比值与其他测井资料相结合，进行储层和裂缝的定性识别。

岩石的孔隙度和流体饱和度对各项动态模量都有较大的影响，总的来说，弹性模量、体积模量及切变模量都随孔隙度的增大而减小；流体性质不同，对于各项模量的影响不同，其中天然气对各模量的影响更大。随着含气饱和度 S_{g} 的增加，各模量增大；在含有大量天然气的高孔隙度岩石中，模量出现极低值。

2. 岩石强度的测井计算方法

岩石固有强度包括抗压强度、抗剪强度和抗张强度。它们反映岩石承受各种压力的特性。

岩石的抗压强度是指试件在承受单向压缩而破坏时的应力值；岩石的抗张强度是指试件在单向拉伸作用下发生破坏时的应力值，一般抗张强度比其抗压强度低得多，一般前者为后者的 1/10~1/20，甚至为 1/50；岩石的抗剪强度是岩石力学性质中最重要的特性之一，它反映着岩石抵抗剪切滑动的能力。确切地说，它是岩石试件产生剪断时的极限强度，在数值上它等于剪裂面上的切向应力值，即剪裂面上形成的剪切力与破坏面积之比。以上 3 种岩石的强度参数可以在实验室测量得到。

（1）单轴抗压强度。

Deere 和 Miller 对沉积岩石用实验方法作出单轴抗压强度 τ_u 与岩石杨氏模量 E，泥质含量 V_{sh} 的关系式为（丁文龙，2013）：

$$\tau_u = 0.0045E(1 - V_{sh}) + 0.008E \cdot V_{sh} \tag{4-28}$$

（2）单轴抗拉强度。

岩石的单轴抗拉强度与单轴抗压强度有着密切的关系，通常采用近似公式（4-29）求取：

$$\sigma_t = \tau_u / 12 \tag{4-29}$$

式中　σ_t——单轴抗拉强度。

（3）内聚力。

Coates 根据前人研究结果，提出岩石固有抗剪强度（内聚力）τ 与单轴抗压强度的经验关系式：

$$\tau = \frac{0.026\tau_u}{C_b \times 10^6} \tag{4-30}$$

（4）内摩擦角。

岩石的内摩擦角是在摩尔—库仑准则中的一个很重要的参数。利用 "Plumb 黏土体积和孔隙度的关系" 计算内摩擦角（Bratton T.，1994）。

$$\varphi = 26.5 - 37.4 \ (1 - \phi - V_{sh}) + 62.1 \ (1 - \phi - V_{sh}) \tag{4-31}$$

式中　φ——内摩擦角；

　　　ϕ——孔隙度；

　　　V_{sh}——泥质百分含量。

需要注意的是，用测井资料计算的岩石力学参数是动态参数，它与对岩样进行岩石力学实验测得的静态参数存在差异，因此有必要进行动静态力学参数转换，将岩样地下所处条件（即考虑围压、孔隙压力、温度和饱和流体的影响）进行恢复，建立原位条件下杨氏模量等岩石力学参数的动、静态校正图版。

三、岩石力学测试结果及应用

1. 岩石力学参数测试结果

对龙王庙储层段岩心开展巴西抗拉、单轴力学和三轴力学实验，获得了岩石抗拉强度、弹性模量、泊松比和抗压强度等岩石力学测试参数，为地层破裂压力计算、测井数据校正等提供了基础依据。

1）抗拉强度

巴西抗拉实验结果显示，龙王庙组气藏储层岩心抗拉强度单井之间差异大，同时单井之间不同层段也存在差异，岩心抗拉强度在 3.88~15.26MPa，高石梯构造岩心抗拉强度高于磨溪构造的，所得实验结果可以为理论计算施工破裂压力提供基础参数。

表 4-1　龙王庙组储层岩心巴西劈裂实验结果

井号	层位	井深（m）	破坏时最大荷载（kN）	计算抗拉强度（MPa）
磨溪 12	龙王庙	4636.08~4636.41	8.42	10.75
			8.07	10.14
		4650.92~4651.10	4.73	6.62
			6.68	8.50
平均抗拉实验结果			6.97	10.0
磨溪 13	龙王庙	4586.76~4587.01	2.87	3.67
			3.17	4.10
平均抗拉实验结果			3.02	3.88
磨溪 16	龙王庙	4756.07~4756.42	5.41	6.72
			7.42	9.57
平均抗拉实验结果			6.41	8.14
磨溪 17	龙王庙	4615.64~4615.79	7.31	9.64
			5.77	7.22
			5.30	6.83
平均抗拉实验结果			6.12	7.89

2）单轴抗压实验结果

两口共进行了 7 块龙王庙组气藏储层岩心的单轴岩石力学实验，得出了龙王庙组储层岩心的单轴抗压岩石力学参数，见表 4-2。

储层段岩心单轴抗压强度 93.72~103.1MPa，杨氏模量（2.52~3.99）×10⁴MPa，泊松比 0.116~0.178，所得实验结果可以为测井解释校正参数提供基础依据。

表 4-2　单轴抗压岩石力学参数实验结果

井号	层位	深度（m）	实验结果		
			抗压强度（MPa）	杨氏模量（10^4MPa）	泊松比
磨溪 12	龙王庙	4636.08~4636.41	88.15	2.560	0.158
			161.099	3.413	0.081
		4650.92~4651.10	69.786	2.593	0.074
			55.85	1.513	0.149
平均实验结果			93.72	2.520	0.116
磨溪 17	龙王庙	4615.64~4615.79	85.26	3.74	0.145
			113.45	4.17	0.162
			110.59	4.07	0.227
平均实验结果			103.1	3.99	0.178

3）三轴抗压实验结果

龙王庙组储层岩心三轴抗压岩石力学实验，得出了龙王庙组储层岩心三轴抗压岩石力学参数，见表4-3。

表4-3 龙王庙组储层岩心岩石力学实验结果

井号	层位	深度（m）	密度（g/cm³）	平均实验结果		
				抗压强度（MPa）	弹性模量（10⁴MPa）	泊松比
磨溪12	龙王庙	4636.08~4636.41	2.776	486.134	4.816	0.187
			2.775	433.192	4.107	0.132
		4650.92~4651.10	2.740	259.142	3.404	0.161
			2.718	263.845	3.503	0.180
	平均实验结果		2.752	360.57	3.95	0.165
磨溪13	龙王庙	4586.76~4587.01	2.776	337.76	4.93	0.198
			2.775	408.50	6.62	0.281
			2.780	571.07	7.66	0.319
	平均实验结果		2.777	439.11	6.40	0.266
磨溪16	龙王庙	4756.07~4756.42	2.785	265.21	7.39	0.198
			2.767	161.53	7.18	0.275
			2.789	331.46	7.41	0.316
	平均实验结果		2.780	252.73	7.32	0.263
磨溪17	龙王庙	4615.64~4615.79	2.786	425.62	7.32	0.243
磨溪203	龙王庙	4726.17~4726.47	2.781	442.58	7.77	0.35

龙王庙组储层岩心弹性模量（3.95~7.76）×10⁴MPa，泊松比为0.165~0.349。按照弹性力学参数的岩心分类方法，龙王庙组储层岩心均属硬岩。高石梯构造储层岩心弹性模量和泊松比与磨溪构造相近，但抗压强度远远大于磨溪构造。岩心破裂形态显示（图4-10）：主要为剪切破坏形态，岩心有明显微裂缝的表现为剪切破坏和延裂缝面破坏。

2. 三压力剖面分析

利用表4-3中的结果，建立了磨溪龙王庙区块岩石力学参数的动静态转换关系，如图4-11和式（4-32）所示。

磨溪龙王庙区块弹性模量动静态转换关系式：

$$y = 3.7634x - 9.8 \tag{4-32}$$

式中 y——依据动静态转换关系校正后的弹性模量值，10^4MPa；

　　　x——依据测井资料计算的弹性模量值，10^4MPa。

磨溪龙王庙区块泊松比动、静态转换关系：

$$y = -13.457x + 1.8065 \tag{4-33}$$

式中 y——依据动静态转换关系校正后的泊松比；

　　　x——依据测井资料计算的泊松比。

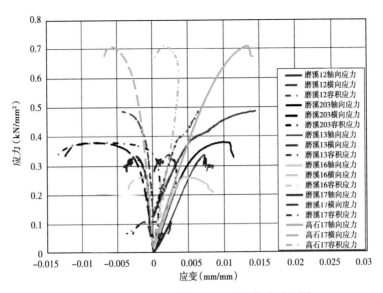

图 4-10 单井储层岩心的应力应变曲线对比图

依据测井资料和上述动静态力学参数转换关系式,计算了磨溪 8 井、磨溪 9 井、磨溪 12 井龙王庙组地层三压力剖面,如图 4-13 所示。由图可知,龙王庙组地层压力当量密度为 1.66g/cm³ 左右,坍塌压力当量密度为 1.17 ~ 1.46g/cm³,破裂压力当量密度为 1.91 ~ 1.96g/cm³,地层压力大于坍塌压力,破裂压力远大于地层压力,井壁稳定性条件较好。

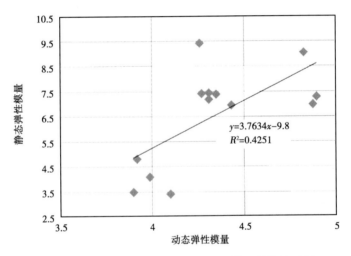

图 4-11 磨溪龙王庙区块动、静弹性模量转换关系图

3. 大斜度井、水平井井壁稳定性分析

三压力剖面可以反映直井的井壁稳定情况,大斜度井和水平井的井壁稳定性是在直井的基础上受井斜角影响呈一定规律变化。下面是根据岩石力学实验数据和测井资料进行的大斜度井、水平井井壁稳定性分析。

图 4-14 是磨溪构造龙王庙组井斜和井眼方位对地层坍塌压力的影响规律。方位对地层坍塌压力影响不明显,水平井井筒稳定性略低于直井,但是地层压力仍高于坍塌压力。因

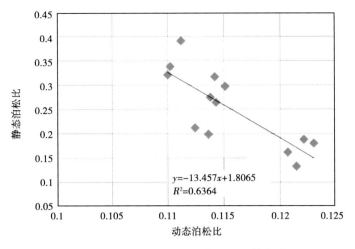

图 4-12　磨溪龙王庙区块动、静泊松比转换关系图

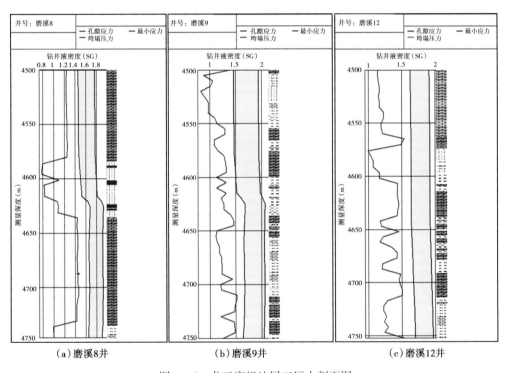

（a）磨溪8井　　　　　　　　（b）磨溪9井　　　　　　　　（c）磨溪12井

图 4-13　龙王庙组地层三压力剖面图

此，从井筒稳定性的角度考虑，除了泥岩夹层和破碎岩石井段引起钻井中发生明显阻卡的井，大斜度井和水平井可以采用裸眼方式进行完井。

4. 分层酸化效果评价

高石梯—磨溪区块灯四段储层主要发育 5~15 层，单层厚度主要在 2~10m 左右，储层累计厚度 69.9~128m，该储层发育的层较多。为了实现储层均匀改造，探井大多采用分层酸化工具对灯四上亚段和灯四下亚段分层改造。利用实验室地应力测定结果对层间应力差值以及酸蚀裂缝缝高延伸情况开展研究来分析灯四段上下分层酸化效果。

1）储层及上下隔层应力值分析

利用室内测定岩石力学及地应力结果，对测井数据进行校正，分析高石1井、高石2井、磨溪8井、磨溪9井、磨溪10井及磨溪11井地应力大小进行计算，得到这些井储层段的地应力剖面，计算结果见表4-4和图4-15。从地应力剖面可以得到磨溪—高石梯震旦系储层具有以下应力特征：

（1）灯四上亚段与灯四下亚段之间没有明显的隔层，应力差很小。

（2）灯四段和灯二段储层之间有明显的隔层，应力差值为8.068~17.9MPa。

（3）灯二上亚段与灯二下亚段没有明显隔层，两段间应力差较小。

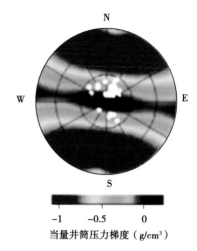

当量井筒压力梯度（g/cm³）

图4-14 磨溪构造龙王庙组井斜对坍塌
压力的影响规律

表4-4 磨溪—高石梯震旦系储层产层及隔层应力计算表

井号	层位	井段（m）	最小水平主应力（MPa）	上隔层最小水平主应力（MPa）	下隔层最小水平主应力（MPa）	与上隔层应力差（MPa）	与下隔层应力差（MPa）
高石2井	灯四上亚段	5023~5121	96.598	—	—	—	—
	灯四中亚段	5192.5~5238	100.272	—	109.424	—	9.152
	灯二段	5385~5403	104.255	109.424	105.915	5.179	1.66
高石3井	灯四上亚段	5154.7~5266	111.3	119.398	113.23	8.098	1.9
		5331.5~5365.1	115.16	—	119.25	—	4.09
	灯四下亚段	5542~5631.5	121.42	—	129.013	—	7.593
	灯二段	5783.7~5810	126.82	138.83	134.77	12.01	7.95
高石6井	灯四上亚段	4986~5132	106.874	118.43	—	11.556	—
	灯四下亚段	5200~5221	111.434	—	119.756	—	8.322
	灯二段	5334~5431	115.825	118.343	123.57	2.518	7.745
磨溪8井	灯四段	5102~5172.5	112.238	122.084	127.84	9.846	15.602
	灯二段	5422~5459	120.919	124.132	125.732	3.213	4.813
磨溪9井	灯四下亚段	5258~5298	113.586	—	126.772	—	13.186
	灯二段	5423~5459	118.181	127.321	127.986	9.14	9.805
磨溪10井	灯四上亚段	5123~5173	110.057	122.351	114.973	12.294	4.916
	灯四下亚段	5356~5370	116.112	—	124.18	—	8.068
	灯二段	5449~5470	118.636	124.18	—	5.544	—
磨溪11井	灯四上亚段	5149~5177	113.063	—	—	—	—
	灯四下亚段	5197~5208	113.288	—	131.248	—	17.96
	灯二段	5455~5486	121.013	131.248	129.145	10.235	8.132

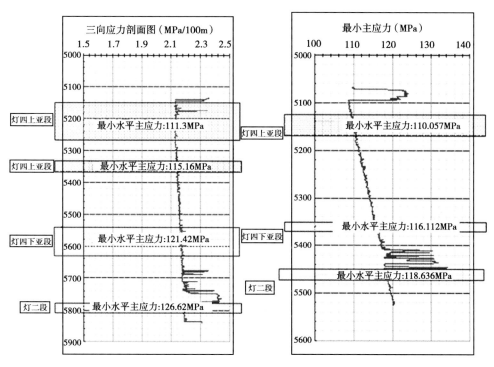

图 4-15　高石 3 井和磨溪 10 井最小水平主应力剖面

2）灯四段酸蚀裂缝缝高上下延伸分析

由前面地层最小水平主应力分析得到：灯四上亚段与灯四下亚段之间没有明显的隔层，灯四段和灯二段储层之间有明显的隔层。在对灯四上亚段、灯四下亚段进行分层酸化改造时，由于两层间无应力遮挡层，施工时形成的酸蚀裂缝在两层间互窜。从模拟结果来看，两口井在灯四下亚段施工的时候就已经沟通了灯四上亚段。因此，灯四上亚段、灯四下亚段储层分层酸化效果较差，没有达到分层改造目的。因此，灯影组储层采用机械封隔器进行层内分层酸化效果差，要实现层内的均匀改造，可以采用转向酸，或者暂堵球、可降解纤维等其

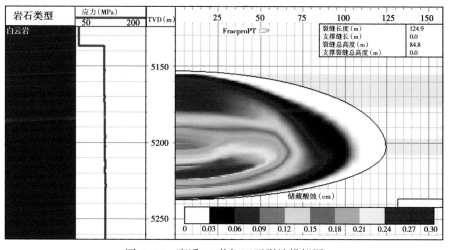

图 4-16　磨溪 11 井灯四下裂缝模拟图

他物理方法实现。

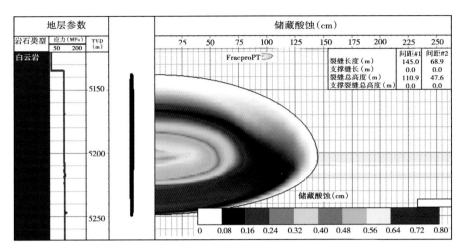

图 4-17　高石 6 井灯四下裂缝模拟图

第二节　地应力大小及方向测试

地应力的测试包括地应力大小测试和地应力方向测试两个方面。根据分析中使用资料的来源可以把在石油工业中常用的方法分为两大类，即：以室内岩心测试技术为依据研究地应力和以单井测试资料为依据研究地应力（沈淑敏，1998）。此处重点介绍室内岩心测试技术。

一、地应力大小测试

致密低渗透碳酸盐岩储层通常采用酸压工艺压开储层，形成高导流能力酸蚀裂缝，沟通远井地带天然裂缝或微裂缝，从而达到增产的目的。在酸压工艺实施中，对于储层底部含水气藏、或者缝高纵向应力隔层小的情况，为了避免沟通水层以及形成长的酸蚀裂缝，储层应力及上下隔层应力的大小通常都是酸压设计及施工中非常关注的参数，特别是最小水平主应力的大小。应用最小主应力剖面，采用全三维酸化压裂施工模拟技术，模拟裂缝高度的实际形态，对于防止裂缝穿透上下隔层，破坏层系开采。同时，通过三维压裂模拟进行工程参数优化，在获得最好的改造效果同时，可合理确定施工规模，提高裂缝有效支撑。

地应力作用于地下岩层上的局部载荷，可分解为垂向应力和最大、最小水平主应力，其中最大、最小水平主应力通常是不相等的。对地应力大小和方向的认识能够影响一口井从钻井到完井的决策和设计，特别是在酸化压裂作业中，地应力及岩石力学参数对射孔方案的制订、三维压裂模拟及酸化施工参数优化具有重要指导意义。

室内地应力剖面测试通常以实验结果为基础，对测井资料进行校正，建立储层连续地应力剖面，提供目的层、隔层垂向应力及最大、最小水平主应力值。

1. 差应变测试

1）测试方法及原理

由于岩心在地层深处由于地应力作用处于压缩状态，含有的天然裂隙也是处于闭和状

84

态。将岩心取到地面后，由于应力解除将引起岩心膨胀导致产生许多新的微裂缝。这些微裂缝张开的程度和产生的密度、方向将与岩心所处原地环境应力场的状态有关，是地下应力场的反映。对岩心加压进行不同方向的差应变分析，可以得到最大与最小主应力在空间的方向。利用这一原理，采用岩心应力释放产生的应变与应力的相关性进行地应力大小测试（韩军，2005）。

差应变实验在等围压室中进行，野外取来的钻孔岩心被加工成图 4-18 的形状，至少有 3 个彼此正交的平面，每个粘贴 3 张应变片，其中两片与棱平行，第 3 个应变片与位于前两个应变片的角平分线上。把岩心密封后，放入围压室中（把试样封装在硅橡胶中是一种较好的密封方式），然后加静水压力，加压大小取决于原来岩心所在的深度。记录加压过程中岩石试件上应变片的应力应变值，描绘出应力应变曲线。

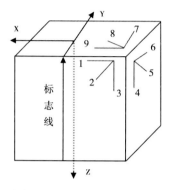

图 4-18　三维模型实验样品

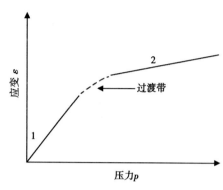

图 4-19　典型应力应变曲线

如图 4-19 所示，大部分岩石受压测得的应力应变曲线由斜率明显不同的两段直线组成，两条直线段斜率变化明显。曲线上斜率变化的点对应的压力与原地应力有关。在室内对岩心进行加载，达到原地应力状态时，微裂缝闭合，这个点对应应力—应变曲线上斜率变化的点。

初始直线段斜率大于末尾直线段，这是由于初始阶段存在许多由应力释放而产生的微裂缝，压力增加，岩样受压产生形变包括裂缝闭合和岩石基质产生两部分，而末尾直线微裂缝以及大部分孔隙空间已经闭合，岩石形变仅为岩石基质形变，其值大小取决于岩样矿物成分的固有压缩率。

如图 4-20 所示，末尾直线段斜率为岩石该方向上固有压缩率，其值为 $\Delta\varepsilon$ 和 Δp 的比值。

X、Y 为初始直线段上两点，对应应力应变点为 $(p_x,\ \varepsilon_x)$ 和 $(p_y,\ \varepsilon_y)$，过 X 点、Y 点做平行于末尾直线段的辅助线与纵坐标相交，交点为 ε_x' 和 ε_y'。$(\varepsilon_y'-\varepsilon_x')$ 为在压差下 (p_y-p_x) 仅由全部或部分裂缝闭合产生的应变，该裂缝在 $p<p_x$ 的条件下开启。

所以：

$$\varepsilon_y = \varepsilon_y' + \beta p_y$$
$$\varepsilon_x = \varepsilon_x' + \beta p_x \tag{4-34}$$

$$\beta = \frac{\Delta\varepsilon}{\Delta p} \tag{4-35}$$

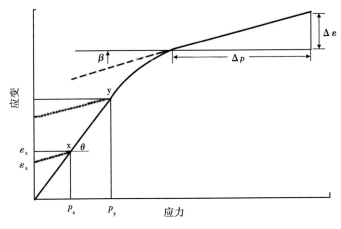

图 4-20　应力应变曲线分析

如果 ε_x 和 ε_y 之间为直线，那么：

$$\frac{\varepsilon'_y - \varepsilon'_x}{p_y - p_x} = \frac{\varepsilon_y - \varepsilon_x}{p_y - p_x} - \beta \frac{p_y - p_x}{p_y - p_x} \tag{4-36}$$

令斜率 $\theta = \dfrac{\varepsilon_y - \varepsilon_x}{p_y - p_x}$，那么：

$$\varepsilon' - \frac{\varepsilon'_y - \varepsilon'_x}{p_y - p_x} = \theta - \beta \tag{4-37}$$

这给出了线性应变区间中，单位压差下全部或部分裂缝闭合引起的应变值。该值定义为 ε'。根据式（4-37）可得：

$$\begin{cases} \varepsilon'_1 = \theta_1 - \beta_1 \\ \varepsilon'_2 = \theta_2 - \beta_2 \\ \varepsilon'_3 = \theta_3 - \beta_3 \\ \varepsilon'_4 = \theta_4 - \beta_4 \\ \varepsilon'_5 = \theta_5 - \beta_5 \\ \varepsilon'_6 = \theta_6 - \beta_6 \\ \varepsilon'_7 = \theta_7 - \beta_7 \\ \varepsilon'_8 = \theta_8 - \beta_8 \\ \varepsilon'_9 = \theta_9 - \beta_9 \end{cases} \tag{4-38}$$

其中 1 号和 9 号应变片、3 号和 4 号应变片、6 号和 7 号应变片相互平行，所测应变相等，即：

$$\begin{cases} \varepsilon'_1 = \varepsilon'_9 \\ \varepsilon'_3 = \varepsilon'_4 \\ \varepsilon'_6 = \varepsilon'_7 \end{cases} \tag{4-39}$$

将以上 9 个应变转换成 6 个应变如下：

$$\begin{cases} 1/2(\varepsilon'_1 = \varepsilon'_9) \rightarrow \varepsilon_x \\ 1/2(\varepsilon'_6 = \varepsilon'_7) \rightarrow \varepsilon_z \\ 1/2(\varepsilon'_3 = \varepsilon'_4) \rightarrow \varepsilon_y \\ \varepsilon'_5 = \varepsilon_{xy} \\ \varepsilon'_2 = \varepsilon_{yz} \\ \varepsilon'_8 = \varepsilon_{xz} \end{cases} \qquad (4-40)$$

在三维模型中，与空间坐标 x，y，z 成夹角为 α，β，θ 余弦值为 l，m，n 的方向上的应变值为：

$$\varepsilon = l^2\varepsilon_x + m^2\varepsilon_y + n^2\varepsilon_z + 2nm\Gamma_{yz} + 2nl\Gamma_{xz} + 2lm\Gamma_{xy} \qquad (4-41)$$

通过主应变定义可以得到以下方程：

$$l(\varepsilon_x - \varepsilon) + m\Gamma_{xy} + n\Gamma_{xz} = 0 \qquad (4-42)$$

$$l\Gamma_{xy} + m(\varepsilon_y - \varepsilon) + n\Gamma_{zx} = 0 \qquad (4-43)$$

$$l\Gamma_{xz} + m\Gamma_{yz} + n(\varepsilon_z - \varepsilon) = 0 \qquad (4-44)$$

上述方程的三个根就是三向主应变（ε_{p1}，ε_{p2}，ε_{p3}）

将 ε_{p1} 带入上述方程组得到 (l_1, m_1, n_1)，同理得到 (l_2, m_2, n)、(l_3, m_3, n_3)，进而得到三向主应变与坐标系的夹角为 $(\alpha_1, \beta_1, \theta_1)$、$(\alpha_2, \beta_2, \theta_2)$ 和 $(\alpha_3, \beta_3, \theta_3)$。

主应力的比值可以通过主应变的比值换算而来。将压裂施工过程中的瞬时关井压力视作最小水平主应力或将上覆岩层压力视作垂向压力，进而可通过主应力的比值求得另外两个主应力值的大小。

式中 ε_x，ε_y，ε_z 是 x，y，z 方向的正应变，ε_{xy}、ε_{yz}、ε_{zx} 是平面内的剪应变。

三个主应变的大小是下列三次方程的解：

$$\varepsilon^3 - I_1\varepsilon^2 - I_2\varepsilon - I_3 = 0 \qquad (4-45)$$

其中

$$\begin{cases} I_1 = \varepsilon_x + \varepsilon_y + \varepsilon_z \\ I_2 = \varepsilon_y\varepsilon_z + \varepsilon_z\varepsilon_x + \varepsilon_x\varepsilon_y - \dfrac{1}{4}(\varepsilon_{yz}^2 + \varepsilon_{zx}^2 + \varepsilon_{xy}^2) \\ I_3 = \varepsilon_x\varepsilon_y\varepsilon_z - \dfrac{1}{4}(\varepsilon_x\varepsilon_{yz}^2 + \varepsilon_y\varepsilon_{zx}^2 + \varepsilon_z\varepsilon_{xy}) + \dfrac{1}{4}(\varepsilon_{yz} + \varepsilon_{zx} + \varepsilon_{xy}) \end{cases} \qquad (4-46)$$

解出三个根 ε_{11}，ε_{22}，ε_{33} 即为主应变大小。

可利用方程组（4-47）求出与主应变 ε_{ii} 相应的方向余弦 l_i，m_i，n_i。

$$\begin{cases} (\varepsilon_x - \varepsilon_{ii})l_i + \dfrac{1}{2}\varepsilon_{xy}m_i + \dfrac{1}{2}\varepsilon_{xz}n_i = 0 \\ \dfrac{1}{2}\varepsilon_{xy}l_i + (\varepsilon_y - \varepsilon_{ii})m_i + \dfrac{1}{2}\varepsilon_{yz}n_i = 0 \end{cases} \qquad (4-47)$$

利用 $l_i^2 + m_i^2 + n_i^2 = 1$，最后可解得：

$$\begin{cases} n_i = \dfrac{1}{\sqrt{\left(\dfrac{l_i}{n_i}\right)^2 + \left(\dfrac{m_i}{n_i}\right)^2 + 1}} \\[4mm] l_i = n_i \cdot \dfrac{\Delta_1^i}{\Delta^i} \\[4mm] m_i = n_i \cdot \dfrac{\Delta_2^i}{\Delta^i} \end{cases} \tag{4-48}$$

其中

$$\begin{cases} \Delta^i = \begin{vmatrix} \varepsilon_x - \varepsilon_{ii} & \dfrac{1}{2}\varepsilon_{xy} \\[3mm] \dfrac{1}{2}\varepsilon_{xy} & \varepsilon_x - \varepsilon_{ii} \end{vmatrix} \\[8mm] \Delta_1^i = \begin{vmatrix} -\dfrac{1}{2}\varepsilon_{xy} & \dfrac{1}{2}\varepsilon_{xy} \\[3mm] -\dfrac{1}{2}\varepsilon_{yz} & \varepsilon_y - \varepsilon_{ii} \end{vmatrix} \\[8mm] \Delta_2^i = \begin{vmatrix} \varepsilon_x - \varepsilon_{ii} & \dfrac{1}{2}\varepsilon_{xz} \\[3mm] \dfrac{1}{2}\varepsilon_{xy} & -\dfrac{1}{2}\varepsilon_{yz} \end{vmatrix} \end{cases} \tag{4-49}$$

以上方程求的 l_i，m_i，n_i（$i=1,2,3$）是三个主应变的方向余弦。由此可求得三个主应变方向与固结在岩样上坐标系 x 轴、y 轴、z 轴（即相对于标志线）的夹角 α_i、β_i、γ_i（$i=1,2,3$）。

2）差应变测试设备及测试方法

TerraTek 差应变测量系统主要组成部分有：液压泵、传感器控制箱及功控主机、压力室、电脑控制系统、传感器、连接线缆等，实物图片如图 4-21 所示。

图 4-21 TerraTek 差应变测量系统实物图

88

TerraTek 差应变地应力测量系统主要技术参数：DSA 样品测量系统液缸最高工作压力140MPa；样本尺寸 50mm 立方体；3 应变轴，每个轴的应变片数 3（90°扇形分布）；每次测试通道数 9，应变片电阻 350Ω，应变片因子 2.0，标定应变测量通道 9 个通道，应变仪范围 4%标定基本单位，微应变信号调节通道 9；接线方式应变仪 1/4 桥调节器增益，可调输出 ±10V，通道校准分路电阻可用电阻 10k、20k、50k、100k、200k，电阻精度 0.25%；涂层材料 GE RTV 硅树脂；电桥接口标准四引脚底座插头连接，温度范围室温（15~25℃）；应变仪刻度箱电源 110/220V 50/60Hz 500W；控制系统与软件 TerraTEST 软件。

首先，在获取的天然岩心圆柱面上画上与岩心轴线平行的标志线，将岩心加工成长 45mm、宽 45mm、高 45mm 的正方体岩心，立方体各面平整光洁，同时把标志线移到正方体的侧面上。依据标志线选定坐标系，在立方体的 3 个相互垂直的面上贴上应变片，在每个面内其中两个应变片分布沿坐标轴方向，另一个应变片位于坐标轴夹角平分线上，与前两个应变片夹角均为 45°。一共贴上三组应变片组，并依次对每个应变片编号，按逆时针方向对应变片编号。

将制备好的岩样用聚四氟乙烯制成的塑料套套住，将焊接在应变片上的传感器接线引出，用专用真空装置调制好的硅胶灌入塑料套内，凝固 24h。岩样制备是取得可靠真实数据的重要环节，从岩心的选取、加工、贴片、排气（抽真空）都要进行严格规范的操作，样品制作典型阶段如图 4-22 所示。

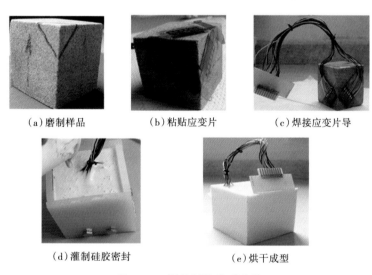

(a) 磨制样品　　　　(b) 粘贴应变片　　　　(c) 焊接应变片导

(d) 灌制硅胶密封　　　　(e) 烘干成型

图 4-22　样品制作典型阶段

然后，按照实验规则在岩心测试面粘贴专用应变片，并用焊锡将应变片与导线连接，采用硅胶将贴好应变片的岩心密封。

再次，将岩样装入仪器压力室，接好各个应变片传感器接线，提升并封闭压力室，进行液压回路排空。

再次，实验控制及数据采集软件主显示界面如图 4-23 所示，能分别显示 9 个通道电压值，以及及时采集应变片随时间电压变化并以图像的形式反映出来。输入加载速率、压力等参数后，在指定的压力区间内从 150psi 加压到 10000psi 再降压到 150psi 循环 3 次，记录实验过程中加卸载过程中的压力，应变等数据。

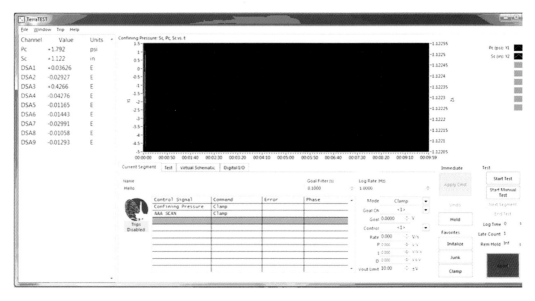

图 4-23　软件显示主界面

最后，进行差应变应力—应变曲线分析（图 4-24）。

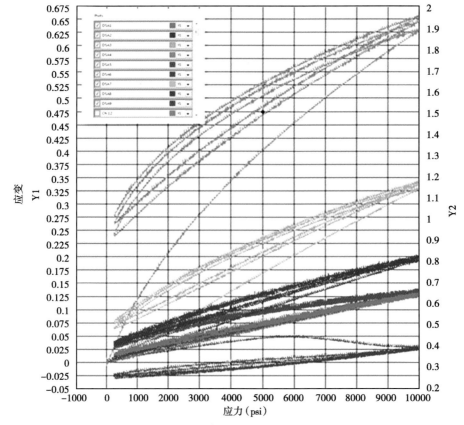

图 4-24　应变通道应变曲线图

2. 声发射测试地应力大小

1）测试原理

声发射是指材料局部因能量的快速释放而发出瞬态弹性波的现象。声发射也称为应力波发射。自从德国人发现多晶金属具有声发射特性后，人们通过大量岩石实验证明岩石也具有显著的凯塞尔效应。所谓凯塞尔效应指材料在重复加载过程中，如果没有超过先前的最大应力，则很少有声发射产生，只有当加载应力达到或超过先前所施加的最大应力后，才会产生大量声发射。

声发射凯塞效应法测定地应力的过程首先是获得待测区域的岩心，并且具有严格的方向性三维空间。取样的方法有两种：一种是从巷道基岩表面或掘铜取出未经扰动的块状岩石。该方法经济、且能较准确地标出岩样的方位，但只适用于浅层取样，同时取出的岩样可能受应力集中的干扰，对凯塞效应测试带来不可预料的影响。另一种方法是打定向钻孔取心，该方法可取深层岩样。由于钻孔可打到巷道影响圈之外的原岩应力区，所以取出的岩样是未经扰动的，凯塞效应测试结果相对可靠，且岩芯的方位也是精确的（姜永东，2005；蔡美峰，1995）。

在取得具有空间方位的岩样后，为计算空间主应力的大小和方向，需从 6 个方向制取试样，如图 4-25 这样即能得到地应力的唯一解。

对从 6 个方向制备出的岩样进行单轴加压实验，记录其应力—应变关系，同时采集声发射信息。加载方式可采用位移控制或力控模式，速度不宜过快，一般以 0.002 ~ 0.005mm/s 的速率比较合适。根据以上分析的声发射能量—时间曲线转折点及应力—应变曲线确定其效应特征点，从而确定 6 个应力分量，然后通过坐标变换可得主应力的大小和主方向。

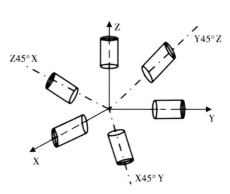

图 4-25　声发射实验取心示意图

2）测量设备和测试步骤

采用差应变测量系统和 GCTS 岩石力学仪均可以采用声发射原理进行地应力大小的测试。

首先，岩心准备根据研究需要按指定的方向钻取直径 50.8mm，长度与直径之比为 0.25∶1~0.75∶1 的柱状岩心。

其次，将定向采取的岩样干燥、照相、量尺寸，按 X，Y，Z，X45°Y，Y45°Z，Z45°X 6 个方向制取样品，绘制标志线。

再次，用热缩胶筒将岩心固定在上下压头之间，将声发射探头安装在岩心指定位置。

再次，以恒定的应力或应变速率对轴向连续加载，直到到达预先定义的轴向应力值。

最后，采集应力及声发射信号数据。

根据 Kaiser 效应点对应的样品正应力，可以估算出地层在不同的构造活动期的地应力值及其最大（最小）水平主应力方向。

最大水平主应力值计算：

$$\sigma_{H} = \frac{\sigma_{x} + \sigma_{y}}{2} + \frac{\sqrt{2}}{2}\sqrt{(\sigma_{x} - \sigma_{xy})^{2}(\sigma_{xy} - \sigma_{y})^{2}} \qquad (4-50)$$

应力方向计算：

$$\tan 2\alpha = (\sigma_x + \sigma_y - 2\sigma_{xy})/(\sigma_x - \sigma_y) \tag{4-51}$$

其中 2α 应满足以下条件：

$$\frac{(\sigma_x - \sigma_{xy})\ \sec 2\alpha}{1 - \cos 2\theta_{x,xy} + \sin \theta_{x,xy} \tan 2\alpha} \geq 0 \tag{4-52}$$

式中　σ_x，σ_{xy}，σ_y——分别是 0°、45°、90°三个方向的正应力值，MPa；

σ_z——垂向应力值，MPa；

σ_H——最大水平主应力值，MPa；

σ_h——最小水平主应力值，MPa；

α——最大水平主应力方位角；

$\sigma_{x,xy}$——σ_x 与 σ_{xy} 之间的夹角。

计算规定压应力值为正，张应力值为负，α 角为主应力方向逆时针旋转到 σ_x 为正。如果判定 2α 值小于 0，则所求的 α 为最小水平主应力的方位角。

精确测试出样品（AE）累计数，绘制出随着外加压力增大声发射"外加压力—声发射累计数"曲线图，曲线图上的斜率陡增点即为可能的最大主应力值。

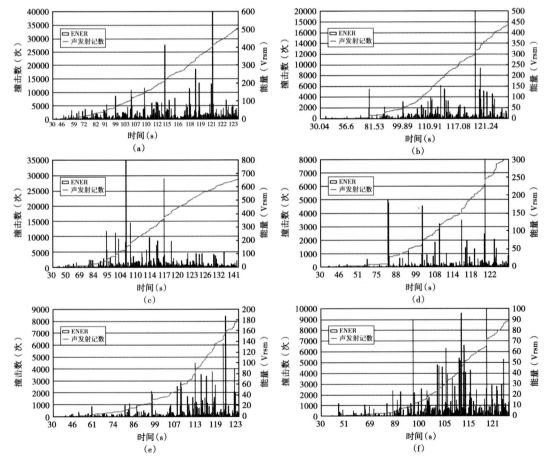

图 4-26　岩心声发射特征曲线

二、地应力方向测试

1. 黏滞剩磁法测定地应力方向

1）测试原理

古地磁岩心定向就是通过古地磁仪，测定岩石磁化时的地磁场方向来实现的。因为任何岩心所处的地层在形成时或稍后，都会受到地球偶极子场引起的磁场磁化，并与当时地磁场一致，古地磁岩心定向就是利用古地磁仪（磁力仪和退磁仪）来分离和测定岩心的磁化变迁过程，用 Fisher 统计法确定与岩心对应的不同地质年代的剩磁方向，用以恢复岩心在地下所处的原始方位（侯守信，2000；田国荣，2000）。

无论是采用差应变、声发射还是波速各向异性获得的地应力方位，都只是以岩心为参照物，如果方位不能回归地理方位，所有的测试都是徒劳的。因此，地应力方向测试很重要的一项工作就是岩心定向，回归岩心标志线相对地理北极的方位角。目前岩心定向主要有两种方式，一是定向取心，优点是定向准确度高，但其致命弱点是成本高。故多采用第二种方式，即古地磁定向技术，这里重点介绍古地磁定向技术。

地球已有 45 亿年生成历史，它有一个旋转地理轴，还有一个与地理轴成 11.5°角的磁轴，如图 4-27 所示。这样就形成以过地球中心为轴的偶极子磁场。在这个庞大地磁场影响下，地面上所有磁性矿物颗粒，都将被它按地磁场方向磁化，并在岩石中保存很长时间，甚至数亿年。

古地磁学作为一门科学发展和形成的另一条件，就是保存历史记忆的岩石内存在有磁性矿物颗粒，由于这些磁性颗粒在地磁场作用下被磁化，记载了当时信息，并在岩石中维持很长时间。

一般称岩石形成时被磁化获得的剩余磁性称为原生剩磁。随着历史的变迁和推移，地质事件发生，在漫长的时期内，岩石内的磁性颗粒，继续会受到地磁场影响和磁化，这时岩石获得的剩磁称为次生剩磁或叫黏滞剩磁（VRM），现代地磁场黏滞剩磁一般是在近 73 万年内形成的，并与当代地磁场方向一致。它的磁性强弱和方向与原生剩磁可能不完全一样。我们把这种原生剩磁和后来形成的黏滞剩磁统称为天然剩磁，它是古地磁学研究的核心内容和基础，是推动古地磁学发展的重要因素。因为它保留了岩石长时间生存发展磁性信息。

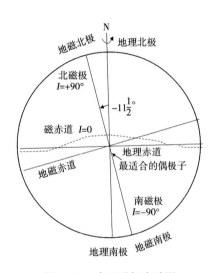

图 4-27　古地磁场实验图

岩石中往往含有铁磁性矿物，因而岩石剩磁特征及其变化基本上严守着铁磁学的一般规律，在成岩作用过程中由于受客观存在的地磁场的作用，岩石记录了其形成时的地磁特征。不同类型的岩石记录地磁特征的机制是不同的。

当岩石形成时或形成较短的一段时间后，岩石中的磁性矿物的分布方向将指向与当时、当地的地球磁场相同的方向。在以后的地质时期里，岩石中的原生剩磁可能全部或部分被年代较轻的、方向明显和原生磁化强度不一致的磁化强度所代替。因此，特定岩心上的天然剩磁也许是不同形成时期、不同方向磁化分量的组合。标准的古地磁测量是分离出天然剩磁中的不同分量，并由此分离出地层磁化强度的特征，再与当时、当地岩石的已知方向进行对比。黏滞剩磁测量方法是分离出近代获得的天然剩磁分量。

如果含有磁性矿物的岩石在稳定的磁场中放置足够的时间，不管它原有的磁化强度如何，所有的磁性矿物最终将被磁化成外界的磁场方向，对于具有相同磁性颗粒的岩样，岩样获得重新磁化的时间和团块的衰减期相关，衰减期和放射性物质的衰减期相似。

从 73 万年以来，地球的磁场获得了稳定的方向，此时的平均磁北极和地理北极一致。岩石中一部分磁性矿物的衰减期小于 73 万年，这些颗粒的磁化强度将重新定向于稳定的地球磁场方向，这就是说岩石中获得了黏滞剩磁。为了准确地测量黏滞剩磁的方向，使用分段退磁的方法，岩样依次被加热并冷却直至高温（在零磁场中）并测量每一步的剩余磁化强度。在地层中的某一点，真正的黏滞剩磁的磁偏角（磁矢量的水平分量）和正北方向一致，黏滞剩磁的磁倾角（磁矢量的垂直分量）和该地点的纬度相关。

对于地心轴极磁场，纬度和磁倾角有以下简单的关系：即 $\tan I = 2\tan L$，这里 I 是黏滞剩磁的磁倾角，L 是当地的纬度。因此，如果测点的纬度已知，可以根据近似地心轴磁极的磁倾角值选择相关温度（350℃以下）磁矢量分量，此分量的方向和地理正北方向一致，就可以确定出岩心的方向。标准的黏滞剩磁定向过程是以一定温度（一般为 40℃ 或 50℃）为步长在 100～300℃ 之间进行分段热退磁。将退磁数据画在正交矢量投影图上，即能够确定水平（磁偏角）和垂直（磁倾角）的磁分量，在此图上可以根据磁倾角确定黏滞剩磁分量。

黏滞剩磁定向的最小容许准则是：5 块样品中至少有 3 块样品的黏滞剩磁磁偏角相近，并且磁倾角对于当地的纬度来说是可以接受的。采用黏滞剩磁定向法仅需要的岩心资料是测点的纬度、岩心向上的方向以及井斜角和井斜方位角。井壁附近的温度可能高于 100℃，故在分析过程中不使用低于 100℃ 的温度段，因为当岩心取至地面放凉后，这部分磁化强度以热剩磁的方式获得。同时也不选择高于 300℃ 的温度段，因为高于 300℃ 的剩磁段中仅有一小部分黏滞剩磁分量并且可能受更老的天然剩磁分量的强烈影响。

以上叙述表明黏滞剩磁定向技术比标准的古地磁定向技术有很多优点。首先是天然剩磁与时间相关性少，而且 73 万年前的构造变形可以忽略，取自复杂构造带的岩心也能够定向。唯一的要求是岩样中包含容易获得黏滞剩磁的磁矿物类型/颗粒尺寸（如磁性金属矿物）。利用岩心样品测定磁性矿物中记录其形成时的黏滞剩磁磁特征，确定岩石中最大主应力方向与黏滞剩磁方向的关系，得到水平最大主应力与地理北的夹角方向。

对一团相同的磁性颗粒来说，它获得这种新的磁化强度所占用的时间是与它的松弛时间相关的。这种磁性颗粒具有的这个特征时间常数，称为弛豫时间，其计算公式为：

$$\tau = \frac{1}{C}\exp\left(\frac{VB_{c}J_{s}}{2KT}\right) \qquad (4\text{-}53)$$

式中　C——频谱因子，约 $10^{-10}\,\mathrm{s}^{-1}$；

　　　V——颗粒体积；

　　　K——波尔兹曼常数；

　　　B_{c}——矫顽力；

　　　J_{s}——磁化强度；

　　　T——绝对温度。

由表达式看出，岩石磁性颗粒弛豫时间 τ 强烈地依赖于温度 T，也与矫顽力有关。岩石中不稳定的天然剩磁（NRM）在正常温度下，依磁性颗粒的性质，弛豫时间约在100s至108年范围内，并在此间可转化为新的黏滞剩磁。如果温度高，弛豫时间短，原生剩磁大部分会消失，并转成对黏滞剩磁贡献。同时，弛豫时间与单畴磁性颗粒形状大小及在多畴颗粒格阵分布相关。

2）测试设备及测试方法

古地磁测试仪，黏滞剩磁测量仪器主要组成为：弱磁空间、热退磁仪、旋转磁力仪、岩心无磁切割和钻取工具、数据采集系统等，仪器实物如图4-28所示。

图4-28 古地磁测试仪

其技术参数为：

热退磁仪最大退磁温度：800℃。热退磁仪烘箱内的剩余磁场小于10Nt，温控误差小于±2℃；旋转磁力仪旋转速度87.7/16.7转/s，测量范围0～12500A/m，灵敏度2.4μA/m，剩磁分量测量精度1%，±2.4μA/m；旋转磁力仪可选择参数：旋转速度、支架类型、样品类型、手动支架位置数量、积分时间、测量模式等；工作电压为（230V、120V、100V）±10%，50/60Hz，40VA 工作温度范围：+15～+35℃；设备存放温度范围：-20～+55℃。

测试方法如下：

（1）古地磁岩样坐标系的建立：古地磁平均剩磁定向测量是以水平分量确定北极方向。采用右手坐标系，x 轴通过标志线，z 轴向下为正。磁偏角 D 表示地理北极的方向角，D 是水平分量 H 与 x 轴的夹角，所以 D 可以决定标志线的地理方位（图4-29）。

建立与地球地理位置相关的三维直角坐标系（图4-29）。水平 x 轴指向地理正北，水平 y 轴指向正东，z 轴垂直向下。某点的地磁场强度 F 可在上述坐标系中分解为三个轴向分量 X、Y、Z 和水平面的分量 H（即磁子午线），H 与 X 之间的夹角 D 称为磁偏角，H 与 J 之

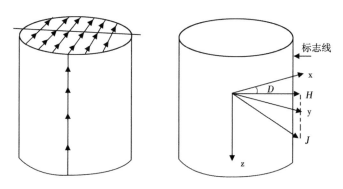

图 4-29　古地磁岩样制备及坐标系建立

间的夹角 I 称为磁倾角。

J、H、X、Y、Z、D、I 称为地磁要素，它们可以具体描述地磁场特征。地磁要素之间存在着如下关系：

$$J = \sqrt{H^2 + Z^2} = \sqrt{X^2 + Y^2 + Z^2} \tag{4-54}$$

$$Z = J \sin I = H \tan I \tag{4-55}$$

$$D = \tan^{-1} \frac{Y}{X} = \sin^{-1} \frac{Y}{H} = \cos^{-1} \frac{Y}{H} \tag{4-56}$$

$$I = \tan^{-1} \frac{Z}{X} = \sin^{-1} \frac{Z}{J} = \cos^{-1} \frac{H}{J} \tag{4-57}$$

地磁七要素中可用三个参数描述某一点具体的地磁场特征，如使用磁偏角 D，磁倾角 I，磁化强度 J 等。

（2）岩心准备：首先确保岩心柱面上已经绘制有平行于岩心轴线并标有方向的标志线，然后在柱面上绘制出多条平行于标志线的参考线，保证最终样品上绘有标志线，再将小岩心样品，加工制成直径 25.4mm、高 22.0mm 的标准样品。在制作岩样过程中，要谨防岩心再次受到外界环境和操作过程中的磁污染，为了避免加工过程中对岩心造成的二次磁污染，应使用特制的无磁加工工具。

（3）实验流程：测试样品经过磁力仪（小旋转和超导磁力仪）交变退磁和热退磁，按步骤分段进行测定处理。热退磁分段间隔一般采用 30~50℃，交变退磁采用 30~50 Oe。岩心的剩磁强度向量方向，在低温段（小于 350℃）或矫顽力较低阶段（退磁场强度小于 350 Oe）一般表现为黏滞剩磁；高温段（大于 350℃）或矫顽力大于 350 Oe，剩磁强度向量方向趋于原生剩磁方向。井壁附近的温度可能高于 100℃，因此在分析过程中不使用低于 100℃的温度段，因为当岩心取到地面冷却后，这部分磁化强度以热剩磁的方式获得。同时也不选择高于 300℃的温度段，因为高于 300℃的剩磁段中仅有一小部分是黏滞剩磁分量，而强烈地受到更老天然剩磁的影响。

热退磁通常是先将样品由室温加热到某一个设定温度，再将样品在零磁空间中冷却至室温，测量出此时的剩余磁化强度；然后提高温度，重复测量。在样品逐步退磁过程，获得多个剩磁测量结果 M0，M1，M2，…，MN，将这些结果绘制成图，从图上判断出稳定的剩磁组分，这类图一般有：强度曲线图、正交投影图、赤平投影图等。

为了确定岩心剩磁向量的平均方向，一般用 Fisher 统计方法，以便得到一组样品的测试结果。

在实验过程中，样品始终置于无磁空间内，防止二次磁污染（图 4-30）。

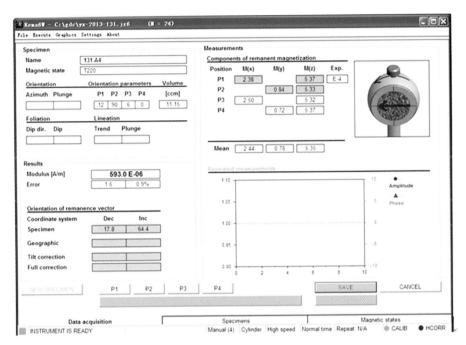

图 4-30　古地磁测量系统控制软件主界面

2. 波速各向异性测定地应力方向

该方法是通过测得的岩心波速的各向异性来分析地应力方向的一种方法，该方法又可分为野外实际测量和室内实验两种。苏联等东欧国家在野外实测做了大量工作，室内实验则为大多数岩石实验室所采用，下面主要介绍实验室测量方法。

1）测量原理

地层中的岩石处于三向应力作用下，钻井取心时岩石脱离应力作用，产生应力释放，应力释放过程中岩心上出现了与卸载程度成比例的微裂隙。最大水平地应力方向上岩心松弛变形最大，因此，这些小裂隙将垂直最大水平地应力方向，裂隙被空气充填。岩石与空气的波阻值相差很大，声波在岩石中传播速度远远大于在空气中传播速度，岩心中的微小裂隙使得声波在岩心不同方向上传播速度有明显的各向异性。在最大水平地应力方向上岩心的卸载程度最大，因此沿最大水平地应力方向上波速最小；反之，沿最小水平地应力方向上波速最大。

2）测量设备

波速各向异性地应力方向测试仪，如图 4-31（a）所示，设备由液压源、加载架以及釜体、声波传感器、示波器、脉冲发射/接收器、控制器组成。

TerraSound 软件是该测量系统主软件，图 4-31（b）是其主界面。界面左侧显示的是压力、岩心声波探头位置、声波在径向以及轴向的传播选项等。

系统最高围压 140MPa；数字存储示波器各通道取样速率 1.0GS/s，垂直分辨率 8bit，垂直灵敏度 2mV ~ 5V/div；脉冲发射/接收器脉冲重复频率 100 ~ 5000Hz，可用脉冲能量：13μJ、26μJ、52μJ、104μJ。

（a）波速各向异性地应力方向测试仪图

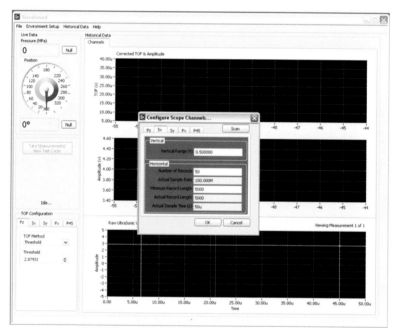

（b）波速各向异性测量系统控制软件

图 4-31　波速各向异性测定地应力方向设备

3）测量方法

（1）岩心准备。

在全直径岩心的水平切割面上，标画基准线，作为测量基准方位，基准线延长至岩心侧面，然后在岩心水平面上，间隔一定的角度（通常为 10° ~ 15°）划出测量标志线（直径线），并标注各标志线的角度，如图 4-32 所示。将岩心加工成直径为 25.4mm 或 50.8mm 的岩样，长度与直径之比为 2.0:1 ~ 2.5:1。为提高测试精度或尽量减少岩心非均匀性对测试结果的影响，通常可在岩心柱面上划出 3 个水平测试面，以便于进行多次测量，对结果进行校正（图 4-32）。

（2）实验测量。

以岩心标志线为起点，在标志线的两端分别布置声波发射和接收探头，使用专用声波仪器向岩心发出声波，沿标志线旋转，重复所有标志线方向的声波测试。通常采用测试声波（纵波或横波）在岩样中的传播时间，然后根据岩心直径计算声波的传播速度。实验测量流程示意图如图 4-33 所示。

测量时，在岩心的横截面上每间隔一定角度量一组波速，通过测定不同方向（径向）的声波时差，确定最大水平主应力方向。研究表明：岩心沿直径方向纵波波速随角度变化不同岩心虽有所差异，但变化趋势近似正弦或余弦规律。对于未定向岩心，还需要结合该岩心定向结果来确定该岩心实际的水平地应力地理北极偏角。

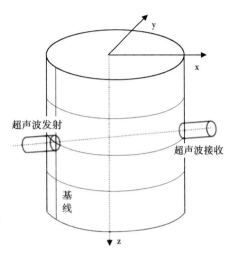

图 4-32　波速各向异性实验测试示意图

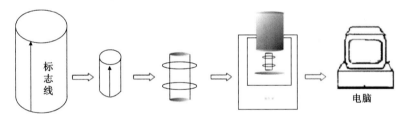

图 4-33　波速各向异性测量地应力方向流程图

（3）实验数据处理与解释方法。

根据采集声波通过岩心截面时间，计算各点声波传播速度，绘制速度分布椭圆，椭圆长、短轴方向分布代表了岩体中最小和最大主应力方向。

3. 测试结果

1）地应力大小

对磨溪王庙组储层岩心进行了差应变实验，得出了各井的三向主应力大小及梯度，见表 4-5。

表 4-5　地应力大小岩心测试结果表

井号	井深（m）	三向主应力（MPa）			三向主应力梯度（MPa/m）		
		水平最大	水平最小	垂向	水平最大	水平最小	垂向
磨溪 12	4636.08 ~ 4636.41	116.2	90.3	127.9	0.0250	0.0195	0.0278
磨溪 13	4586.76 ~ 4587.01	110.2	98.6	127.5	0.0241	0.0215	0.0278
磨溪 16	4756.07 ~ 4756.42	112.75	83.9	127.5	0.0246	0.0183	0.0278
平均测试结果		113.05	90.93	127.63	0.0246	0.0198	0.0278

由实验结果可知，龙王庙组储层最小水平主应力梯度值0.0198MPa/m。利用岩心差应变室内测试结果、施工数据拟合结果以及测井资料解释结果，采用基于实测点的单井地应力剖面预测技术，得到磨溪构造龙王庙储层某井的三向主应力剖面（图4-34、图4-35）。

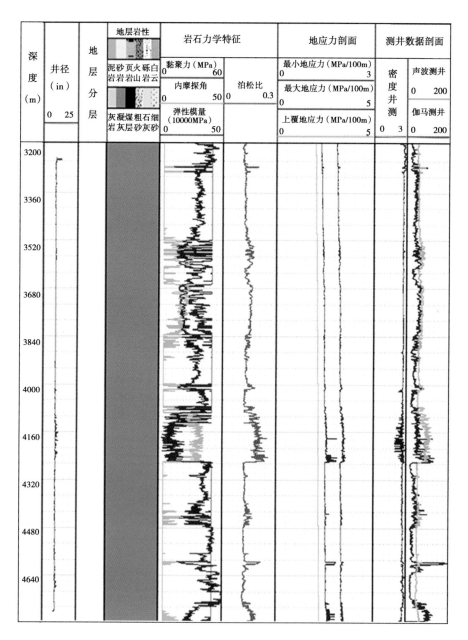

图4-34　磨溪12井三向主应力剖面

2）地应力方向

磨溪龙王庙组进行了黏滞剩磁定向实验，结合差应变实验分析得出了各井的最大水平主应力方向，见表4-6。

100

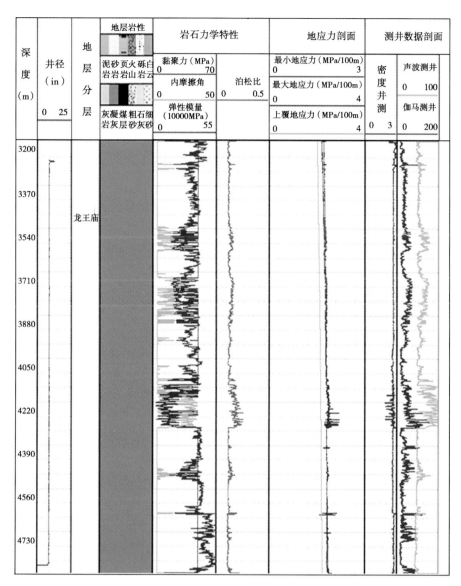

图 4-35　磨溪 16 井三向主应力剖面

表 4-6　最大水平主应力方向结果

井号	层位	井深 （m）	最大水平主应力方向 （NE）
磨溪 8 井	龙王庙	4636.08~4636.41	121°
		4650.92~4651.10	124°
磨溪 13 井	龙王庙	4586.76~4587.01	120°
			117°
磨溪 16 井	龙王庙	4756.07~4756.42	128°
			130°
平均测试结果			123°

101

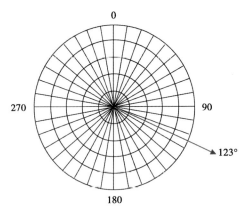

图 4-36 龙王庙组地应力方向岩心测试结果

由表 4-6 所列岩心测试结果可以看出，岩样实验结果较为接近，最大主应力方向分布在 117°~130°，虽然不同位置处的岩心黏滞剩磁定向结果虽有差异，这与不同位置处的地质构造有关，但从整个区块来看，总体趋势较为一致，平均最大水平主应力方向 123°，近东西向（图 4-36）。

三、井眼方位优化设计

根据前面的分析，磨溪 8 井、磨溪 9 井和磨溪 12 井地层岩性、地层压力和地应力都非常相近，井斜角和井眼方位角对地层坍塌压力、破裂压力以及压裂过程中裂缝的发展方向等相关因素的影响也非常相似。因此主要以磨溪 12 井为例，对磨溪龙王庙组气藏大斜度及水平井井眼方位进行优化设计。

磨溪 12 井区龙王庙组储层在不同井斜和方位角条件下地层破裂压力影响规律如图 4-37 所示。可以看出，在磨溪 12 井区地应力条件下，当井斜角小于 60°时，井眼方位角变化对地层破裂压力影响并不明显；井斜角超过 60°时，井眼方位在 150°~240°和 330°~60°范围内地层破裂压力相对较高。因此，仅从降低地层破裂压力的角度来看，龙王庙组大斜度及水平井井眼方位在井眼方位在 60°~150°和 240°~330°范围内时，更有利于压开地层。

磨溪 12 井区龙王庙组储层在不同井斜和方位角条件下地层裂缝延伸压力的影响规律如图 4-38 所示。可以看出，井斜角小于 30°时，方位角变化对裂缝延伸压力影响并不明显；井斜角超过 30°时，井眼方位在 120°~240°和 300°~60°范围内地层延伸压力较高，因此，酸压时形成的裂缝更容易沿 60°~120°方位（或其反方位）延伸。

井眼方位的优选主要考虑三个方面，一是提高井筒稳定性，降低钻完井成本和难度；二

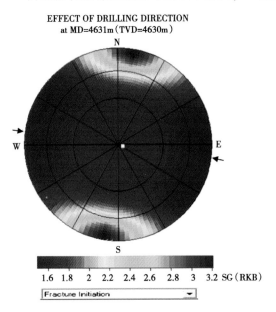

图 4-37 井斜和方位角对破裂压力的影响规律

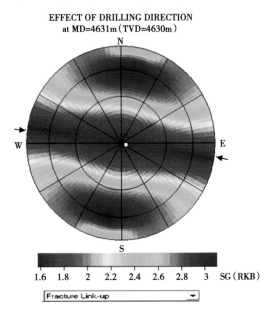

图 4-38 井斜和方位角对裂缝延伸压力的影响规律

是尽量降低地层破裂压力，为后期增产改造提供便利；三是井眼方位与酸压形成的裂缝正交或斜交（最大水平主应力方向为西北—东南向；裂缝走向为近东—西向，即呈锐夹角或一致），以提高增产改造效果。因此，综合考虑以上两个方面，建议磨溪龙王庙组气藏井眼方位为 40°~60° 与 130°~150°（或其反方向）。

第三节　大尺寸真三轴水力压裂模拟测试

水力裂缝的几何形态是影响压裂处理效果的主要因素之一。经济有效的压裂，应尽可能地让裂缝在储层延伸，并且应防止裂缝穿透水层和低压渗透层。这就要在深刻认识裂缝扩展规律的基础上优选压裂作业参数，并采取有效措施控制裂缝的扩展。但是，现场作业表明，水力压裂的效果往往不是十分明显，有时由于穿透隔层而导致失败，尤其当存在高压底水层时，如果裂缝贯穿水层，不仅导致压裂作业失败，还将造成油层压力体系的破坏。水力压裂作业失败的一个主要原因是未能对裂缝的几何形态实现有效地控制。这说明对水力裂缝的扩展机制以及影响裂缝扩展规律的因素的认识还是十分有限的。

由于对水力压裂机理认识的局限性，在分析裂缝扩展规律时往往采用理想化的假设条件，在预测水力裂缝几何形态时大多采用了过于简化的二维模型或三维模型来模拟水力压裂过程。由于这些简化的模型不能正确地反映深部地层水力裂缝的扩展规律，因此常常导致压裂作业的结果与实际情况有很大差异。

但是，除一些特殊情况之外，现场水力裂缝的实际形态是不可能直接观察到的，而且尚无有效的测试方法，近几年发展了采用室内模拟压裂实验的方法对裂缝的扩展机理进行研究，采用大尺寸真三轴模拟实验系统模拟地层条件，对天然岩样和人造岩样进行水力压裂裂缝扩展机理模拟实验，并实现对裂缝扩展的实际物理过程进行监测（陈勉，2000；侯振坤，2016）。

一、测试系统

实验采用一套大尺寸真三轴模拟实验系统。模拟压裂实验系统由大尺寸真三轴岩心夹持器、压力装置、计量装置、数据采集系统及其他辅助装置组成，如图 4-39 所示。

图 4-39　大尺寸真三轴物模系统

1. 三轴立方体岩心夹持器

三轴立方体岩心夹持器适用于 500mm×500mm×500mm 立方体的岩心（同时可满足 400mm×400mm×400mm 岩心的模拟，又可用于 300mm×300mm×300mm 的模拟），由夹持器底座、承压外壳、加载垫板、短行程加载活塞、中心孔注入卡口、吊装支架等组成（部件尺寸与整个岩心尺寸配套）。

2. 压力装置

压力装置为系统提供三向应力加载、中心孔压力注入、流动驱替泵送等功能；主要包含有液压伺服系统、增压器、驱替泵、中间容器、互联管路等组成。

液压伺服系统用于三向应力加载，为真三轴应力条件下井壁稳定性实验、压裂模拟实验、流动驱替实验提供支持；加载系统配套 3 台应力加载装置，采用液压伺服系统自动加载，具备恒压及恒流等控制模式，可实现 3 个轴向单独加载。

中心孔压力注入与流动驱替实验使用相同的泵送装置实现；采用驱替泵泵送，通过吸取洁净的液体，再泵送至带活塞的中间容器内，推动需要进行驱替的工作液注入岩心中心孔或岩心端面，该泵具备恒压及恒流控制模式。

压力加载系统管线、接头等采用 316 不锈钢材质。系统具备传感器超限防护功能。

3. 计量装置

计量装置由压力传感器、位移传感器、应变测量装置等组成。

压力传感器记录各方向的压力数据并可在采集面板实时显示，精度：≤±0.1%。

4. 自动控制和数据采集系统

整套装置全部采用计算机进行控制与采集，可实现监测和控制，对系统仪表参数实时采集与数据处理，其组件包括计算机（原仪器自带）、采集系统、打印机（原仪器自带）等；具体功能如下。

动态采集 x、y、z 轴 3 个加载方向的压力，具备动态显示 3 个加载方向压力和时间关系曲线、位移和时间关系曲线、应力和应变关系曲线等功能。

动态采集中心孔压力注入系统压力、注入液体量等数据，具备动态显示中心孔泵注压力与时间、流量等参数关系曲线、泵注液体量与时间等参数关系曲线功能。

5. 钻孔设备

轻便手提式，钻孔尺寸 $\phi 10mm \sim \phi 38mm$ 可调，钻孔能力：长度不低于 450mm。

二、测试方法及测试流程

实验采用滑溜水作为压裂液，为了更清晰地示踪裂缝的最终形态，压裂液中混入荧光粉染料；压裂完毕后，将试件取下，用铁锤沿压裂裂缝将水泥块敲开，从而观察裂缝的形态。

1. 模拟实验中的相似准则

相似准则是把个别现象（模型）的研究结果推广到相似现象（原型）上去的科学方法。相似理论从很大程度上讲是实验的理论，用于指导实验的根本布局问题，像指导系列实验解微分方程或推倒经验公式。但从现在科技发展的形式来看，相似理论最主要的价值还是在指导模拟实验上。1992 年，De. Pater 利用因次分析的方法基于二维模型的压裂控制模型导出了二维水力压裂模型的相似准则。中国石油大学（北京）的柳贡慧、庞飞针对三维模拟的控制方程进一步推导出了三维水力压裂模型的相似准则，并根据此相似准则进行了水力压裂模型实验，取得了较好的效果。根据庞飞在模型尺寸一定，模型井眼的大小取原地应力情况下进行实验得出的相似比：

$$c_{\sigma_{zz}} = c_{Ec} = 1 , \quad c_T = 1000 , \quad c_Q = 10^{-6}$$
$$c_\eta \approx 10^3 , \quad c_{K_{ic}} \approx 0.3 , \quad c_{K_1} \approx 0.03$$

这就表示了原地应力条件下的模拟实验须采用断裂韧性、渗透性均较低的岩样或类岩物；采用高黏度压裂液且用极小的注入排量。作为自由测量单位的单值条件量的选择并不唯一，因此相似准则的形式并不唯一，但反映的实质是相同的，模拟实验中要满足所有的相似准则的要求是不现实的，为保证实验的可行性，有些次要条件可以忽略，某些条件也只能近似满足。即便如此，相似准则与相似指标仍然对本模拟实验参数的设计提供了根本依据。本实验就是严格遵循相似理论的指导来进行的。

在水力压裂模型实验中保持裂缝扩展的稳定性是极其重要的。所有的各种数值模型都以准静态观念处理裂缝扩展过程，在裂缝张开和流体流动方程中都忽略惯性项；而在现场压裂作业中，裂缝的延伸过程也近似于准静态情形，它是个复杂的反馈过程。

如果要研究裂缝的扩展规律，根据模拟实验的要求，保证裂缝的稳定扩展是相当重要的，注入压力到达峰值后陡然产生较大落差显示了起裂瞬间很强的能量释放。相对于较小的实验模型，这种裸眼段的突然进裂可能使裂缝很快地突破外表面，这于研究裂缝的扩展规律是相当不利的，可采用提高围压的方法以钳制裂尖扩展的速度，或是通过预制裂缝来减弱起裂瞬间能量释放的力度。给天然岩样预制裂缝难度较大，其方法国外已有报导，对岩样加工的要求非常严格，成本较高。解决问题的方法是采用强度较低的试样或提高压裂液的黏度，以减小断裂韧性对裂缝扩展的影响，避免在压裂实验过程中出现裂缝的动态扩展情形；一定要使裂缝进行准静态扩展（稳态扩展），从而将裂缝扩展过程控制在理想的时间范围内。

2. 测试流程

1）岩样制备

由于取自现场的岩心一般形状不规则，不能直接用于实验。实验前需要对现场岩心进行加工。室内加工岩心的过程是：先将岩心加工成 300mm×300mm×300mm、400mm×400mm×400mm 或 500mm×500mm×500mm 的立方体岩块，再用金刚石取心钻头在现场岩心上套取一个 φ18mm、深度为 16cm（400mm 试样为 21cm、500mm 试样为 26cm）的圆孔用于模拟井眼，然后在井眼中填入填充物，注入 AB 胶，最后将井筒放入井眼内。以此模拟水平井的裸眼完井，如图 4-40 所示。

2）测试流程

将试样放入大尺寸真三轴实验架，然后安装压力板和压机的其他部件。图 4-41 为大尺寸真三轴实验架。实验架采用扁千斤向试样的侧面施加刚性载荷，根据水力压裂特点，在 x，y，z 三个方向各放置一对扁千斤分别模拟垂向地应力、最大水平地应力和最小水平地应力。由多通道稳压源向扁千斤提供液压，各通道的压力大小可分别控制。这样，利用真三轴加载方式

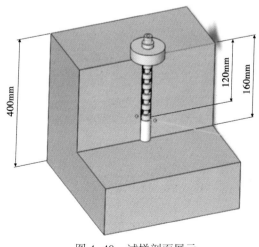

图 4-40　试样剖面展示

人为地控制裂缝延伸方向，使实验试件尽可能地接近实际油层的受力状况。

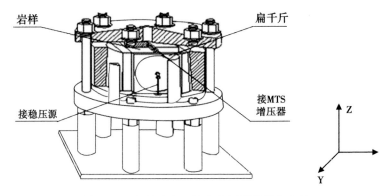

图 4-41　大尺寸真三轴水力压裂模拟实验架

实验架采用扁千斤向试样的侧面施加刚性载荷，根据水力压裂特点，在其中的一个水平方向上采用三对扁千斤分别模拟产层和上、下隔层的地应力，在其他两个方向各放置一对扁千斤以模拟垂向地应力和最大水平地应力。由多通道稳压源向扁千斤提供液压，各通道的压力大小可分别控制。

在模拟压裂实验系统中采用伺服增压泵和油水分隔器向模拟井眼泵注高压液体。增压泵具有程序控制器，既可以恒定的排量泵注液体，也可按预先设定的泵注程序进行。实验过程中利用 MTS 数据采集系统记录压裂液压力、排量等参数。增压泵的工作介质是液压油，因此当使用水或其他介质作为压裂液时，在管路上设置一个油水隔离器，将 MTS 的工作介质与压裂液分隔开。本实验将用一台滑套式油水隔离器，在厚壁圆柱形高压釜中，设置一隔离滑套，将其两侧的油、水分隔开。隔离器容积为 700mL，承压能力为 60MPa，能够满足模拟压裂实验的要求。

三、测试结果

图 4-42　压裂后露头形态

将灯四段露头加工成 300mm×300mm×300mm 的正方体，对端面进行磨平，在顶面钻孔（直径 25mm，深度 150mm）（图4-42）并预制井筒。将制好岩样装入真三轴仪，根据地层实际情况设置 x、y、z 三向应力，连接中心孔注入管线，以一定排量将一定黏度的液体泵入岩样，记录井口管线压力随时间变化，待压力降至零时停止实验（表4-7）。

表 4-7　实验条件设计

三向地应力			地应力差异系数	排量 （mL/min）	黏度 （mPa·s）
σ_v	σ_H	σ_h			
15	17.79	16.17	0.1	9	1.0（清水）

测试压裂曲线如图 4-43 所示。总压裂时间为 71min，开始实验时，压力为零，至 31min 左右，压力陡增，至 35.342MPa 后压力剧降，即岩样在压力为 35.342MPa 时破裂，后在压力为 23~24MPa 时稳定延伸约 10min，待裂缝扩展至边界，压力逐渐降为零。此次实验破裂压力为 35.342MPa，延伸压力为 23~24MPa。压裂形成水平缝，裂缝扩展至岩样边界。

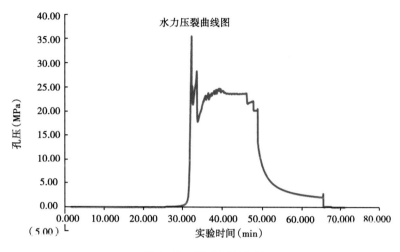

图 4-43　测试压裂曲线

第五章　储层敏感性实验及敏感性评价技术

第一节　敏感性矿物及评价指标

　　油、气储层中普遍存在着黏土、碳酸盐矿物及含铁矿物等，在油气勘探开发过程中钻井、固井、完井、射孔、开采、注水、修井、增产措施的每个施工环节中，储层都会与外来液体及其固体微粒接触。由于这些液体与地层流体不配伍而产生沉淀，或造成储层中黏土矿物的膨胀，或产生微粒运移等，都会堵塞孔隙通道使得储层渗透率降低。油气储层与外来流体发生各种物理或化学作用而使储层孔隙结构和渗透性发生变化的性质，称为储层的敏感性，这是广义的储层敏感性的概念。储层与不匹配的外来流体作用后，储层渗透性往往会变差，会不同程度地伤害油层，从而导致产能损失或产量下降。因此，人们又将储层对于各种类型储层伤害敏感性程度，称为储层敏感性。通常意义上的储层五敏是指储层的酸敏性、碱敏性、盐敏性、水敏性和速敏性，这五敏同储层的应力敏感性一起构成了在油气田勘探开发过程中造成储层伤害的几个主要因素。通过对储层敏感性的形成机理研究，可以有针对性地对不同的储层采用不同的开采措施。在油气田投入开发前，应该进行潜在的储层敏感性评价，搞清楚油层可能的伤害类型以及伤害程度，从而采取相应的对策。为了防止油气储层被污染伤害，使其充分发挥潜力，就必须对储层的岩石性质、物理性质、孔隙结构及储层中的流体性质进行分析研究，并根据油气藏开发过程中所能接触到的流体进行模拟实验，对储层的敏感性开展系统的评价工作。

　　一般而言，储层的敏感性是由储层岩石中含有的敏感性矿物所引起的。敏感性矿物是指储层中与流体接触易发生物理、化学或物理化学反应，并导致渗透率大幅下降的一类矿物。在组成砂岩的碎屑颗粒、杂基和胶结物中都有敏感性矿物，它们一般粒径很小（$< 20\mu m$），比表面积很大，往往分布在孔隙表面和喉道处，处于与外来流体优先接触的位置。常见的敏感性矿物可分为酸敏性矿物、碱敏性矿物、盐敏性矿物、水敏性矿物及速敏性矿物等（于兴河等，2009）（表5-1）。

表 5-1　储层的五敏性

敏感性	含义	形成因素
酸敏性	酸液与地层酸敏矿物反应产生沉淀使渗透率下降	盐酸或氢氟酸与含铁高或含钙高的矿物反应生成沉淀而堵塞孔隙引起渗透率降低
碱敏性	碱液在地层中反应产生沉淀使渗透率下降	地层矿物与碱液发生离子交换形成水敏性矿物或直接生成沉淀物质堵塞孔隙
盐敏性	储层在盐液作用下渗透率下降造成地层伤害	盐液进入地层引起盐敏性黏土矿物的膨胀而堵塞孔隙和喉道

敏感性	含义	形成因素
水敏性	与地层不配伍的流体使地层中黏土矿物变化引起的地层损害	流体使地层中蒙皂石等水敏性矿物发生膨胀、分散而导致孔隙和喉道的堵塞
速敏性	流速增加引起渗透率下降造成地层的伤害	黏结不牢固的速敏矿物在高流速下分散、运移而堵塞孔隙和喉通

一、敏感性矿物

敏感性矿物的类型决定着其引起油气层损害的类型。根据不同矿物与不同性质的流体发生反应造成的油气层损害类型，可以将敏感性矿物分为 4 类（表 5-2）。

1. 水敏和盐敏矿物

指油气层中与水相作用产生水化膨胀或分散、脱落等，并引起油气层渗透率下降的矿物。

主要有：蒙脱石、伊利石/蒙皂石间层矿物和绿泥石/蒙皂石间层矿物。

2. 碱敏矿物

指油气层中与高 pH 值外来液作用产生分散、脱落或新的硅酸盐沉淀和硅凝胶体，并引起渗透率下降的矿物。

主要有：长石、微晶石英、各类黏土矿物。

3. 酸敏矿物

指油气层中与酸液作用产生化学沉淀或酸蚀后释放出微粒，并引起渗透率下降的矿物。酸敏矿物分为盐酸酸敏矿物和氢氟酸酸敏矿物。

盐酸酸敏矿物主要有：含铁绿泥石、铁方解石、铁白云石、赤铁矿、菱铁矿。

氢氟酸酸敏矿物主要有：石灰石、白云石、钙长石、沸石和各类黏土矿物。

4. 速敏矿物

指油气层中在高速流体流动作用下发生运移，并堵塞喉道的微粒矿物。

速敏矿物主要有：黏土矿物及粒径小于 $37\mu m$ 的各种非黏土矿物，如石英、长石、方解石等。

表 5-2　储层矿物与敏感性（据姜德全等，1994，有修改）

敏感性矿物	潜在敏感性	敏感性程度	产生敏感性的条件	抑制敏感性的办法
蒙皂石	水敏性淡水系统	3	淡水系统	高盐度流体
	速敏性	2	较高流速	防膨剂酸处理
	酸敏性	2	酸化作业	酸敏抑制剂
伊利石	速敏性高流速	2	淡水系统	高盐度流体
	微孔隙堵塞	2	HF 酸化	防膨剂
	酸敏（K2SiF6）	1	低流速	酸敏抑制剂
高岭石	速敏性 酸敏 $[Al(OH)_3\downarrow]$	3 2	高流速，高 pH 值及高瞬变压力 酸化作业	微粒稳定剂 低流速、低瞬变压力 酸敏抑制剂

敏感性矿物	潜在敏感性	敏感性程度	产生敏感性的条件	抑制敏感性的办法
绿泥石	酸敏 [Fe(OH)$_3$↓]	3	富氧系统、酸化后高 pH 值	除氧剂
	酸敏（MgF$_2$↓）	2	HF 酸化	酸敏抑制剂
混层黏土	水敏性	2	淡水系统	高盐度流体、防膨剂
	速敏性	2	高流速	低流速
	酸敏性	1	酸化作业	酸敏抑制剂
含铁矿物（铁方解石、铁白云石、黄铁矿、菱铁矿）	酸敏 [Fe(OH)$_3$↓] 硫化物沉淀	2 1	高 pH 值，富氧系统； 流体含 Ca^{2+}、Sr^{2+}、Ba^{2+}	酸敏抑制剂、除氧剂 除垢剂
方解石（白云石）	酸敏（CaF$_2$↓）	2	HF 酸化	HCl 预冲洗 酸敏抑制剂
沸石类	酸敏（CaF$_2$↓）	1	HF 酸化	酸敏抑制剂
钙长石	酸敏	1	HF 酸化	酸敏抑制剂
非胶结的石英、长石微粒	速敏	2	高的瞬变压力 高流速	低的瞬变压力 低流速

注：3—强，2—中，1—较弱。

二、潜在敏感性分析

通过对岩石学、岩石物性及流体进行分析，了解储层岩石的基本性质及流体性质，同时结合膨胀率、阳离子交换量、酸溶分析、浸泡实验分析，对储层可能的敏感性进行初步预测。

1. 储层岩石基本性质的测试

通过岩石学和常规物性等分析，了解储层的敏感性矿物的类型和含量、孔隙结构、渗透率等，预测其与不同流体相遇时可能产生的伤害。

岩石基本性质的测试项目包括：岩石薄片鉴定、X 射线衍射分析、毛细管压力测定、粒度分析、阳离子交换实验等。下面简要介绍储层敏感性评价所要求的岩石基本性质的测试内容。

1）岩石薄片鉴定

岩石薄片鉴定可以提供岩石的最基本性质，了解敏感性矿物的存在与分布。鉴定的内容包括：碎屑颗粒、胶结物、自生矿物和重矿物、生物或生物碎屑、含油情况、孔隙、裂缝、微细层理构造。

2）X 射线衍射分析

X 射线衍射分析是鉴定微小的黏土矿物最重要的分析手段。它可以定量地测定蒙皂石、伊利石、高岭石、绿泥石、伊利石/蒙皂石混层、绿泥石/蒙皂石混层等黏土矿物的相对含量及绝对含量。

3）扫描电镜分析

扫描电镜分析的目的为观察并确定黏土矿物及其他胶结物的类型、形状、产状、分布，观察岩石孔隙结构特别是喉道的大小、形态及喉道壁特征，了解孔隙结构与各类胶结物、充填物及碎屑颗粒之间的空间联系。扫描电镜与电子探针相结合还可以了解岩样的化学成分、含铁矿物的含量及位置等，这对确定水敏、酸敏、速敏等有关储层问题均很重要。除进行以上常规观察外，扫描电镜还可以观察黏土矿物水化前后的膨胀特征。

4）粒度分析

细小颗粒运移是造成储层伤害的重要原因，因此，需要了解碎屑岩中的颗粒粒度大小和分布。但是并非所有的细小颗粒都会运移，主要是那些未被胶结或胶结不好的细粒才会被流速较大的外来液体所冲散和运移，因此，应用粒度分析数据评价储层伤害时，还必须结合岩石薄片鉴定的资料加以分析。

5）常规物性分析

常规物性分析包括测定岩石的孔隙度、渗透率和流体饱和度，选择低孔低渗储层进行敏感性专项实验。

2. 流体分析

在油气勘探和开发的各个环节，外来流体与地层流体之间，不同外来流体之间均存在发生化学反应的可能性。因此，应对有关流体进行化学成分分析，预测各种流体之间形成化学结垢的可能性。这些流体主要是地层水、注入水、钻井液滤液、射孔液等。

三、敏感性评价指标

评价水敏、速敏、酸敏、碱敏和应力敏感共五种敏感性伤害程度的指标见表 5-3 至表 5-7，分为强、中等偏强、中等偏弱、弱、无，对于水敏评价，当水敏伤害率大于 90% 的时候，还有"极强"的评价指标。

表 5-3　速敏伤害程度评价指标

速敏伤害率（%）	伤害程度	速敏伤害率（%）	伤害程度
$D_v \leqslant 5$	无	$50 < D_v \leqslant 70$	中等偏强
$5 < D_v \leqslant 30$	弱	$D_v > 70$	强
$30 < D_v \leqslant 50$	中等偏弱		

表 5-4　水敏伤害程度评价指标

水敏伤害率（%）	伤害程度	水敏伤害率（%）	伤害程度
$D_w \leqslant 5$	无	$50 < D_w \leqslant 70$	中等偏强
$5 < D_w \leqslant 30$	弱	$70 < D_w \leqslant 90$	强
$30 < D_w \leqslant 50$	中等偏弱	$D_w > 90$	极强

表 5-5　酸敏伤害程度评价指标

酸敏伤害率（%）	伤害程度	酸敏伤害率（%）	伤害程度
$D_{sc} \leqslant 5$	无	$50 < D_{sc} \leqslant 70$	中等偏强
$5 < D_{sc} \leqslant 30$	弱	$D_{sc} > 70$	强
$30 < D_{sc} \leqslant 50$	中等偏弱		

表 5-6 碱敏伤害程度评价指标

碱敏伤害率 （%）	伤害程度	碱敏伤害率 （%）	伤害程度
$D_{al} \leq 5$	无	$50 \leq D_{al} \leq 70$	中等偏强
$5 < D_{al} \leq 30$	弱	$D_{al} > 70$	强
$30 < D_{al} \leq 50$	中等偏弱		

表 5-7 应力敏感性伤害程度评价指标

应力敏伤害率 （%）	伤害程度	应力敏伤害率 （%）	伤害程度
D_{st}（或 D'_{st}）≤ 5	无	$50 < D_{st}D_{st}$（或 D'_{st}）≤ 70	中等偏强
$5 < D_{st}D_{st}$（或 D'_{st}）≤ 30	弱	$D_{st}D_{st}$（或 D'_{st}）> 70	强
$30 < D_{st}D_{st}$（或 D'_{st}）≤ 50	中等偏弱		

第二节 流动实验及敏感性评价

储层敏感性评价包括两方面的内容：一是从岩相学分析的角度，评价储层的敏感性矿物特征，研究储层潜在的伤害因素；二是在岩相学分析的基础上，选择代表性的样品，进行敏感性实验，通过测定岩石与各种外来工作液接触前后渗透率的变化，来评价工作液对储层的伤害程度。

岩心流动实验是储层敏感性评价的重要组成部分。通过岩样与各种流体接触时发生的渗透率变化，评价储层敏感性的程度。通过评价实验，据酸敏性确定酸化用液，据盐敏的临界盐度数值提供合理的盐水浓度，据水敏性选择合理的水质，据流速敏感性为采油和注水作业提供合理的临界流速，据系列流体评价为现场选择最佳的钻井液、完井液、修井液提供依据。

一、敏感性实验评价方法原理

采用流动实验方法评价敏感性是采用岩心流动实验仪，图 5-1 是敏感性流动实验流程，系统由供液系统、岩心夹持器、计量系统、压力加载系统、温度控制系统及数据采集传输系统等组成。按照标准 SY/T 5358—2010《储层敏感性流动实验评价方法》执行。

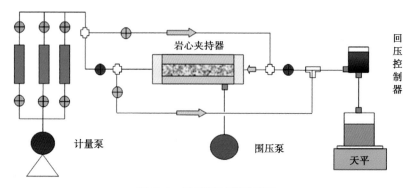

图 5-1 敏感测试实验流程

112

根据达西定律，在实验设定的条件下注入各种与地层损害有关的液体，或改变渗流条件（净围压等），测定岩样的渗透率及其变化，以判断临界参数及评价实验液体及渗流条件改变对岩样渗透率的损害程度。

1. 最大流速计算

根据卡佳霍夫的雷诺数 Re 计算服从达西定律的最大流速：

$$v_c = \frac{3.5\mu\phi^{\frac{3}{2}}}{p\sqrt{K}} \qquad (5-1)$$

式中　v_c——流体的最大渗流速度，cm/s；

　　　K——岩样渗透率，μm^2；

　　　μ——测试条件下的流体黏度，mPa·s；

　　　ϕ——岩样孔隙度；

　　　ρ——流体在测定温度下的密度，g/cm^3。

2. 渗透率计算

液体在岩样中流动时，依据达西定律计算岩样渗透率：

$$Q = K\frac{A\Delta p}{\mu L} \times 10 \qquad (5-2)$$

式中　Q——在压差 Δp 下，通过岩心的流量，cm^3/s；

　　　A——岩心截面积，cm^2；

　　　L——岩心长度，cm；

　　　μ——通过岩心的流体黏度，mPa·s；

　　　Δp——流体通过岩心前后的压力差，MPa；

　　　K——比例系数，又称为砂子或岩心的渗透系数或渗透率，μm^2。

气体在岩样中流动时，依据达西定律计算岩样渗透率：

$$K_a = -\frac{2Q_o p_o \mu L}{A(p_1^2 - p_2^2)} \times 10^{-1} \qquad (5-3)$$

式中　K_a——气体渗透滤，$10^{-3}\mu m^2$；

　　　μ——为气体黏度，mPa·s；

　　　Q_o——气体在一定时间内通过岩样的体积，cm^3/s；

　　　p_o——测试条件下的标准大气压，MPa；

　　　L——岩样长度，cm；

　　　A——岩样横切面积，cm^2；

　　　p_1——岩样进口压力，MPa；

　　　p_2——岩样出口压力，MPa。

二、水敏性评价

在储层中，黏土矿物通过阳离子交换作用可与任何天然储层流体达到平衡。但是，在钻井、完井及增产改造过程中，外来液体会改变孔隙流体的性质并破坏平衡。当外来液体的矿化度低（如注淡水）时，可膨胀的黏土便发生水化、膨胀，并进一步分散、脱落并迁移，从而减小甚至堵塞孔隙喉道，使渗透率降低，造成储层伤害。

储层的水敏性是指当与地层不配伍的外来流体进入地层后，引起黏土矿物水化、膨胀、分散、迁移，从而导致渗透率不同程度地下降的现象。储层水敏程度主要取决于储层内黏土矿物的类型及含量。

大部分黏土矿物具有不同程度的膨胀性。在常见黏土矿物中，蒙皂石的膨胀能力最强，其次是伊利石/蒙皂石和绿泥石/蒙皂石混层矿物，而绿泥石膨胀力弱，伊利石很弱，高岭石则无膨胀性（表5-8）。

表5-8　常见黏土矿物的主要性质

特征矿物	阳离子交换 [mg（当量）/100g]	膨胀性	比表面 （m²/cm³）	相对溶解度	
				盐酸	氢氟酸
高岭石	3 ~15	无	8.8	轻微	轻微
伊利石	10 ~40	很弱	39.6	轻微	轻微至中等
蒙皂石	76 ~150	强	34.9	轻微	中等
绿泥石	0 ~40	弱	14	高	高
伊利石/蒙皂石混层		较强	39.6 ~34.9	变化	变化

黏土矿物的膨胀性主要与阳离子交换容量有关。水溶液中的阳离子类型和含量（即矿化度）不同，那么其阳离子交换容量及交换后引起的膨胀、分散、渗透率降低的程度也不同。在水中，钠蒙皂石膨胀的层间间距随水中钠离子的浓度而变化。如果水中钠离子减少，则阳离子交换容量增大，层面间距增大，钠蒙皂石从准晶质逐渐变为凝胶状态。总的来说，储层水敏性与黏土矿物的类型、含量和流体矿化度有关。储层中蒙皂石（尤其是钠蒙皂石）含量越多或水溶液矿化度越低，则水敏强度越大。

储层中的黏土矿物在接触低盐度流体时可能产生水化膨胀，从而降低储层的渗透率。水敏性流动实验的目的正是为了了解这一膨胀、分散、运移的过程，以及储层渗透率下降的程度。

水敏性评价实验的做法是先用地层水（或模拟地层水）流过岩心，然后用矿化度为地层水一半的盐水（即次地层水）流过岩心，最后用去离子水（蒸馏水）流过岩心，其注入速度应低于临界流速，并分别测定这三种不同盐度（初始盐度、盐度减半、盐度为零）的水对岩心渗透率的定量影响，并由此分析岩心的水敏程度（图5-2），其结果还可以为盐敏

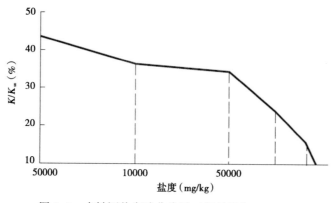

图5-2　水敏评价实验曲线图（据吴胜和，1998）

性评价实验选定盐度范围提供参考依据。水敏性和盐敏性实验主要是研究水敏矿物的水敏特性，故驱替速度必须低于临界流速以保证没有"桥堵"发生，这样产生的渗透率变化，才可以认为是由于黏土矿物水化膨胀引起的。

1. 岩心准备

岩样钻取方向与储层流体流动方向一致，岩心直径 2.54cm，长度不小于直径的 1.5 倍，岩样端面和柱面均应平整，且断面应垂直于柱面，不应有缺角等缺陷。

在进行敏感性实验之前，必须将岩样中原来存在的所有流体都全部清洗干净，按照 SY/T 5336—2006 的规定将岩样烘干，称重。

用气测方式获取岩样渗透率。

根据岩样渗透率和胶结情况，采取不同的饱和压力，加压时间不低于 4h，保证岩样充分饱和。岩样在饱和液中至少饱和 40h，测定饱和液体后的岩样质量，计算有效孔隙体积和孔隙度，见公式 3-15 和公式 3-19。

2. 流体配制及处理

实验用水通常为现场实际用液。没有现场实际用液的情况下，根据评价区块地层水分析资料室内配制，也可采用与地层水矿化度相同的标准盐水或氯化钾溶液。如果地层水资料未知，采用矿化度为 8% ［配方为 $NaCl : CaCl_2 : MgCl_2 \cdot 6H_2O = 7 : 0.6 : 0.4$（质量比）］ 的标准盐水。

实验用油为精制油等，配制原则是黏度与地层原油黏度接近。

3. 实验过程

实验流体盐水浓度依次为 100%，50%，25%，12.5%，蒸馏水。每一种盐水浓度下测试渗透率，测试完一种盐水后，需要用 10~15 倍孔隙体积的下一浓度盐水驱替，驱替速度为 0.1~0.2mL/min。驱替后停泵，在该测试盐水中浸泡 12h 以上，再测试其渗透率，如此反复，直到测试最后的蒸馏水渗透率。

4. 水敏性流动实验结果与评价

以系列盐水的类型或系列盐水的累计注入倍数为横坐标，以对应不同盐水下的岩样渗透率与初始渗透率的比值为纵坐标，绘制水敏感性评价实验曲线图。

由水敏感性引起的渗透率变化率计算：

$$D_n = \frac{|K_n - K_i|}{K_i} \times 100\% \tag{5-4}$$

式中　D_n——不同类型盐水所对应的岩样渗透率变化率；

　　　K_n——岩样渗透率（实验中不同类型盐水所对应的渗透率），$10^{-3} \mu m^2$；

　　　K_i——初始渗透率（水敏实验中初始测试流体所对应的岩样渗透率），$10^{-3} \mu m^2$。

水敏损害程度确定：

$$D_w = \frac{|K_w - K_i|}{K_i} \times 100\% \tag{5-5}$$

式中　D_w——水敏性损害率；

　　　K_w——水敏实验中蒸馏水所对应的岩样渗透率，$10^{-3} \mu m^2$；

　　　K_i——初始渗透率（水敏实验中初始测试流体所对应的岩样渗透率），$10^{-3} \mu m^2$。

三、速敏评价

速敏性评价实验的目的在于了解储层渗透率变化与储层中流体流动速度的关系。如果储层具有速敏性，则需要找出其开始发生速敏时的临界流速，并评价速敏性的程度。通过速敏性评价实验，可为室内其他流动实验限定合理的流动速度。一般来说，由速敏实验求出临界流速以后，可将其他各类评价实验的实验流速确定为0.8倍临界流速，因此速敏性实验应是最先开展的岩心流动实验，也可为油藏的注水开发提供合理的注入速度。在实验中，采用一系列的恒定流速，测定地层水通过岩石的液体渗透率（也可气测渗透率），确定出临界流速。标准要求，在实验过程中流量在未达到6.0mL/min、而压差已超过3MPa/cm的条件下，还不能测出岩心渗透率随流量增加而大幅下降时，则视为不存在速敏。在各个注入速度下测定岩石的渗透率，编绘注入速度与渗透率的关系曲线（图5-3），应用关系曲线判断岩石对流速的敏感性，并找出临界流速。与速敏性有关的实验参数主要为临界流速、渗透率伤害率及速敏指数。

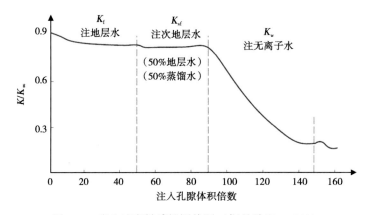

图5-3　岩心速度敏感性评价图（据吴胜和，1998）

1. 岩心准备和流体配制

岩心准备和流体配制见水敏性评价小节，岩心抽真空饱和标准盐水，浸泡40h。

2. 实验过程

（1）实验流量依次为0.10mL/min、0.25mL/min、0.50mL/min、0.75mL/min、1.00mL/min、1.50mL/min、2.00mL/min、3.00mL/min、4.00mL/min、5.00mL/min及6.00mL/min。

（2）用标准盐水作实验流体，在每一种流量下，测定岩心的液体渗透率K_i。要求每隔10min测量一个点，直到连续三点的渗透率相对误差小于1%后再改换下一流量进行测定。

（3）确定临界流速：绘制渗透率—流速曲线，随流速增加，岩石渗透率变化率D_{vn}大于20%时所对应的前一个点的流速即为临界流速。

实验流速与实际流速换算：

$$V = \frac{14.4Q}{A \times \phi} \tag{5-6}$$

式中　V——流体渗流速度，m/d；

　　　Q——流量，cm³/min；

A——岩样横截面积，cm^2；

ϕ——岩样孔隙度。

（4）以流量（cm^3/min）或流速（m/d）为横坐标，以不同流速下岩样渗透率与初始渗透率的比值为纵坐标，绘制流速敏感性评价实验曲线图。

由流速敏感性引起的渗透率变化率计算：

$$D_{vn} = \frac{|K_n - K_i|}{K_i} \times 100\% \tag{5-7}$$

式中　D_{vn}——不同流速下所对应的岩样渗透率变化率；

　　　K_n——岩样渗透率（实验中不同流速下所对应的渗透率），$10^{-3}\mu m^2$；

　　　K_i——初始渗透率（实验中最小流速下所对应的渗透率），$10^{-3}\mu m^2$。

（5）计算速敏引起的渗透率损害率，确定速敏损害程度。

$$D_v = \max(D_{v2}, D_{v3}, \cdots, D_{vn}) \tag{5-8}$$

式中　D_v——速敏损害率；

　　　D_{v2}，D_{v3}，D_{vn}——不同流速下所对应的渗透率损害率。

四、盐敏评价

实验的目的是了解储层岩样在系列盐溶液中盐度不断变化的条件下，渗透率变化的过程和程度，找出盐度递减的系列盐溶液中渗透率明显下降的临界盐度，以及各种工作液在盐度曲线中的位置。因此，通过盐敏性评价实验可以观察储层对所接触流体盐度变化的敏感程度。该实验通常在水敏实验的基础上进行，即根据水敏实验的结果，选择对渗透率影响最大的矿化度范围，在此范围内，配制不同矿化度的盐水，由高矿化度到低矿化度依顺序将其注入岩心（按照盐度减半的规划降低盐度），并依次测定不同矿化度盐水通过岩样时的渗透率值，如图 5-4 所示。当流体盐度递减至某一值时，岩样的渗透率下降幅度较大，这一盐度就是临界盐度。这一参数对注水开发中注入水的选择和调整有较大的意义。盐敏性是地层耐受低盐度流体的能力量度，而临界盐度（S_c）即为表征盐敏性强度的参数，单位为 mg/L。

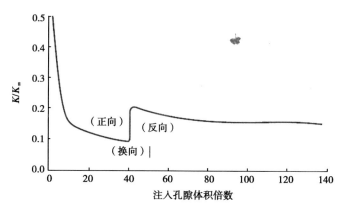

图 5-4　盐敏评价实验曲线图（据吴胜和，1998）

1. 测试流体

初始测试流体模拟地层水或相同矿化度的标准盐水，如果地层水资料未知，采用矿化度为 8%〔配方为 $NaCl:CaCl_2:MgCl_2 \cdot 6H_2O = 7:0.6:0.4$（质量比）〕的标准盐水。

中间测试流体为不同矿化度盐水，其获取可根据流体化学成分室内配制或用蒸馏水将现场地层水、模拟地层水或同矿化度下的标准盐水按一定比例稀释。

2. 实验过程

（1）盐度降低实验。

参考水敏性实验结果进行选择，如果水敏性实验最终蒸馏水下岩样渗透率的伤害率不大于 20%，则无需进行盐度降低敏感性实验。如果水敏感性实验最终蒸馏水下岩样渗透率的伤害率大于 20%，则需进行盐度降低敏感性评价实验。

根据水敏性实验中间测试流体及蒸馏水所测得的岩样渗透率结果选择实验流体矿化度，相邻两种矿化度盐水伤害率大于 20% 时加密盐度间隔。应选择不少于 4 种流体矿化度的盐水进行实验。

（2）盐度升高实验。

本项实验仅针对外来流体矿化度高于地层流体矿化度或有特殊要求的盐度敏感性评价实验时进行。

盐度升高敏感性实验流体矿化度选择：根据外来流体及地层流体矿化度的具体情况合理选择实验流体矿化度，矿化度差别较大可适当加密测试流体矿化度。应选择不少于 3 种流体矿化度的盐水进行实验。

（3）以系列盐水的矿化度为横坐标，以对应不同矿化度下的岩样渗透率与初始渗透率的比值为纵坐标，绘制盐度敏感性评价实验曲线图。对于盐度降低敏感性评价实验曲线横坐标应按盐水矿化度降低趋势绘制，盐度升高敏感性评价实验曲线横坐标应按盐水矿化度升高趋势绘制。

由盐度变化引起的岩样渗透率变化率计算：

$$D_{sn} = \frac{|K_n - K_i|}{K_i} \times 100\% \qquad (5-9)$$

式中　D_{sn}——不同矿化度盐水所对应的岩样渗透率变化率；

　　　K_n——岩样渗透率（不同矿化度盐水所对应的渗透率），$10^{-3}\mu m^2$；

　　　K_i——初始渗透率（初始流体所对应的岩样渗透率），$10^{-3}\mu m^2$。

（4）临界矿化度确定。

随流体矿化度的变化，岩石渗透率变化率 D_{sn} 大于 20% 时所对应的前一个点的流体矿化度即为临界矿化度。

（5）速敏损害程度确定。

$$D_v = \max(D_{v2}, D_{v3}, \cdots, D_{vn}) \qquad (5-10)$$

式中　D_v——速敏损害率；

　　　D_{v2}, D_{v3}, D_{vn}——不同流速下所对应的渗透率损害率。

五、酸敏评价

酸敏感性是指酸液进入储层后与储层的酸敏感性矿物及储层流体发生反应，产生沉淀或释放出微粒，使储层渗透率发生变化的现象。酸敏感性导致储层伤害的形式主要有两种，一是产生化学沉淀，二是破坏岩石原有结构，产生或加剧流速敏感性。

酸敏是储层敏感性中最为复杂的一类，其评价实验的目的在于了解准备用于酸化的酸液是否会对地层产生损害及损害的程度，以便优选酸液配方，寻求更为有效的酸化处理方法。

（1）岩心准备和流体配制见水敏性评价小节，岩心抽真空饱和标准盐水，浸泡40h。

（2）实验流体为地层水或相同矿化度的标准盐水，如果地层水资料未知，采用矿化度为8%［配方为$NaCl:CaCl_2:MgCl_2 \cdot 6H_2O = 7:0.6:0.4$（质量比）］的标准盐水。

碳酸盐岩储层酸敏使用15%HCl。

（3）实验过程。

流动酸敏评价以注酸前岩样的地层水渗透率为基础，注入1.0~1.5倍孔隙体积的15%HCl，反应时间为0.5h。然后，再进行地层水驱替，排出残酸，通过注酸前后岩样的地层水渗透率的变化来判断酸敏性影响的程度。

碳酸盐岩与酸液反应会生成大量的二氧化碳，为了减少逸出的二氧化碳造成贾敏效应引起实验误差，实验过程中需要加载回压。回压大小可以根据二氧化碳在不同压力和不同温度下的溶解情况进行选择。

（4）酸敏损害程度确定。

以酸液处理岩样前后过程或酸液处理岩样前后流体累计注入倍数为横坐标，以酸液处理前后的岩样液体渗透率与初始渗透率的比值为纵坐标，绘制酸敏感性评价实验曲线图。

由酸敏损害率计算：

$$D_{sc} = \frac{K_i - K_{acd}}{K_i} \times 100\% \tag{5-11}$$

式中　D_{sc}——酸敏损害率；

K_{acd}——酸液处理后实验流体所对应的岩样渗透率，$10^{-3}\mu m^2$；

K_i——初始渗透率（酸液处理前实验流体所对应的岩样渗透率），$10^{-3}\mu m^2$。

六、碱敏评价

碱水膨胀率测定是评价已知碱配方使地层岩石产生水化膨胀的程度，其操作方法及评价指标与水敏性评价类似。化学碱敏实验与化学法酸敏性实验基本相同。碱敏性流动实验的作法是，以一定浓度（通常大于1%）的NaCl盐水作为标准盐水，依次测定碱度递增的碱水（NaCl/NaOH）的渗透率，最后为一定浓度（通常大于1%）的NaOH溶液，一个系列通常由5个以上的碱水组成。根据NaOH溶液的渗透率与标准盐水渗透率的比值，评价其碱敏性。

以pH值为横坐标，以不同pH值碱液对应的岩样液体渗透率与初始渗透率的比值为纵坐标，绘制碱敏感性评价实验曲线图。

1. 碱敏伤害程度

$$D_{aln} = \frac{K_i - K_n}{K_i} \times 100\% \tag{5-12}$$

式中　D_{aln}——不同pH值碱液所对应的岩样渗透率变化率；

K_n——岩样渗透率（不同pH值碱液所对应的渗透率），$10^{-3}\mu m^2$；

K_i——初始渗透率（初始 pH 值碱液所对应的岩样渗透率），$10^{-3}\,\mu m^2$。

2. 临界 pH 值

岩石渗透率随流体碱度变化而降低时，岩石渗透率变化率 D_{aln} 大于 20% 时所对应的前一个点的流体 pH 值即为临界 pH 值。

3. 碱敏损害程度确定

$$D_{al} = \max(D_{al1},\ D_{al2}\cdots D_{aln}) \tag{5-13}$$

式中　D_{al}——碱敏损害率；

　　　D_{al1}，D_{al2}，D_{aln}——不同 pH 值碱液所对应的岩样渗透率变化率。

七、应力敏感评价

在油气藏开采过程中，随着储层内部流体的产出，储层孔隙压力降低，储层岩石原有的受力平衡状态发生改变。根据岩石力学理论，从一个应力状态变到另一个应力状态必然要引起岩石的压缩或拉升，即岩石发生弹性或塑性变形，同时，岩石的变形必然引起岩石孔隙结构和孔隙体积的变化，这种变化将大大影响到流体的渗流。因此，岩石所承受的净应力改变所导致的储层渗流能力的变化是岩石的变形与流体渗流相互作用和相互影响的结果。压力敏感评价实验的目的在于了解岩石所受净上覆压力改变时孔喉喉道变形、裂缝闭合或张开的过程，并导致岩石渗流能力变化的程度。

常规应力敏感性实验，是指按照行业标准"储层敏感性流动实验评价方法"进行的应力敏感性实验。这种方法是采用改变围压的方式来模拟有效应力变化对岩心物性参数的影响。岩石应力敏感性研究的目的有如下几点：（1）准确地评价储层，通过模拟围压条件测定孔隙度，可以将常规孔隙度值转换成原地条件下的值，有助于储量评价；（2）求出岩心在原地条件下的渗透率，便于建立岩心渗透率 K_c 与测试渗透率 K_e 的关系，对认识 K_e 和地层电阻率也有帮助；（3）为确定合理的生产压差服务。

1. 实验岩心及实验流体

岩心准备见水敏性评价小节。

根据储层类型和所处的不同开发阶段分别选用气体、标准盐水（质量分数为 8%）、中性煤油作为实验流体。气藏采用氮气或者空气作为流动介质。

2. 实验方法及步骤

（1）最高实验围压按二分之一上覆岩压选取，以下分 4~8 个压力点。

（2）保持进口压力值不变，缓慢增加围压，使得净围压依次为 2.5MPa、3.5MPa、5.0MPa、7.0MPa、9.0MPa、11MPa、15MPa、20MPa，每个压力点持续 30min 后测定岩样气体渗透率。

（3）保持进口压力值不变，缓慢减小围压，使得净围压依次为 15MPa、11MPa、9.0MPa、7.0MPa、5.0MPa、3.5MPa、2.5MPa，每一压力点持续 1h 后测定岩样气体渗透率。

（4）应力敏感的伤害率计算。

以净应力为横坐标，以不同净应力下岩样液体渗透率与初始渗透率的比值为纵坐标，绘制净应力增加和净应力减小过程的应力敏感性评价实验曲线图。

$$D_{stn} = \frac{K_i - K_n}{K_i} \times 100\% \tag{5-14}$$

式中 D_{stn}——净应力增加过程中不同净应力下的岩样渗透率变化率；

K_n—— 岩样渗透率（净应力增加过程中不同净应力下的岩样渗透率），$10^{-3}\mu m^2$；

K_i——初始渗透率（实验中初始净应力下的岩样渗透率），$10^{-3}\mu m^2$。

净应力降低过程中不同净应力下岩样渗透率变化率计算：

$$D'_{stn} = \frac{K_i - K'_n}{K_i} \times 100\% \qquad (5-15)$$

式中 D'_{stn}——净应力降低过程中不同净应力下的岩样渗透率变化率；

K'_n——岩样渗透率（净应力降低过程中不同净应力下的岩样渗透率），$10^{-3}\mu m^2$；

K_i——初始渗透率（实验中初始净应力下的岩样渗透率），$10^{-3}\mu m^2$。

（5）临界应力确定。

随净应力增加，岩石渗透率变化率 D_{stn} 大于 20% 时所对应的前一个点的净应力值即为临界应力。

（6）应力敏感性损害程度确定。

$$D_{st} = \max(D_{st1}, D_{st2}, \cdots, D_{stn}) \qquad (5-16)$$

式中 D_{st}——应力敏感性损害率；

D_{st1}，D_{st2}，D_{stn}——净应力增加过程中不同净应力下的岩样渗透率变化率。

（7）不可逆渗透率损害率。

$$D'_{st} = \frac{K_i - K'_i}{K_i} \times 100\% \qquad (5-17)$$

式中 D'_{st}——不可逆应力敏感性损害率；

K'_i——恢复到初始净应力点时的岩心渗透率，$10^{-3}\mu m^2$；

K_i——初始渗透率（实验中初始净应力下的岩样渗透率），$10^{-3}\mu m^2$。

第三节　敏感性测试结果及影响因素分析

一、敏感性测试结果

1. 敏感性实验结果

1）磨溪 23 井区龙王庙外围敏感性实验结果

（1）水敏感实验。

在室温下用 8% 浓度的标准盐水测定岩样初始液体渗透率，测定初始岩样渗透率后，用 4% 浓度的盐水驱替，测定岩心渗透率，再进行清水驱替，测定清水下的岩样渗透率。整个实验过程采用 1mL/min 的恒定流速注入流体进行水敏性实验测试。

磨溪 39 井龙王庙组岩心水敏伤害率为 55.21%，磨溪 41 井龙王庙组岩心水敏伤害率为 49.59%，按照水敏程度评价指标，见表 5-9，磨溪 23 井区龙王庙组为中等偏强水敏（图 5-5 至图 5-8）。

表 5-9　磨溪 39 井和磨溪 41 井龙王庙组储层水敏实验结果

井号	流体类型	渗透率（$10^{-3}\mu m^2$）	渗透率比值（%）	渗透率伤害率（%）
磨溪 39 井	8%标准盐水	7.054	100.00	—
	4%标准盐水	4.484	63.57	36.43
	清水	3.160	44.79	55.21
磨溪 41 井	8%标准盐水	4.047	100.00	—
	4%标准盐水	2.461	60.81	39.19
	清水	2.040	50.41	49.59

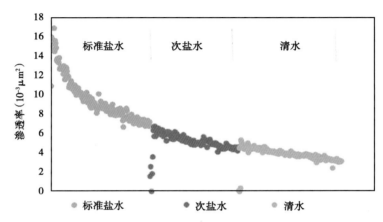

图 5-5　磨溪 39 井龙王庙组储层水敏实验渗透率变化图

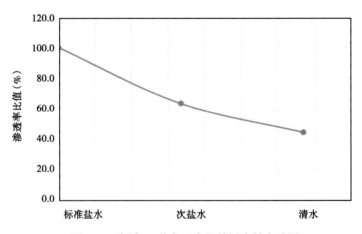

图 5-6　磨溪 39 井龙王庙组储层水敏实验图

（2）速敏感实验。

以氮气作为流动介质，气体流速从 1.1mL/min 增加到 35mL/min 进行渗透率测试，实验结果见表 5-10、图 5-9。

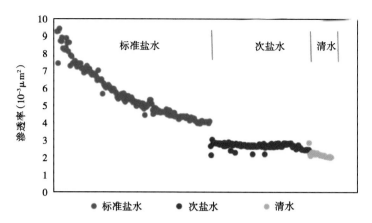

图 5-7　磨溪 41 井龙王庙组储层水敏实验渗透率变化图

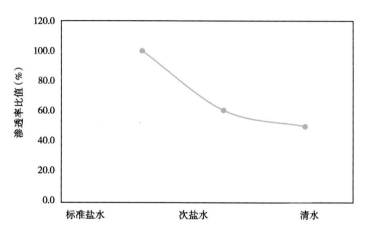

图 5-8　磨溪 41 井龙王庙组储层水敏实验图

表 5-10　磨溪 41 井龙王庙组储层速敏实验结果

流速（mL/min）	1.1	2.0	3.0	4.0	5.0	6.0	7.0	8.0	9.0
岩样渗透率（$10^{-3}\mu m^2$）	0.0678	0.0830	0.1004	0.1099	0.1222	0.1314	0.1398	0.1477	0.1559
渗透率比值（%）	100.0	122.4	148.1	162.1	180.2	193.8	206.2	217.8	230.0
流速（mL/min）	10.0	11.0	12.0	15.0	18.0	20.0	25.0	30.0	35.0
岩样渗透率（$10^{-3}\mu m^2$）	0.1637	0.1698	0.1768	0.1963	0.2107	0.2221	0.2437	0.2666	0.2840
渗透率比值（%）	241.4	250.4	260.8	289.5	310.8	327.6	359.4	393.2	418.9

从速敏实验结果来看，随着气体流速增加，渗透率增加，磨溪区块龙王庙组储层岩心无速敏伤害。

（3）碱敏实验。

在室温下用 NaOH 将 8% 的 KCl 标准盐水调成不同 pH 值的碱液，分别注入岩样停止驱替，使碱液充分与岩石矿物成分发生反应 12h 以上，再用碱液进行驱替测定岩样渗透率。整个实验过程采用恒速的方式注入流体进行碱敏性实验测试，流速为 1mL/min。

利用磨溪 39 井龙王庙组岩心进行碱敏感性测试，pH 值为 7 的碱液测试渗透率为

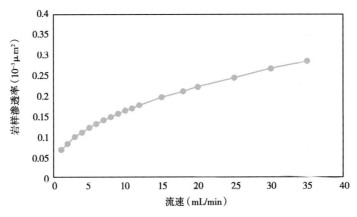

图 5-9　磨溪 41 井龙王庙组储层速敏实验曲线图

$45.205×10^{-3}\mu m^2$，随着 pH 值增加，渗透率随之下降，当用 pH 值为 13 的碱液进行渗透率测试，渗透率只有 $27.683×10^{-3}\mu m^2$。储层碱敏伤害率最大为 38.76%，为中等偏弱，临界 pH 值为 10.0。实验结果见表 5-11、图 5-10。

表 5-11　磨溪 39 井龙王庙组储层碱敏实验结果

井号	流体 pH 值	渗透率（$10^{-3}\mu m^2$）	渗透率比值（%）	渗透率伤害率（%）
磨溪 39 井	7.0	45.205	100.00	
	8.5	41.950	92.80	7.20
	10.0	36.581	80.92	19.08
	11.5	30.693	67.90	32.10
	13.0	27.683	61.24	38.76

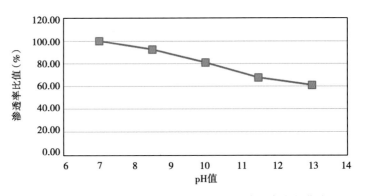

图 5-10　磨溪 39 井龙王庙组储层碱敏实验渗透率变化曲线图

（4）应力敏感实验。

采用磨溪 39 井龙王庙组储层岩心，在室温下用氮气测定净围压从 2.5MPa 增加到 20MPa 过程中，每个净围压对应的渗透率值，然后再测净围压从 20MPa 降到 2.5MPa 过程中的渗透率值来开展应力敏感研究，实验结果见表 5-12、表 5-13 和图 5-11。

磨溪 39 井龙王庙组应力敏感实验中，随着净围压改变，最大岩心渗透率损害率为 66.73%，不可逆渗透率损害率为 28.59%，应力敏感为中等偏强，临界应力为 5.0MPa。

表 5-12　磨溪 39 井龙王庙组应力敏感性实验结果（净围压增加）

净围压（MPa）	渗透率（$10^{-3} \mu m^2$）	渗透率与初始渗透率比值（%）	渗透率变化率（%）
2.5	0.2973	100.0	
3.5	0.2742	92.23	7.77
5.0	0.2557	86.01	13.99
7.0	0.2166	72.86	27.14
9.0	0.1847	62.13	37.87
11.0	0.1601	53.85	46.15
15.0	0.1254	42.18	57.82
20.0	0.0989	33.27	66.73

表 5-13　磨溪 39 井龙王庙组应力敏感性实验结果（净围压降低）

净围压（MPa）	渗透率（$10^{-3} \mu m^2$）	渗透率与初始渗透率比值（%）	渗透率变化率（%）
15.0	0.1115	37.50	62.50
11.0	0.1229	41.34	58.66
9.0	0.1307	43.96	56.04
7.0	0.1426	47.97	52.03
5.0	0.1642	55.23	44.77
3.5	0.1863	62.66	37.34
2.5	0.2123	71.41	28.59

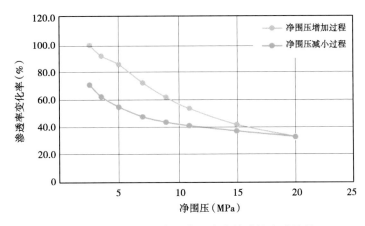

图 5-11　磨溪 39 井龙王庙组应力敏感性实验结果

2）磨溪 23 井区龙王庙主体区敏感性实验结果

采用磨溪 12 井龙王庙组储层岩心开展室内敏感性评价评价实验 10 余套，保护储层钻井液室内评价实验 10 余套。实验表明磨溪龙王庙组主体区储层潜在损害因素主要为水敏、碱敏损害和钻井液的固相粒子对渗滤通道的堵塞造成的损害（图 5-12 至图 5-15）。

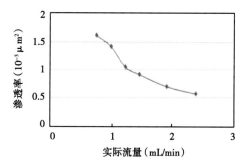

图 5-12　龙王庙储层速敏曲线图

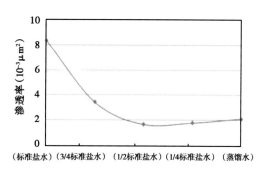

图 5-13　龙王庙储层水敏曲线图

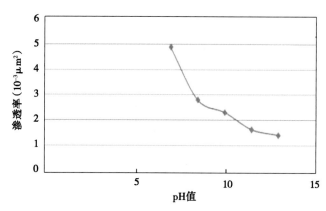

图 5-14　龙王庙储层碱敏曲线图

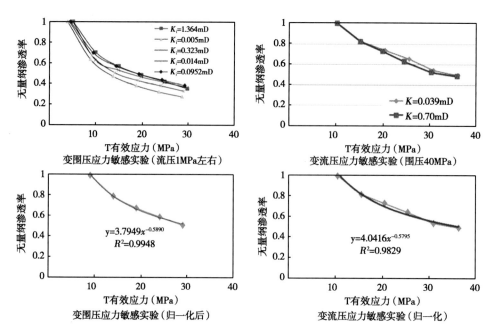

图 5-15　龙王庙储层应力敏感实验曲线

2. 实验结果分析

从实验结果来看，磨溪 23 井区与磨溪构造龙王庙组主体区储层敏感性特性差不多，都存在水敏、碱敏、应力敏，见表 5-14。不同之处在于速敏实验结果有一定差异，分析认为是用于测试速敏的磨溪 41 井龙王庙组岩心有微裂缝存在，微粒颗粒的移动不容易堵塞裂缝，随着流速的增大，进一步沟通了渗流通道，渗透率增加。

表 5-14　龙王庙储层敏感性实验结果统计表

实验项目	速敏	水敏	碱敏	应力敏感
龙王庙磨溪 23 井区主体区	中等偏强，渗透率损害率 64.6%	中等偏强，渗透率损害率 74.6%	中等偏强，渗透率损害率 70.9%	中等偏弱，渗透率损失约为 35%
龙王庙磨溪 23 井区外围	无	中等偏强水敏，渗透率损害率 50%~55%	中等偏弱碱敏，渗透率损害率 38.76%	中等偏弱，渗透率损失约为 28.59%

二、储层伤害主要因素分析

龙王庙储层存在水敏、碱敏、应力敏，其伤害因素主要有储层本身的因素、初期探井和开发井在钻井过程中采用高密度钻井液漏失会造成储层严重伤害。

岩性主要为晶粒（细、粉晶）云岩和颗粒（砂屑、鲕粒）云岩，储集空间主要是粒间溶孔和晶间溶孔（图 5-16），局部微裂缝发育（图 5-17），受到外部流体侵入时，易发生固相颗粒堵塞、水敏、酸敏和水锁等损害。

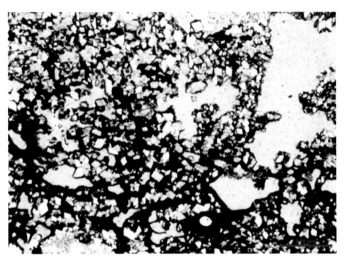

图 5-16　磨溪 12 井残余砂屑粉晶白云岩，溶蚀孔发育

在钻开油气层的过程中，使用的钻井液主要是黏土和水配制的水基钻井液，为了防止井喷而采用高相对密度钻井液压井，由于钻井液柱的压力大于地层压力，在此压差下，钻井液中固相颗粒会侵入油气层中（表 5-15），导致水侵和泥侵而造成不同程度的伤害。损害机理主要分为两类，即物理伤害（固相微粒入侵）和化学伤害（滤液与油气层不配伍引起的结垢、黏土矿物膨胀/分散/运移等）。

龙王庙组气藏为高温高压气藏，在钻完井时的钻井液密度为 $1.8 \sim 1.9 \mathrm{g/cm^3}$，一些探井

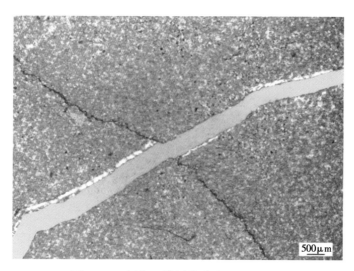

图 5-17　磨溪 12 储层微裂缝，4656.96m

钻井液密度高达 2.0g/cm³ 以上，大于产层的地层压力系数，且浸泡时间长，导致钻井液浸入储层深，会大大降低产层渗透率（表 5-16），影响了气井产能。从已钻完井看，部分井表皮系数高达 4000（表 5-17），污染极其严重。

表 5-15　磨溪区块龙王庙组气藏钻井液漏失统计

井号	层位	井段（m）	漏失钻井液（m³）
磨溪 8	嘉二~龙王庙	3096~5099	64.9
磨溪 9	嘉二~龙王庙	3184~4987	97.6
磨溪 10	嘉二~龙王庙	3236~5069	963.7
磨溪 11	嘉二~龙王庙	3176~5134	145.1
平均			375.75

表 5-16　钻井液污染实验数据表

岩心样品	初始气测渗透率（$10^{-3}\mu m^2$）	注入钻井液后气测渗透率（$10^{-3}\mu m^2$）	钻井液伤害率（%）
磨溪 12 井龙王庙	0.016	0.00304	97.9

表 5-17　磨溪 8 井、10 井酸化前表皮系数

井号	层位	层段（m）	有效厚度（m）	S	K（$10^{-3}\mu m^2$）	备注
磨溪 8	龙王庙下	4697.5~4713	11.8	4020	353	酸化前
磨溪 10	龙王庙	4646.0~4671.4	38.6	118	14.3	酸化前

　　因此，在龙王庙组储层的开发井钻进过程中，应尽量采用近平衡钻井工艺，并密切监测井下压力情况，合理调整钻井液密度及性能，在钻井液中加入与储层孔喉相匹配的暂堵材料，屏蔽钻井液中的固相粒子造成的储层深部损害，有效减少钻井液的漏失。现场采用的多

级架桥暂堵技术（表5-18）岩心渗透率恢复值达82.6%以上，对磨溪龙王庙储层具有较好保护效果。

表5-18　多级架桥暂堵技术保护储层效果评价结果

岩心井号	岩心层位	污染流体	渗透率恢复值（%）	损害率（%）
磨溪11井	龙王庙	磨溪201井井浆（ρ：2.06 g/cm³）	64.9	35.1
		磨溪201井浆+3%FLM-1+2%FLM-2+5%TX碱液（20%、3:1）（ρ：2.06 g/cm³）	83.6	16.4
		磨溪205井井浆（ρ：2.22 g/cm³）	66.5	33.5
		磨溪205井浆+3%FLM-1+2%FLM-2+5%TX碱液（20%、3:1）（ρ：2.22 g/cm³）	82.6	17.4

在龙王庙组气藏异常高压气藏衰竭式开采过程中，随着气藏压力的下降，气藏的岩石骨架承受的有效应力会大幅度增加，结果将导致岩石发生显著的弹、塑性形变，岩石的渗透率、孔隙度和岩石压缩系数等物性参数将减小。为了真实地研究磨溪区块龙王庙组气藏的应力敏感，实验选取了5块不同物性条件的岩样开展渗透率随有效应力的变化关系研究（表5-19、图5-18）。

表5-19　龙王庙组气藏岩心应力敏感实验综合数据表

岩样号	井深（m）	岩样			气测渗透率（10⁻³μm²）	孔隙度（%）	初始渗透率（10⁻³μm²）	30MPa渗透率（10⁻³μm²）	最终渗透率（10⁻³μm²）	30MPa渗透率伤害率（10⁻³μm²）	最终渗透率伤害率（%）
		层位	直径（cm）	长度（cm）							
5-32	4611.59	龙王庙	2.512	4.496	1.364	5.9	4.1232	1.4299	2.6966	65.32	34.60
6-15	4616.58	龙王庙	2.533	4.38	0.005	6.9	0.0217	0.0059	0.0144	73.07	34.00
5-4	4606.23	龙王庙	2.543	4.067	0.323	11.8	0.9741	0.3507	0.6080	64.00	37.59
2-4	4592.80	龙王庙	2.516	4.925	0.014	2.0	0.0490	0.0159	0.0312	67.58	36.28
6-57	4623.59	龙王庙	2.507	4.053	0.031	3.4	0.0952	0.0360	0.0602	62.23	36.83

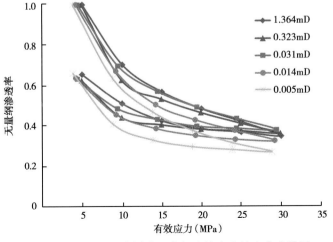

图5-18　不同物性岩样渗透率与有效应力的变化曲线图

从图 5-19 可以看出，不同物性条件的岩样渗透率随有效应力的变化关系曲线基本趋于一致，表明岩样的渗透率大小对应力敏感程度没有太大影响，整个气藏的应力敏感程度基本相当。回归无量纲渗透率与有效应力的关系，可以得出式（5-18）。渗透率不可逆损失为38%，推算至气藏枯竭时，渗透率损失率达到89%。但由于实验覆压未达到气藏初始上覆压力，此关系式为在实验基础上外推得到，存在一定误差。

$$\frac{K}{K_i} = 0.88e^{-0.0334(p_i-p)} \tag{5-18}$$

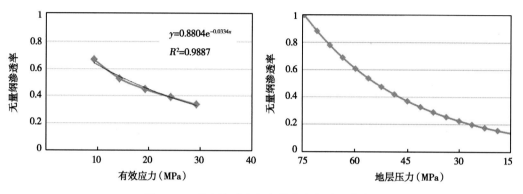

图 5-19　岩心渗透率与有效应力的关系曲线

从岩样的实验分析综合评价，磨溪区块龙王庙组气藏渗透率的应力敏感性属于中等偏强。在气藏开发中，如果生产压差过大，地层压力的快速下降将导致有效应力的增加，从而使岩石的渗透率发生变化，影响气藏开发效果。

第六章 酸化材料性能评价技术

常规压裂酸化中，所用到的酸化材料主要是酸液和前置液。对于储层非均质性强，为了实现均匀改造，在不采用传统机械分层酸化压裂的情况下，近几年采用了物理、化学转向的方式，研制了转向酸、转向剂（包括纤维和暂堵球等）。下面以龙王庙储层为例，储层非均质性强，储层段全直径样品统计分析表明，渗透率为 $(0.01 \sim 10) \times 10^{-3} \mu m^2$，约占样品总数的77.78%，其中，渗透率为 $(0.1 \sim 1) \times 10^{-3} \mu m^2$ 的占样品总数的34.92%；渗透率为 $(1 \sim 10) \times 10^{-3} \mu m^2$ 的占样品总数的30.95%。对于长水平段储层，使用了笼统酸化，采用物理+化学转向方式实现了长水平井段的均匀改造，获得了较好的效果。对于龙王庙低渗透储层，直接采用主体酸压改造的效果较差，为尽量沟通远井段天然裂缝，形成较长的有效作用距离，除了选择高温缓速酸液体系外，还采用前置液酸压方式。因此，酸化材料性能的评价，涉及暂堵转向酸化材料性能评价、酸液及前置液的性能评价等方面。

第一节 酸液基本性能评价

酸液性能评价包括酸溶蚀率、酸化效果、残酸伤害、酸液与储层配伍性、腐蚀速率、表面张力、耐温耐剪切及流变参数测定等。磨溪—高石梯龙王庙组储层，前期采用了胶凝酸、转向酸及交联酸等酸液体系。

一、稠化酸基本性能指标评价方法

下面以高温胶凝酸为例，介绍高温胶凝酸性能的测试方法及测试结果（表6-1）。

1. 酸液黏度

黏度测试主要参照 SY/T 6074—1994《植物胶及其改性产品性能测定方法》，通过六速旋转黏度计或毛细管黏度计进行测试，测试结果为不同剪切速率下的黏度，通常测定的是 $511s^{-1}$（100转）和 $170s^{-1}$（300转）下的剪切速率。

$$\mu = \frac{5.077 \times \alpha}{p \times 1.704} \times 100 \qquad (6-1)$$

式中 μ——溶液的黏度，mPa·s；

α——黏度计指针读数；

5.077——当 α 为1的剪切应力值，10^{-1}Pa；

1.704——当每分钟转数为1时的剪切速率值，s^{-1}。

表6-1 交联酸鲜酸黏度值

酸液类型	不同转速下的黏度值（mPa·s）			
	600r/min	300r/min	200r/min	100r/min
20%胶凝酸	32.5	20	15	9
20%常规酸	4.5	2.5	2	1
20%交联酸	56	35	20	11

2. 耐温耐剪切及流变参数测定

耐温耐剪切及流变参数主要通过流变仪，参照 SY/T 5107—2016《水基压裂液性能评价方法》进行测试。按照设定温度对样品加热，升温速率 3℃/ min，转子以剪切速率 $170s^{-1}$ 转动，温度达到要求测试的温度后，保持剪切速率和温度不变，直至达到要求的剪切时间为止，在达到测试温度的 90% 或在实验进行 20min 时（无论哪个先达到），开始变剪切实验，规定的变剪切循环阶梯为 $170s^{-1}$，$150s^{-1}$，$125s^{-1}$，$100s^{-1}$，$75s^{-1}$，$50s^{-1}$，$25s^{-1}$，$50s^{-1}$，$75s^{-1}$，$100s^{-1}$，$125s^{-1}$，$150s^{-1}$，$170s^{-1}$。

描述拟塑性和膨胀型流体的本构方程有很多，最简单和最常用的方程是幂律模型、膨胀型和拟塑性，这两种流体都可以用式（6-2）描述：

$$\tau = k' \times \gamma^{n'} \tag{6-2}$$

式中　τ——剪切应力，Pa；

γ——剪切速率，s^{-1}；

n'——流态指数；

k'——稠度指数，$mPa \cdot s^{n'}$。

k' 值是黏度的度量，不等于黏度值，而黏度越高，k' 值也越强，分子结构也越强；n 值是非牛顿性的度量，n 值越低，非牛顿性强，n 小于 1 时为假塑性流体，n 等于 1 时为牛顿流体，n 大于 1 时为膨胀流体。

为描述幂律流体，需要确定 n' 和 k'，根据实验得到的剪切速率及对应的剪切应力，对式（6-2）取对数得：

$$\lg\tau = \lg k' + n' \times \lg\gamma \tag{6-3}$$

作双对数坐标图（图6-1），结果为一直线，斜率为流动特性指数 n'，剪切应力轴上的正截距为稠度指数 k'。

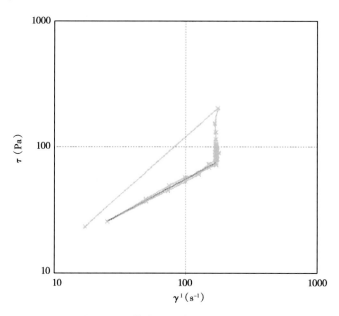

图 6-1　工作液流变参数测试示意图

132

胶凝酸及其残酸在高温下都有很好的稳定性能，不会出现成团、交联等现象。将配制好的胶凝酸在150℃下放置2~4h，取出后酸液均匀，无成团、交联等异常现象（图6-2、图6-3）。

图6-2　150℃酸岩反应后的酸液外观

图6-3　高温放置后的酸液

同时，在高温下胶凝酸具有黏度高的特点，有利于降低滤失，提高酸液作用距离，同时具有降解率高的特点，大大降低了胶凝剂的滞留伤害（图6-4、表6-2）。

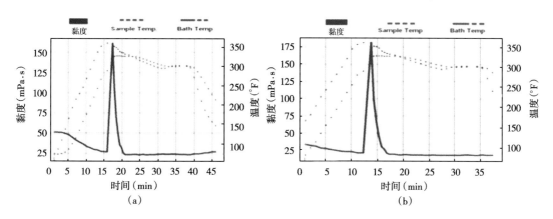

图6-4　高温流变性能

表6-2　高温流变性能评价

常温下黏度 （mPa·s）	90℃下黏度 （mPa·s）	150℃下黏度 （mPa·s）	150℃下降解率 （%）
36~42	24~27	18~21	40~55

CT系列转向酸（反应成12%酸浓度），初始黏度200mPa·s，随着温度升高，黏度下降，温度在90℃时，黏度为100mPa·s，进行了变剪切实验，得出流变参数，n'为0.961821，k'为0.215768 mPa·s n'。在30min时，黏度降到10mPa·s（图6-5）。

3. 静态腐蚀速率

重量法是一种经典的测量酸液腐蚀速率的方法，适用于实验室和现场挂片，是测定金属

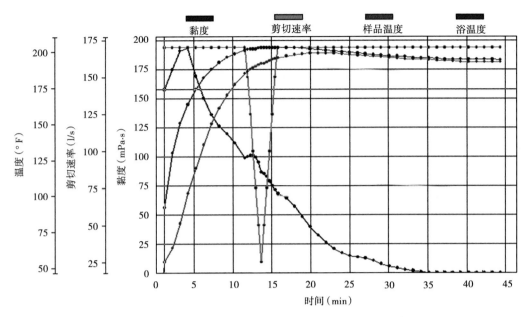

图 6-5　转向酸流变曲线

腐蚀速度最可靠的方法之一，可用于检测材料的耐腐蚀性能、评选腐蚀剂、改变工艺条件时检查防腐效果等（张继周，2003）。

把 N80 试片做成一定形状和大小的试件，放在腐蚀环境中，经过一定时间后，取出并测量其重量和尺寸的变化，计算其腐蚀速率。

具体测试步骤如下：

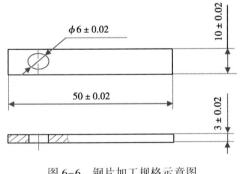

图 6-6　钢片加工规格示意图

（1）把 N80 试片做成一定形状和大小的试件，将处理好的试样分别在电子天平上称量，精确到 0.01mg；用游标卡尺测量试样的尺寸，分别测 3 个数据点，求平均值。

试片形状及规格如图 6-6 所示。

（2）将已打磨好的试片用镊子夹持，在丙酮或石油醚中用软刷清除洗去油污。在无水乙醇中浸泡脱水 1min，取出用冷风吹干或晾干放入干燥器 20min 后，用分析天平称量（精确至 0.0001g），记录质量 m_1，再储存于干燥器内待用。

（3）取已制备好的试片，用游标卡尺（精度 0.02mm）测量其尺寸，将塑料线系在试片孔上，以塑料线的打结数作为同组试片的编号，将其几何尺寸长宽高（L, a, b）记下，用以计算试片表面积 A_i。

（4）按 $20mL/cm^2$ 的用酸量，量取酸液倒入反应容器，将反应容器连接好后放入恒温水浴，打开水浴加热电源，使反应容器中的酸液升温至所需测定温度范围内。

（5）将试片单片吊挂，三片一组，放入酸液中，保证试片全部表面与酸液相接触，记录反应起始时间（t_a）。

（6）反应到预定时间（t_o），切断电源，取出试片，观察腐蚀状况并作详细记录。观察后将试片立即用水冲洗，再用软毛刷刷洗；剪断塑料线，同时将编号记在干净滤纸上；最后用丙酮、无水乙醇逐片洗净，并将试片放在编了号的滤纸上。用冷风吹干，放在干燥器内干燥 20min 后称量（精确至 0.0001g），记录反应后质量 m_2。

$$v_f = \frac{10^6 \Delta m_i}{A_i \Delta t} \tag{6-4}$$

$$A_i = 2(La + Lb + ab) \tag{6-5}$$

式中 v_f——腐蚀速率，$g/(m^2 \cdot h)$；

Δt——反应时间，h；

Δm_i——试片腐蚀矢量，g；

A_i——试片表面积，mm^2。

如果进行了平行样测试，则平均腐蚀速率计算公式为：

$$\bar{v} = \frac{v_1 + v_2 + v_3}{3} \tag{6-6}$$

式中 $\bar{v}$——每组平行样平均单片腐蚀速率，$g/(m^2 \cdot h)$；

v_1、v_2、v_3——分别为同组的三块试片的腐蚀速率，$g/(m^2 \cdot h)$。

对缓蚀剂进行评价的实验，缓蚀率计算公式为：

$$\eta = \frac{\bar{v_0} - \bar{v}}{\bar{v_0}} \tag{6-7}$$

式中 η——缓蚀率，%；

$\bar{v_0}$——未加缓蚀剂的总平均腐蚀速率，$g/(m^2 \cdot h)$；

$\bar{v}$——加有缓蚀剂的总平均腐蚀速率，$g/(m^2 \cdot h)$。

针对高温深井的酸化腐蚀问题，胶凝酸采用油溶性酮醛胺缩合物的缓蚀剂含铬的缓蚀增效剂复合防腐技术，能有效控制酸液腐蚀速率小于 $60g/(m^2 \cdot h)$，达到了行业一级标准（SY 5405—1996）的要求。

表 6-3 胶凝酸腐蚀速率测定结果

腐蚀实验条件	腐蚀速率 [g/(m² · h)]	评价条件
残酸腐蚀速率，N80 试片	3.23	150℃，16MPa，24h，H_2S 1500 mg/L
新酸腐蚀速率，N80 试片	48.27	150℃，16MPa，4h

4. 酸液表面张力测试

表面张力测量原理是一个平整的圆环放入待测的表面活性剂溶液中，被向上提出液面时，会在圆环与液面之间形成一液膜，此液膜对圆环产生一个垂直向下力，测定出拉破圆环下液膜所需的最小的力，即为该待测溶液的表面张力。表面张力可采用微控型界面张力仪按照标准 GB/T 5549—2010《表面活性剂用拉起液膜法测定表面张力》执行。

测试步骤如下：

（1）试压检查确保铂金环无变形、测量杯无裂纹。

（2）实验前把测试用的铂金环和测量杯先用重铬酸钾饱和溶液和硫酸的混合液（重铬酸钾饱和溶液+硫酸=100mL+900mL）浸洗，然后用水测底冲洗干净。

（3）将待测样品装入测量杯，液面达到测量杯的刻度线处。

（4）测试系统实时记录样品表面张力值，每结束一次测试记录一次，连测5~10次，同一样品连续5次测得的表面张力值相差不允许超过0.2mN/m。

5. 配伍性能

高温胶凝酸与地层水的配伍性好，无沉淀产生（表6-4，图6-7）。

表6-4　残酸与地层盐水的配伍性能

检测项目	实验结果
残酸与地层水混合后腐蚀（24h，150℃）	无腐蚀，试片光洁
酸液与地层水混合后（4h，150℃）	外观均匀，无沉淀
残酸与地层水混合后（4h，150℃）	外观均匀，无沉淀

图6-7　残酸与地层水混合情况

转向酸除了同样要检测与稠化酸一样的基本性能指标外，由于其酸液的特殊性，还需要检测转向性能、暂堵能力的评价。

二、泡沫酸酸液性能评价

在川渝油气井低压气井（如五百梯石炭系气藏）碳酸盐岩酸化中，很多气井使用了泡沫酸化工艺。泡沫酸酸化具有低伤害、低滤失、低摩阻、高效率、良好的缓速效果、排液速度快等独特的优点（李兆敏，2013；李兆敏，2007）。泡沫酸酸化不仅能有效解除近井地带的污染堵塞，而且对地层压力较低的储层，酸化效果更佳。与其他酸液相比，泡沫酸具有如下优点：

（1）泡沫酸的主要成分是气体，液体含量少，仅占总体积的10%~40%，不易引起黏土膨胀而降低油气层渗透率，特别适应含水敏黏土油气层的增产作业。

（2）低压油气井和低渗透油气层的增产作业结束后，注入地层的工作液是否能迅速彻底排出直接影响着增产效果，由于泡沫酸具有低密度和增能助排等优点，酸化后能实现快速排液。

（3）泡沫的特殊结构使它具有良好的控制液体滤失的性能。

（4）酸岩反应速度取决于活性酸向岩石表面的扩散速度，泡沫酸属表面乳化体系，酸液向外相扩散时，泡沫的结构便延迟其扩散速度，达到深度酸化的效果。

（5）在酸化作业中无需进行分层措施即可达到在非均质油气藏剖面上均匀酸化、均匀改善各层渗透率的目的。

因此，用泡沫酸对低压储层酸化、低渗透储层酸化、水敏储层酸化、大斜度井水平井等长井段储层酸化具有其他酸液无法比拟的优点，使得其愈来愈受到油田工作者的重视。

泡沫酸的室内评价方法（尧艳，2008）应根据其性能特点，国内外在开展泡沫酸研究时首先要确定的评价条件就是泡沫质量 Γ 和泡沫半衰期 $t_{1/2}$。泡沫质量 Γ 表示起泡剂的起泡能力大小，泡沫半衰期 $t_{1/2}$ 表示形成泡沫的稳定性。

1. 助排性能

泡沫酸的助排作用是其关键性能，室内对常规酸、胶凝酸和泡沫酸的排液性能进行测试，见表6-5。对比发现：泡沫酸具有返排率高、助排效果好的性能。

表6-5　泡沫酸的助排性能

评价介质	排出效率 （%）	返排率 （%）	助排率 （%）
常规酸残酸	32.67	95.12	200.83
胶凝酸残酸	20.92	90.62	147.0
泡沫酸残酸	38.98	96.98	360.21

2. 悬浮固体微粒的能力

酸化作业时所释放出的酸不溶物（如矿物微粒、黏土）微粒自身运移、沉积可能形成二次堵塞造成地层伤害，泡沫酸具备显著的悬浮固体微粒的能力，可有效防止酸不溶物微粒运移、沉积造成的伤害（图6-8）。

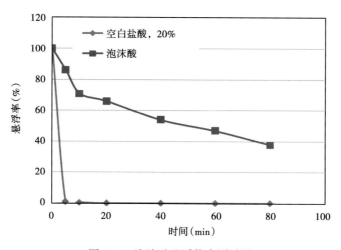

图6-8　泡沫酸悬浮能力测试图

3. 腐蚀性能

所有酸化用酸液体系，都存在对作业管柱、井下油套管等的腐蚀行为，将泡沫酸与其他普通常规酸液体系的腐蚀性能进行对比，结果见表6-6。

表6-6　泡沫酸的腐蚀速率

评价配方	腐蚀速率 [g/(m^2·h)]
常规酸	4.270
泡沫酸	1.875

泡沫酸的腐蚀速率仅为常规酸的43.9%，达到了行业的一级标准要求，具有优异的缓蚀性能。

4. 缓速性能

由于泡沫酸中含有大量的气体，形成的泡沫具备一定的降低酸液中氢离子的传递速率的作用，这将使泡沫酸与岩石的反应速率远低于常规酸，表现出优异的缓蚀性能，有助于提高酸液作用距离，进而提高酸化效果（图6-9）。

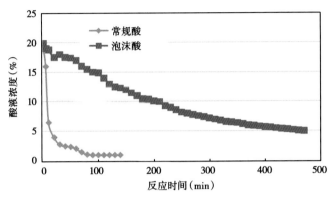

图 6-9 泡沫酸缓速性能测试

由图6-9中泡沫酸、常规酸与岩石反应过程中酸浓度随反应时间的变化曲线可以表明，泡沫酸的反应速率远远小于普通常规酸体系，具备突出的缓速能力，这将有利于酸化中更有效地作用于储层深部，提高酸化作用效果。

5. 滤失性能评价

泡沫本身就是一种防滤失液，泡沫酸在低渗透层中，滤失系数很低。泡沫液滤失性能测试参数见图6-10和表6-7。其滤失系数比一般的酸液低近7~10倍，因此，泡沫酸配方的视黏度高、滤失量低。

表 6-7   泡沫酸的岩心动态滤失测试结果

直线段斜率 （mL/$\sqrt{\min}$）	岩心接触面积 （cm^2）	酸液滤失系数 （m/$\sqrt{\min}$）
9.7759	154.64	0.000316094

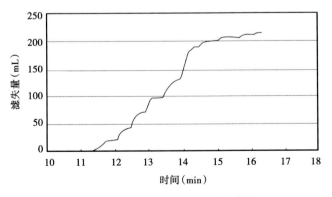

图 6-10   滤失量与时间的关系曲线

6. 流变性能评价

泡沫酸的流变性是计算井筒摩阻和压降、建立酸化效果预测模型的重要参数，泡沫酸流变性变化规律的室内测试是研究的重点之一。根据细管式流变仪的测量原理设计了"耐酸型泡沫发生与动态评价系统装置"，模拟储层条件下的泡沫酸性能并进行测试，此设备可以同时将泡沫发生与动态评价系统和地层伤害/酸化评价实验系统有机结合在一起，是一台可以同时测定高温（175℃）高压（35MPa）下泡沫流体流变性、泡沫质量、泡沫滤失、泡沫伤害性能的设备。温度、压力和泡沫质量是对泡沫酸流变性能影响较大的参数，分别对不同条件下的流变性能进行了测试。

1）压力对流变性能的影响

泡沫质量设定为60%，温度为90℃，在不同压力和剪切速率下研究了压力对流变特性的影响。

泡沫酸是一种非牛顿流体，其外相泡沫酸的自由体积随着压力的增大而减小，使得泡沫酸表观黏度增加，而内相超临界状态氮气泡沫的体积随着压力的增大而减小，气泡间相互影响减小，使泡沫酸有效黏度减小。故泡沫酸的有效黏度随着压力的增大而增大，随着剪切速率的增大而减小（图6-11）。

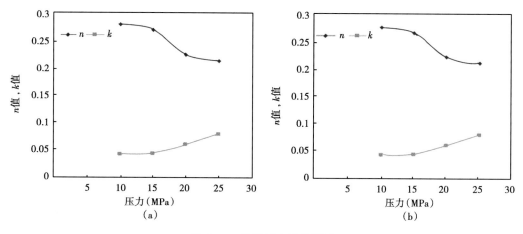

图6-11　泡沫流变性能测试

2）温度对流变性能的影响

泡沫质量设定为60%，压力设定为10MPa，在不同温度和剪切速率下研究了温度对流变特性的影响。

由测试结果可以看出，泡沫酸的流变指数随着温度的增大而增大，而稠度系数则随着温度的升高而减小（图6-12）。

3）泡沫质量对流变性能的影响

泡沫温度设定为90℃，压力设定为10MPa，在不同泡沫质量下研究了温度对流变特性的影响。

泡沫质量与泡沫的流变性有着十分密切的关系，稳定泡沫的质量分数一般认为54%～70%，取决于表面活性剂性质和浓度。泡沫质量越高，则泡沫酸的黏度越大，但是当泡沫质量大于96%时，泡沫流体已经不能够形成连续的泡沫液体，而是气液两相流动，使得泡沫液体的黏度接近气体黏度，从而黏度减小（图6-13）。

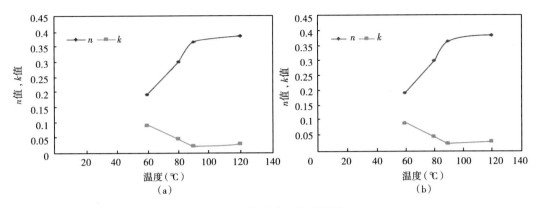

图 6-12　泡沫流变性能测试

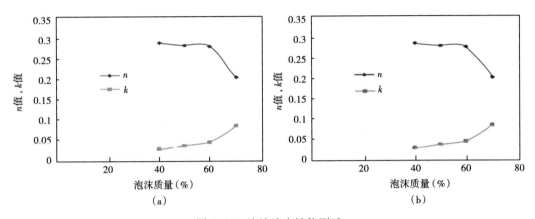

图 6-13　泡沫流变性能测试

从以上可以看出，泡沫酸的有效黏度随着剪切速率的增大而减小，表现了剪切稀化的性质，而稠度系数 k 和流变系数 n 小于 1 也表明了这点，n 偏离 1 的程度反映了流体非牛顿性的强弱，压力增大、温度减小、泡沫质量增大均使泡沫酸非牛顿性增强。

图 6-14　半衰期实验

7. 半衰期模拟

泡沫的半衰期大小直接关系到泡沫性能的好坏。泡沫通过观察窗关闭阀门进行录像计时，此时泡沫开始衰减，石英观察视窗的液体水平线将渐渐上升，当液体水平线到达此时泡沫密度下液体体积析出一半时的时间，则为泡沫的半衰期，通过录像的时间确定出半衰期（图 6-14）。

此方法是在带压条件下进行的，可根据不同的地层压力，模拟地层实际情况，有效地说明泡沫酸在地层中的实际变化过程，为工艺上设计提供一定的参考。

8. 泡沫粒径

泡沫粒径分布对泡沫酸的稳定性及酸化效果具有较大的影响。采用泡沫发生及动态评价系统对模拟储层条件下的泡沫也进行在线分析，利用编制的分析软件，对泡沫粒径进行分析，统计出最大粒径和最小粒径的范围和泡沫粒径的分布频率，可以较好地评价出所造泡沫的粒径分布规律（图 6-15）。

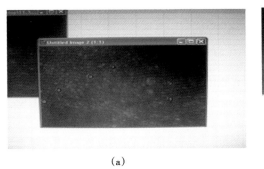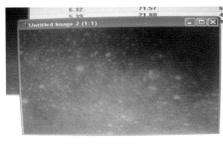

（a）　　　　　　　　　　　　　　　　（b）

图 6-15　计算泡沫粒径界面

本次测试粒径在 $11.28 \sim 49\mu m$，较为均匀，由泡沫流体封堵原理可知，该泡沫酸体系可以较好地封堵孔喉，使酸液有效转向。

第二节　前置液性能评价

碳酸盐岩储层非均质性极强，储集空间为溶孔溶洞、裂缝、微裂缝和基质孔隙，酸压是重要增产措施。

中国石油勘探开发研究院廊坊分院与塔里木油田合作，以地面交联酸酸液体系为基础，在塔里木油田应用了多种地面交联酸酸压工艺，包括：前置液+交联酸、前置液+交联酸与胶凝酸多级注入、前置液+交联酸与胶凝酸多级注入+闭合酸化等，现场取得了很好的效果。地面交联酸酸液黏度高、酸岩反应速率慢、酸液滤失速率低，能够实现碳酸盐岩储层深度改造。针对塔里木油田碳酸盐岩储层不同特点，形成了不同的地面交联酸酸压工艺。碳酸盐岩纯度较高的储层，采用前置液+交联酸酸压工艺；泥质含量较高的碳酸盐岩储层，采用前置液+交联酸与胶凝酸多级注入酸压工艺；泥质含量高或油（稠油）井碳酸盐岩储层，采用前置液+交联酸与胶凝酸多级注入+闭合酸化工艺。

何春明等人（2010）以储层特征为基础，提出了针对脆性较强、裂缝发育段"先疏后堵、主缝沟通、支缝补充"的体积酸压改造模式，结合"大排量、大液量及高低黏酸液组合"的改造工艺，体积酸压改造首先利用低黏酸液在裂缝系统的渗滤和溶蚀反应形成酸蚀通道，使裂缝系统相互贯通。裂缝系统的沟通包括：储层深部的沟通（裂缝延伸方向的沟通）以及裂缝侧向的沟通，然后注入转向酸（或暂堵材料）对溶蚀通道暂时封堵，最后再次注入低黏酸液对储层深部裂缝网络沟通，最终实现裂缝改造体积最大化的目标。采用岩心滤失实验以及岩板酸刻蚀实验相结合的方式对实现体积酸压改造的工艺技术措施进行了系统研究。研究成果在大牛地气田×井进行了现场实验，压后试气产量达到 $5.2 \times 10^4 m^3/d$，这为同类型储层体积酸压改造提供了很好的借鉴思路。

磨溪区块龙王庙组和灯影组储层温度高（140～150℃）、埋藏深（储层中深4700m左右），酸岩反应速度快，低渗透储层需要造长缝达到增产改造的目的。在磨溪—高石梯龙王庙和灯影组低渗透储层采用了前置液+主体酸酸压工艺，形成了两套前置液体系，一个是自生酸前置液，一个是羧甲基压裂液。

一、自生酸前置液体系性能评价

自生酸又称潜在酸，是指酸母体在地层条件下通过化学反应就地生成活性酸，不同的自生酸体系可以产生 HCl 和 HF 或两者的混合物。在高温地层中使用自生酸体系，不仅可避免酸液在高温下快速失活、酸蚀裂缝有效长度变短等问题，还可防止管线及设备腐蚀。研究高温碳酸盐岩储层改造自生酸的思路不等同于常规酸液体系，首先需要对自生酸释放的 H^+ 浓度和 H^+ 释放速率进行研究；其次，对自身酸与碳酸钙反应后的残酸进行研究，考察残酸是否对地层造成伤害，是否有不溶物析出；再次，对自生酸的性能进行评价，通过配方优化，形成适合高温碳酸盐岩储层改造的自生酸酸液体系。因此，自生酸酸液体系的产酸能力、能达到的酸含量、体系耐温性能、形成的有效导流能力等性能都需要进行评价。

1. 自生酸产酸能力测定

采用有效 H^+ 离子浓度进行评价（刘友权，2011）。自生酸与岩石反应一段时间后，释放出的 H^+ 包括两个部分：一是释放后还未与岩石反应的 H^+，游离于酸液体系中；另一部分是释放后与岩石反应掉的 H^+。由于自生酸溶蚀率评价测定的是与岩石反应掉的 H^+，因此为了与游离于酸液体系中的 H^+ 区别，定义为有效 H^+，其浓度为有效 H^+ 浓度。自生酸有效 H^+ 浓度的定义：自生酸的有效 H^+ 浓度是指单位体积的自生酸酸液在一定温度和岩石比表面积条件下，酸岩反应一定时间后，岩石失去一定重量所消耗的 H^+ 的物质的量。

自生酸有效 H^+ 浓度的评价方法：将质地均匀的碳酸钙岩石加工成直径为50mm、高度为20mm的圆柱体（固定一定的比表面积），烘干后称量记重。配制一定量自生酸溶液，确保碳酸钙过量的前提下，将酸液和碳酸钙放入高温老化罐中，在150℃下恒温反应一定时间后。取出碳酸钙岩石，用清水冲洗，烘干后称量记重。

自生酸母体的浓度是按照自生酸与碳酸钙完全反应产生的钙盐在室温至150℃范围内的最小溶解度计算，以防因自生酸母体浓度太高，产生的钙盐太多无法溶解（图6-16）。

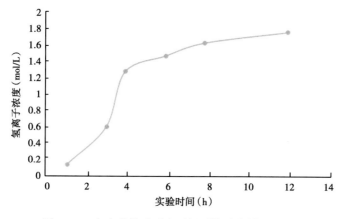

图6-16　自生酸体系反应时间下的酸含量（90℃）

根据酸岩反应化学方程式：

$$CaCO_3 + 2H^+ \longrightarrow Ca^{2+} + CO_2 + H_2O \qquad (6-8)$$

有效 H^+ 浓度的计算公式为：

$$[H^+] = \frac{\dfrac{0.02 \times m_a}{M}}{V} \qquad (6-9)$$

式中 $[H^+]$——有效 H^+ 浓度，mol/L；

m_a——岩石失重，g；

M——H^+ 摩尔质量，g/mol；

V——自生酸体系的体积，L。

普通自生酸在高温下释放出的有效 H^+ 浓度较小是制约其在油气田推广应用的重要原因。表 6-8 是高温自生酸在高温下与碳酸钙岩石反应一定时间后释放出的有效 H^+ 浓度。

表 6-8　高温自生酸在高温下释放出的有效 H^+ 浓度

高温自生酸配方	实验条件		释放出的有效 H^+ 浓度（mol/L）
	温度（℃）	反应时间（h）	
28%产无机酸物质+18%产有机酸物质	150	7	3.81

高温自生酸在高温下与岩石反应 7h 后，释放出的有效 H^+ 浓度较高，在酸化过程中能对储层岩石起到明显的溶蚀作用，起到储层改造效果。

2. 高温自生酸的缓速性能测定

在酸过量的条件下，向装有 200mL 自生酸或常规胶凝酸体系的烧杯内中加入 30g 或 15g（两组实验）的岩心，搅拌后用样品袋及皮筋将烧杯封口，放入 90℃的恒温水浴锅中，用标准 NaOH 溶液进行滴定，分别记录种类不同但等量的酸液体系与相同质量岩心完全反应所需的时间。实验结果表明，自生酸完全溶解需要花费的时间非常长，酸岩反应能力较弱。

常规酸（20%HCl，下同）在高温下的酸岩反应速率快，通常小于 1h，不能用于高温井的深度酸化作业。图 6-17 是高温自生酸的酸岩反应时间与有效溶蚀率的关系曲线图。

常规酸在 30min 内的有效溶蚀率达 93%，酸岩反应速率很快。高温自生酸在 1h 内的有效溶蚀率为 47%，6h 后的有效溶蚀率为 68%，在 1~6h 内对碳酸钙均具有溶蚀作用，酸岩反应时间大于 1h，具有良好的缓速性能，可以在高温下将 H^+ 推进到地层深部，起到深部酸化的作用。

图 6-18 是高温自生酸的酸岩反应时间与酸液中 Ca^{2+} 浓度的关系曲线图。

常规酸和高温自生酸中的 Ca^{2+} 浓度均随着酸岩反应时间的延长而逐渐增大。常规酸中的 Ca^{2+} 浓度增幅较快，相同反应时间条件下，常规酸中的 Ca^{2+} 浓度远高于高温自生酸，表明高温自生酸的酸岩反应速率远小于常规酸，缓速性能好。

采用旋转岩盘法测定酸岩反应速度测试过程中，滴定残酸浓度的时候发现，由于自生酸不断地释放出 H^+，某一时间滴定综合后，放置短暂时间，溶液又出现粉红色。因此，采用

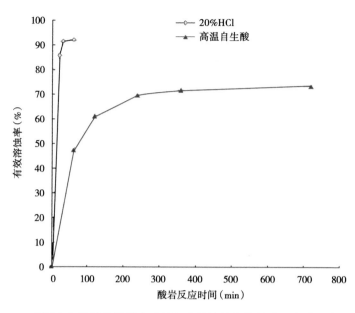

图 6-17　高温自生酸的酸岩反应时间与有效溶蚀率的关系（实验温度 150℃）

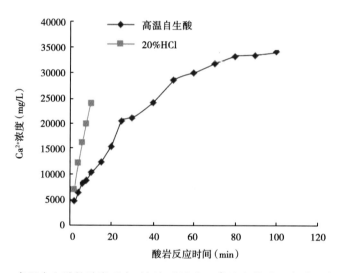

图 6-18　高温自生酸的酸岩反应时间与酸液中 Ca^{2+} 浓度关系（实验温度 150℃）

酸岩反应速度法测定自生酸酸岩反应速度的结果是不准确的。

3. 导流能力测定

分别取 500mL 盐酸含量为 15% 的自生酸、高温胶凝酸、变黏酸和转向酸 4 种酸液体系，在注入速度 10mL/min、实验压力小于 10MPa 的条件下，用酸蚀裂缝导流仪分别测定 4 种酸液体系在不同闭合压力（10MPa、20MPa、30MPa、40MPa）条件下的酸蚀导流能力。自生酸在实验过程中缓慢释放 H^+，因此与岩石反应的速度较慢，对岩石刻蚀能力较低，几种酸液的酸蚀裂缝导流能力测试结果对比表明，自生酸的酸蚀裂缝导流能力低。

4. 高温自生酸的腐蚀性能

由于高温自生酸是在井底高温条件下逐渐产酸，因此对管线、管柱的腐蚀速率较普通酸

图 6-19　65℃下22s之后自生酸滴定变化情况

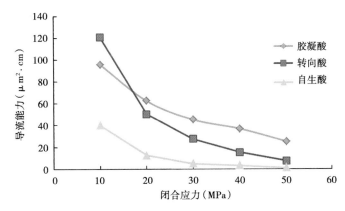

图 6-20　不同酸类型酸蚀裂缝导流能力对比图

小，加入适量的缓蚀剂以及缓蚀增效剂后能在150℃条件下将高温自生酸新酸和残酸对N80碳钢的动态腐蚀速率控制在 $60g/(cm^2 \cdot h)$ 以下，且腐蚀试片表面光亮，无坑蚀现象。表6-9是高温自生酸新酸和残酸对N80碳钢的动态腐蚀速率。

表6-9　高温自生酸新酸和残酸对N80碳钢的腐蚀速率

腐蚀体系	温度（℃）	压力（MPa）	试片材质	挂片时间（h）	腐蚀速率 [g（m² · h）]	试片外观
46%高温自生酸新酸+3%CT1-3C（缓蚀剂）+1%CT1-5B（缓蚀增效剂）	150	16	N80	4	56.75	试片光亮，无坑蚀
46%高温自生酸残酸+3%CT1-3C（缓蚀剂）+1%CT1-5B（缓蚀增效剂）	150	16	N80	4	1.29	试片光亮，无坑蚀

5. 高温自生酸对储层的伤害情况

普通自生酸由于其钙盐溶解度以及钙盐与产酸物质的相互影响，容易产生沉淀，伤害地层，因此，其酸液的使用浓度较低，通常只用于近井地层的解堵酸化。高温自生酸的浓度较高，在井底产生的 H^+ 较多，能起到深部酸化的作用，且不会产生沉淀。表6-10是高温自生酸残酸对碳酸盐岩储层的伤害实验情况。

表 6-10 高温自生酸残酸对碳酸盐岩储层的伤害实验情况

高温自生酸残酸	残酸污染前渗透率 $(K_0（\mu m^2）)$	残酸污染后渗透率 $K_1（\mu m^2）$	伤害情况 （%）
高温酸岩反应 12h 后的残酸	5.354	13.983	-161.2
高温酸岩反应 24h 后的残酸	0.525	1.349	-157.0
高温酸岩反应 48h 后的残酸	1.74	2.801	-61.0
高温酸岩反应 72h 后的残酸	3.65	5.26	-44.1

二、羧甲基压裂液性能评价

前置液注入有利于酸蚀裂缝的延长，交替注入有利于酸蚀裂缝导流能力的增加。龙王庙组储层垂深 4700m 左右，水平井井筒长度 5000m 以上，施工设计中要求采用大排量施工。传统前置液体系黏度较高，不易泵注，针对龙王庙组研制的新型耐高温前置液，要求满足以下性能：基液黏度低，易于泵注；交联破胶可控；在温度 150℃，170s^{-1}时，剪切 1h，黏度大于 100mPa·s；现场施工简易；与酸液配伍性好。室内实验评价也主要针对以下几个方面。

1. 前置液配方形成

采用改性聚丙烯酰胺为稠化剂，进行杀菌剂、黏土稳定剂、助排剂等添加剂的筛选，初步形成耐温 150℃ 的前置液体系。

分别采用清水、5% 盐酸溶液配制 0.5% 的稠化剂基液，90℃ 下恒温 1h，冷却至室温后利用六速旋转黏度计测定配制溶液的表观黏度，并对比恒温前后稠化剂溶液的表观黏度，同时考察稠化剂的耐酸性能（后续主体酸注入后会影响前置液在地下的交联性能，因此有必要考察稠化剂在一定酸浓度条件下黏度保持能力）。

从表 6-11 中可以看出，不同稠化剂的耐温、耐酸能力有较大差别，相同浓度下，超级瓜尔胶具有较好的增稠能力，但其耐温能力较差，特别是在酸性条件下，降解很快，不适合用作耐酸性前置液稠化剂。根据表 6-11 实验结果，优选耐温、耐酸能力最强的阳离子聚合物 FZ3802 作为前置液稠化剂。

表 6-11 不同稠化剂基液的耐温、耐酸性能测试

酸浓度 （%）	超级瓜尔胶		阳离子聚合物 FZ3802		阳离子聚合物 A	
	初始黏度 （mPa·s）	恒温后黏度 （mPa·s）	初始黏度 （mPa·s）	恒温后黏度 （mPa·s）	初始黏度 （mPa·s）	恒温后黏度 （mPa·s）
清水	75	39	36	34.5	45	27
5% 盐酸	69	3	33	30	24	6

上述优选的稠化剂分子链上含有一定数量的酰胺、羧基基团，可与多种高价金属离子络合物发生交联反应，形成具有网状结构的冻胶，配方中加入一定量调理剂，能够满足延迟交联的要求，从而实现泵注过程中逐渐交联，保持良好的流动性能，以减小深井施工过程中过高的管路摩阻，满足大排量施工。选取 5% 的盐酸溶液，配制 0.5% 质量分数的稠化剂，按不同的交联剂组成，考察稠化剂的交联状态，交联比 0.4%。

2. 基液常规性能

室内采用千德乐3500、pH计、密度计测定了前置液基液的常规性能，结果见表6-12。

表6-12　前置液基液基本性能

项目	外观	pH值	170s⁻¹黏度（mPa·s）	密度（g/cm³）
前置液基液	无色透明状液体	7.0~7.5	27~33	1.008

从表6-12可以看出，前置液基液外观呈无色透明状液体，pH值7.0~7.5，170s⁻¹黏度27~33mPa·s。

3. 交联与破胶性能

通过交联主剂与调理剂比例的调整，可实现稠化剂FZ3802的交联为冻胶状，交联时间60~180s可调，具有良好的延缓交联性能，能使前置液在地面管线中流动时不发生交联或只进行部分交联，同时又能在进入井筒、到达目的层前逐渐形成所需黏度（表6-13、表6-14、图6-21）。

表6-13　前置液交联性能

交联剂（%）	冻胶pH值	冻胶性能
0.4~0.6	4~7	挑挂好、弹性好

表6-14　前置液体系交联状态

交联主剂:调理剂	交联时间（s）	冻胶状态
1:1	—	无法交联
2:1	260	交联质量差、无法挑挂
3:1	210	可半挑挂
4:1	180	冻胶质量好、可挑挂
5:1	60	冻胶质量好、可挑挂

前置液的破胶性能按SY/T 5107—2016《水基压裂液性能评价方法》中压裂液破胶方法测定，储层温度高于100℃时，采用95℃作为破胶温度，在95℃水浴中进行不同破胶剂加量下的破胶性能评价见表6-15。

图6-21　冻胶状态

表 6-15　破胶性能统计表

破胶剂加量（％）	破胶时间（h）				
	0.5	1	2	3	4
0.005	冻胶	冻胶	冻胶	稀胶	稀胶
0.01	冻胶	冻胶	稀胶	成水	—
0.015	冻胶	稀胶	成水	—	—
0.02	稀胶	成水	—	—	—
0.03	成水	—	—	—	—

从表 6-15 中可以知道，在破胶剂加量 0.01%（质量分数）时，95℃条件下 3h 可以彻底破胶，随着破胶剂加量增加到 0.03%，0.5h 可以彻底破胶，因此，可以根据施工时间灵活添加破胶剂。

4. 耐剪切性能

在调整了前置液配方之后，采用交联主剂：调理剂比例 4:1 的交联剂加量 0.4% 进行交联，根据标准 SY/T 5107—2016，采用 RS6000 高温高压流变仪测试了 150℃条件下剪切 1h 后的前置液黏度。

实验方法：在黏度计样品杯中加满压裂液后，对样品加热。控制升温速度为（3±0.2）℃/min，从 30℃开始实验，同时转子以剪切速率 $170s^{-1}$ 转动，温度达到要求测试的温度后，保持剪切速率和温度不变，直至达到要求的剪切时间为止。前置液在高温下耐剪切性能好，剪切 1h 黏度为 120mPa·s，满足 SY/T 5107—2016 标准。结果如图 6-22 所示。

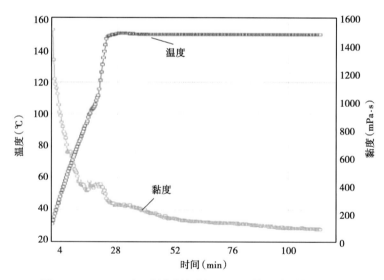

图 6-22　150℃下（稠化剂加量 0.5%）前置液耐剪切性能

5. 前置液助排性能

高石梯—磨溪构造气井往往较深，要求液体有良好的助排性能。分别测定基液和破胶液的表界面张力数据见表 6-16。

表 6-16　表界面张力的测试

性能参数	基液		破胶液（CT9-7B1）	
	表面张力（mN/m）	界面张力（mN/m）	表面张力（mN/m）	界面张力（mN/m）
1	24.6	4.59	26.1	5.02

从表 6-16 中知道，基液与破胶液的表面张力均小于标准要求的 28mN/m，根据 Young-Laplace 方程，$\Delta P = \gamma\ (1/R_1 + 1/R_2)$，液体的表面张力 γ 越小，则附加压力越小，液体越容易从孔隙中排出。

6. 残渣含量

根据标准 SY/T 5107—2016，进行前置液残渣含量实验。

（1）制备冻胶前置液，如图 6-23 所示，量取定量体积 V 的前置液，V 一般可取 50mL 离心管满容积的容纳量，装入密闭容器中加热恒温破胶。恒温温度为油层温度，室温测定破胶液黏度低于 5mPa·s 时可以视为彻底破胶。

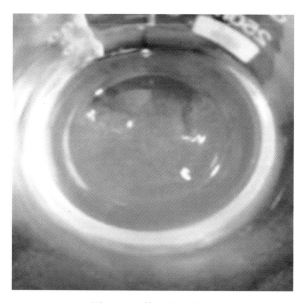

图 6-23　前置液破胶液

（2）把彻底破胶的破胶液全部移入已烘干恒量的离心管中，将离心管放入离心机内，在（3000±150）r/min 的转速下离心 30min，然后慢慢倾倒出上层清液，再用水 50mL 洗涤破胶容器后倒入离心管中，用玻璃棒搅拌洗涤残渣样品，再放入离心机中离心 20min，倾倒上层清液，将离心管放入恒温电热干燥箱中烘烤，在温度（105±1）℃条件下烘干至恒量，其值为 m。

（3）残渣含量计算公式为：

$$\eta = \frac{m}{V} \times 1000 \qquad (6-10)$$

式中　η——前置液残渣含量，mg/L；

　　　m——残渣质量，mg；

V——前置液用量，mL。

实验结果表明：残渣含量 90.77mg/L，远小于标准要求的 600mg/L。

7. 表面张力

高石梯—磨溪地区井较深，要求液体有良好的助排性能。室内进行了压裂液基液和破胶液的表界面张力测试。

表 6-17 表界面张力的测试

项目名称	基液		破胶液（CT9-7B1）	
	表面张力（mN/m）	界面张力（mN/m）	表面张力（mN/m）	界面张力（mN/m）
性能	23.4	6.9	22.9	7.3

压裂液表面张力低，易于返排。

8. 前置液破胶液伤害评价

1) 实验方法及步骤

按照 SY/T 5107—2016《水基压裂液性能评价方法》进行压裂液静态滤失性能实验的方法，取前置液 200mL 交联成冻胶后，在静态滤失仪上，加压差（3.5MPa），在规定时间（1min、4min、9min、16min、25min、36min）内记录滤出液的体积，将滤液体积对滤失时间平方根作图，再根据曲线斜率及截距计算压裂液滤失系数、初滤失量等（滤失面积 $A = 22.6cm^2$），并收集足量的滤液。

钻取长度、直径符合要求的岩心，岩心直径为 25.4mm，长度不低于直径的 1.5 倍。

将岩心烘干后在 10MPa 围压下测试气测渗透率，如果渗透率过低，则进行岩心剖缝。

把岩心在标准盐水中进行饱和，在储层温度下用标准盐水反向测岩心初始渗透率，稳定时间不少于 60min。

在储层温度下，用前置液滤失正向注入岩心端面 36min，记录驱替时间、流速、压力、出口端液体体积。

停止注液，关闭夹持器两端阀门，使滤液在岩心中停留 2h。

在储层温度下用标准盐水从岩心夹持器反向端挤入岩心进行驱替，流动介质的流速低于临界流速。直至流量及压差稳定，稳定时间不少于 60min。

取出岩心，观察。

2) 前置液破胶液伤害率计算

伤害率计算公式为：

$$\eta = \frac{K_0 - K_1}{K_0} \times 100 \qquad (6-11)$$

式中 η——伤害率，%；

K_0——伤害前岩心的渗透率，$10^{-3}\,\mu m^2$；

K_1——伤害后岩心的渗透率，$10^{-3}\,\mu m^2$。

实验结果表明，新型前置液体系破胶液对储层的伤害率小于 15%，小于标准中对破胶液伤害率小于 30% 的要求。

表6-18 破胶液伤害率实验数据

岩心编号	温度（℃）	液体体系	伤害前渗透率（$10^{-3}\mu m^2$）	伤害后渗透率（$10^{-3}\mu m^2$）	伤害率（%）
MX13-1	150	新型前置液体系破胶液	0.851	0.725	14.8
MX13-2	150		3.805	3.450	9.32

第三节 酸岩反应能力评价方法

酸岩反应一般来说很复杂，对于一个反应体系而言，较直观的参数即为酸岩反应速率。酸与岩石的反应为酸—岩复相反应，反应只在液固界面上进行，因而液固两相界面的性质和大小都会影响复相反应的进行。由图6-24所示，考虑到任一固体表面都具有吸附物质的剩余力场，假设其反应过程中包含吸附作用步骤，因而酸与碳酸盐岩的反应历程可描述为（张琪，2000；陈赓良，2006）：

（1）主体酸液中H^+向岩石表面传递。

（2）H^+吸附在岩石表面上发生化学反应。

（3）酸岩表面反应结束后反应产物离开岩石表面。

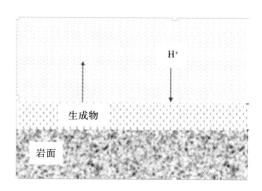

图6-24 酸岩复相反应示意图

控制整个反应速率快慢的是以上三个步骤中最慢的步骤，当酸岩反应条件改变时，控制步骤可能会发生相应的变化。

一、酸岩反应影响因素

1. 酸岩反应化学描述

岩石中的矿物成分与酸液发生的化学反应是酸岩反应的核心。不同类型的酸液与不同矿物成分类型的岩石反应时，化学原理可能存在差异，化学反应也是决定酸岩反应速率的关键步骤，因此研究酸液与岩石的反应机理首先要了解基本化学反应原理。目前酸化压裂中所应用到的酸液类型可大致分为无机酸和有机酸两种，常用的无机酸包括盐酸、氢氟酸、氟硼酸，其化学性质活泼，与碳酸盐类矿物发生的反应速率快，往往成为限制酸蚀有效作用距离的主要原因，因此将酸液性质较弱的有机酸应用于特殊储层的酸压工艺中，能有效地降低酸岩反应速率，增加酸液的穿透能力，并且在溶解某些特殊矿物时效果较好。目前，盐酸是碳酸盐岩储层酸压改造中应用最广泛的主体酸液。

盐酸在地层中最明显的化学反应有：

方解石：$2HCl+CaCO_3 =\!\!=\!\!= CaCl_2+CO_2\uparrow+H_2O$

白云岩：$4HCl+CaMg(CO_3)_3 =\!\!=\!\!= CaCl_2+MgCl_2+CO_2\uparrow+H_2O$

$\qquad\quad 4HCl+FeCO_3 =\!\!=\!\!= FeCl_2+CO_2\uparrow+H_2O$

菱铁矿：$Fe_2O_3+6HCl =\!\!=\!\!= 2FeCl_3+H_2O$

$\qquad\quad FeS+2HCl = FeCl_3+H_2O$

绿泥石：(Mg, Fe, Al) 3 (Al, Si)₄O₁₀ (OH)₂ (Mg, Al) 3 (OH)₆ 不能全部溶于盐酸。

2. 酸溶蚀行为及酸岩反应影响因素

1）酸溶蚀行为

酸岩反应的直接结果是在岩石表面形成的刻蚀形态，对研究酸蚀裂缝导流能力具有重要意义，酸蚀岩石形态主要取决于酸岩反应的原理、方式和过程，即酸液溶蚀行为，也是酸岩反应研究的重要组成部分。其主要目的为通过研究酸蚀岩石表面形态的变化，分析不同酸液体系对实际地层岩石的溶蚀方式，解释酸蚀裂缝表面以及酸蚀蚓孔形成和演化机理。影响酸液溶蚀行为的主要因素有酸液特征、岩石特征和酸液在岩石表面的流动方式。

（1）酸液特征。

酸液自身的其化学性质是决定酸岩反应速率的基本条件，然而其物理性质对酸岩反应的影响也较明显。如酸液黏度增加，导致酸液流变行为差异较大，改变了流动过程中的酸岩反应动力学行为，不仅仅会降低酸岩反应速率，也避免了因酸岩反应速率过快导致的酸液在岩石面局部区域的滤失。

（2）岩石特征。

酸岩反应为酸液与岩石的两相反应，因此岩石的特征也决定了酸液溶蚀行为。岩石特征包括了岩石矿物组成、孔隙结构及其分布特征等。相关研究表明，岩石矿物组成和孔隙结构的分布特征对酸液溶蚀行为有重要影响。

（3）酸液在岩石表面的流动方式。

酸岩反应实验中，酸液在岩石表面的流动情况主要体现在酸液与岩石接触或相对运动的方式。H⁺传递至岩石表面的过程直接受酸液流动情况的影响，当酸液高速流动时，H⁺的扩散作用远小于强迫对流作用。由于岩石表面形态高低不平，在酸液流线集中的地方H⁺传递与反应速率较快。相关实验说明，在酸液流线集中处的岩石表面被溶蚀的部分较多。

2）酸岩反应影响因素

影响酸岩反应的因素主要包括两大方面：地质因素和工艺因素。对要进行改造的储层来说，其地质因素是不可改变的。因此地质因素为酸岩反应的固定因素，主要包括温度、压力、岩石渗透率、孔隙度、含油气水饱和度、岩石的矿物类型及含量和非均质性等几个方面。工艺因素是影响酸岩反应的可变因素，主要包括酸液特征（酸液类型、酸液黏度、酸液浓度、同离子效应）、酸液量（面容比）、排量（酸液流速）和反应时间等（伊向艺，2014）。

（1）地质因素。

①温度对酸岩反应的影响。

温度对酸—岩反应的影响从化学角度上来说，提高了H⁺在液体中运动的能力，H+运动加快使得传质效率提高，主要体现在其对酸—岩反应速度常数的影响，这可由 Arrielius 方程来描述。结合酸与岩石反应特点，酸—岩反应速度可表示为：

$$J = K_0 \exp\left[\frac{E_a(T - T_0)}{RT_0 T}\right] C^m \tag{6-12}$$

式中　J——反应速度（表示单位时间流到单位岩石面积上的物流量），mol/（cm² · s）；

　　　K_0——频率因子；

　　　R——气体常数，8.314J/（mol · K）；

E_a——反应活化能，J/mol；

T——温度，K；

m——反应级数；

T_0——当前升高温度，K；

C^m——表面酸液浓度，mol/L。

由式（6-12）计算和分析可知，温度对酸—岩反应速度影响很大，在低温条件下，温度变化对反应速度变化的影响相对较小；高温条件下，温度变化对反应速度的影响较大。

②压力对酸岩反应的影响。

压力对酸—岩反应的影响主要体现在反应速度方面，压力增加会使反应减缓，总的来说压力对反应速度影响不大，特别是压力高于6.5MPa后可以不考虑压力对反应速度的影响。

③岩石孔隙结构对酸岩反应的影响。

岩石的孔隙度和渗透率的对酸岩反应有重要的影响。事实表明，孔隙度越大、渗透率越高的岩石其酸岩反应速率越快，反之越慢。其主要原因是酸液渗入地层增加了酸岩反应的反应面积，加快了酸液的整体反应速率。因此在针对实际施工中为了增加酸蚀有效作用距离，降低酸液的滤失需要增加酸液的黏度。

④含油气水饱和度对酸岩反应的影响。

油气水饱和度高的储层岩石，其岩石表面覆盖了一层有机质或遮挡层，阻碍了H^+向岩石表面移动，降低了H^+传质速率，同时若饱和度过高同样降低了酸液浓度使酸岩反应速率降低。

⑤储层岩石类型对酸岩反应的影响。

储层的岩石特性也是决定酸在地层中的化学反应的主要因素。岩石中的矿物分布情况也是制约酸岩反应的关键。不同的矿物晶体离子半径不相同，其离子键的共价程度高低不一，偶极矩长短各异，键能有强有弱，因此酸与各化合物反应的能力不同。如酸与石灰岩的反应比与白云岩的反应速度快，在碳酸盐岩中泥质含量较高时，反应速度也会变慢。对于砂岩地层由于其矿物成分复杂，因此更需要分析矿物成分才能确定酸岩反应特性。

⑥岩石的非均质性对酸岩反应的影响。

非均质性对酸岩反应的效果有影响。但非均质性影响主要体现其适中性有利于形成酸蚀表面沟槽，因为过高或过低的非均质性都会使酸液刻蚀非均匀性不明显，导致岩石表面趋于平整。只有在同一方向上的非均质性高，酸蚀后才会产生明显的酸蚀沟槽。

（2）工艺因素。

①酸液类型对酸岩反应的影响。

不同的酸液类型其物理化学性质和离解度相差很大，因此酸液类型决定着地层中发生的化学反应。根据不同酸液类型对不同矿物成分的反应不同或者是溶解能力不同，常常采用针对地层的岩石矿物成分来选择酸化处理的酸液类型。一般情况下盐酸主要用于处理碳酸盐岩地层和含灰质较高的砂岩地层，土酸主要用于处理砂岩或泥页岩地层。但由于地层条件的非均质性，常常将酸液的浓度和配方比例做变化，同时也应用不同的化学添加剂将酸液的物理性质和化学性质进行调整来适应储层的地质特征。如高浓度稠化盐酸用于低温高灰质含量的碳酸盐岩压裂酸化处理，有机土酸用于高温砂岩地层改造，高低浓度交联酸既可用于高破裂压力的白云岩地层也可用于高地层压力石灰岩地层。

②酸液黏度对酸岩反应的影响。

一般情况下，酸液黏度升高会使酸岩反应速率变慢，但是目前国内外对黏度影响酸岩反应的研究甚少，多数情况下使用旋转圆盘模拟高黏度酸液的酸岩反应，出现的结果误差较大，可信度较低，因此需要对黏度与酸岩反应的关系作深入的研究。

③酸液浓度对酸—岩反应的影响。

鲜酸的反应速度最高，余酸的反应速度较低。浓酸的初始反应速度虽快，但当其变为余酸时，其反应速度比同浓度鲜酸的反应速度慢得多。初始浓度越高，下降到某一浓度的余酸时的反应速度就越低，这一规律可以由同离子效应来解释。余酸比鲜酸反应速度低，浓度高的酸比浓度低的酸的有效作用距离长。

④同离子效应对酸岩反应的影响。

如上述当酸液经过一定时间反应后，酸液中已经存在了大量的反应产物，反应产物的浓度升高，酸液中离子浓度增大，致使离子之间的相互牵制作用加强，离子的运动变得更加困难，使得酸液的表现电离度降低，致使 H^+ 浓度下降，反应速度变慢。由化学动力学理论可知，溶液中的反应产物离子浓度升高，会抑制正反应的进行，导致酸岩反应速度降低。

⑤泵注程序对酸岩反应的影响。

泵注程序只会间接影响酸岩反应，泵注程序直接影响了酸液进入地层的顺序和对地层产生裂缝的情况变化，这些都会间接影响酸岩反应。如裂缝的长度和宽窄对酸岩反应会有影响。

⑥设计酸液量（面容比）对酸岩反应的影响。

面容比表示酸—岩系统中岩石的反应面积与参加反应的酸液体积的比值：

$$S_\phi = \frac{S}{V} \tag{6-13}$$

式中　S_ϕ——面容比，cm^2/cm^3；

　　　S——酸岩反应面积，cm^2；

　　　V——酸液体积，cm^3。

面容比越大，一定体积的酸液与岩石接触的分子就越多，发生反应的机会就越大，反应速度就越快。在小直径孔隙和窄的裂缝中，酸—岩反应时间是很短的，这是由于面容比大，酸化时挤入的酸液类似于铺在岩面上，酸反应的速度接近于表面反应速度，酸—岩反应速度很快。在较宽的裂缝和较大的孔隙储层中面容比小，酸—岩反应时间较长。

⑦酸液流速对酸岩反应的影响。

酸岩反应速度随酸液流速增大而加快，当酸液流速较低时，酸液流速的变化对反应速度并无显著的影响；酸液流速较高时，由于酸液液流的搅拌作用，离子的强迫对流作用大大加强，H^+ 传质速度显著增加，致使反应速度随流速增加而明显加快。

但在酸压中随着酸液流速的增加，酸岩反应速度增加的倍数小于酸液流速增加的倍数，酸液来不及完全反应，已经流入储层深处，故提高注酸排量可以增加活性酸深入储层的距离。酸压施工时在设备及井筒条件允许及不压破邻近盖层和底层的情况下，一般充分发挥设备的能力，以大排量注酸。

⑧关井时间对酸岩反应的影响。

关井时间直接反映了酸液在地层中的滞留时间，一般说来关井时间在 4~8h 左右，酸液在地层中与岩石充分地发生反应与否取决于关井时间的长短。但关井时间过长可能会对地层造成无法挽回的伤害，因此需要进一步做相关的实验研究。

二、酸溶蚀率测定

酸对岩石的溶蚀性，是表征酸液实际可溶解岩石量的多少，用溶蚀率表示。不同的酸液，不同的岩石，溶蚀率不同。通过岩石的酸溶蚀实验，可以了解不同岩石的溶蚀率大小，分析酸对岩石的溶解能力。

通常利用岩屑和岩心样品的酸溶解度实验来评价 HCl 或土酸与储层岩石的反应。实验结果可用来评价酸化增产作业能否成功、井眼附近的堵塞能否排除、进行地层伤害的敏感性评价、确定碳酸盐岩中方解石/白云石的比例以及确定碳酸盐岩中的石英含量。

溶蚀率是定量评价酸岩静态反应特征的基础方法，溶蚀率实验可操作性强，方法及步骤如下所述。

首先岩心捣碎碾磨过 100 目筛，制成岩粉烘干，称取一定量的岩粉，记初始质量为 W_1；其次，将岩粉放入待反应的器皿中，取一定量不同浓度的酸液，分别加入盛岩粉的反应器皿中，与岩粉过量反应数小时，反应过程中定时搅拌使其充分反应；最后，将反应后的酸液，用定量滤纸过滤，将未溶蚀的残渣在约 90℃ 左右条件下烘干，取出烘干后的岩样，放入干燥器冷却后称重为 W_2。

溶蚀率 R_c 计算公式为：

$$R_c = \frac{W_1 - W_2}{W_1} \times 100\% \tag{6-14}$$

式中　R_c——溶蚀率，%；

　　　W_1——反应前岩粉初始质量，g；

　　　W_2——反应后岩粉质量，g。

如果酸与岩粉在室温下进行反应，那么方解石含量为：

$$C_1 = \frac{m_{ini} - m_{fin}}{m_{ini}} \times 100\% \tag{6-15}$$

式中　C_1——方解石含量，%；

　　　m_{ini}——初始样品质量，g；

　　　m_{fin}——最终样品质量，g。

如果实验温度超过 80℃，则白云岩也溶于 HCl，总碳酸盐含量：

$$C_2 = \frac{m'_{ini} - m'_{fin}}{m'_{ini}} \times 100\% \tag{6-16}$$

式中　C_2——总碳酸盐含量，%；

　　　m'_{ini}——初始样品质量，g；

　　　m'_{fin}——最终样品质量，g。

白云石含量计算公式为：

$$C_3 = C_2 - C_1 \tag{6-17}$$

式中　C_3——白云石含量，%。

龙王庙组储层岩石以白云岩为主，溶蚀实验结果表明，20%盐酸与岩石溶蚀率高达

95.1%（表6-19），酸化后整体效果较好，工作液以酸液体系为主。

表6-19　磨溪区块龙王庙储层酸溶蚀率实验结果

井号	岩性	酸液类型	溶蚀率（%）
磨溪8	灰色、褐灰色云岩夹灰色灰岩	20%盐酸	95.1
磨溪11	细晶云岩，残余砂屑云岩		81.1
磨溪9	细晶云岩，残余砂屑云岩		79.8

三、酸岩反应动力学参数测试

酸压设计的优化和酸液体系的优化都至关重要，然而设计的优化和酸液的优选都需要建立在酸岩反应动力学实验研究的基础上，其中酸岩反应级数、反应速度常数、反应活化能和氢离子有效传质系数都是酸压设计的基本参数，为获得准确的反应动力学参数，选择合适的实验方法进行酸岩反应动力学研究，对优化现场酸压设计和酸液体系都有很好的指导意义。

酸岩反应动力学研究是通过模拟不同温度、浓度、黏度和转速等因素对不同酸液酸岩反应速度的影响，从而探索储层酸岩反应模式，分析得出不同酸液类型的酸岩反应动力学规律及H+传质系数、活化能和反应常数，优选酸液类型，为酸化设计提供依据。

1. 理论基础

研究酸岩反应动力学包括三个方面内容：分析酸岩反应的内因和外因对酸岩反应的速率及过程的影响；揭示酸岩反应过程的宏观与微观机理；建立酸岩反应的定量理论模型。酸岩反应速度及其影响因素是酸岩反应动力学研究的主要内容。根据酸液浓度变化时，酸岩反应速度的定义是单位时间内酸液浓度的降低值，常用单位为mol/（L·s），根据岩石质量变化时，酸岩反应速度（酸液溶蚀速率）的定义是单位时间内岩石单位面积的溶蚀量，常用单位为mg/（cm^2·s）。19世纪60年代，Guldberg. C. M 与 Waage. P 系统总结前人工作后结合实验数据，提出了质量作用定律，他们指出"化学反应速率与反应物有效质量成正比"，在化学反应中有效质量实际描述的是反应物浓度。对于酸岩反应来说，在温度、压力一定的条件下，将岩石的浓度看作不变，酸岩反应速度可写为：

$$-\frac{\partial C}{\partial t} = KC^m \qquad (6-18)$$

式中　C——反应时间为 t 时刻的酸浓度，mol/L；

$\dfrac{\partial C}{\partial t}$——$t$ 时刻的酸岩反应速度，mol/（L·s）；

m——反应级数；

K——反应速度常数，（mol/L）$^{-m+1}$·s^{-1}。

根据式（6-18）中描述可知，酸岩反应速度常数是指酸液为单位浓度时的酸岩反应速度，其大小和酸液和岩石性质、反应环境有关，与酸浓度无关，因此酸液与岩石类型不同时，酸岩反应速度常数也不相同；酸岩反应级数表示酸液浓度对酸岩反应速度的影响程度。

1）酸岩反应动力学方程

碳酸盐岩油气层，其主要矿物成分为碳酸钙和碳酸钙镁。酸岩反应速度可用单位时间内酸液浓度的降低值来表示。根据质量作用定律：当温度、压力恒定时化学反应速度与反应物浓度的适当次方的乘积成正比。由于酸岩反应为复相反应，岩石反应物的浓度可视为定值（李莹等，2012；张智勇，2005；张建利等，2003）。

酸岩反应是复相反应，面容比对酸岩反应速度的影响较大。因此，实际实验数据处理时，采用面容比校正后的反应速度：

$$J = -\left(\frac{\partial C}{\partial t}\right) \cdot \frac{V}{S} \qquad (6-19)$$

则式（6-19）变为：

$$J = KC^m \qquad (6-20)$$

式中 V——参加反应的酸液体积，L；

S——圆盘反应表面积，cm^2；

J——反应速率（即单位时间流过单位岩石面积的物质量），$mol/(cm^2 \cdot s)$；

K——反应速度常数，$(mol/L)^{-m+1} \cdot s^{-1}$；

C——t 时刻的酸液内部酸浓度，(mol/L)；

m——反应级数。

式（6-20）即为酸—岩反应动力学方程，常规条件下，利用旋转圆盘装置可测得一定温度压力和转速条件下的 C 值和 J 值，采用微分法确定酸—岩反应速度，绘制成关系曲线，即：

$$J = \left(\frac{C_2 - C_1}{\Delta t}\right) \cdot \frac{V}{S} \qquad (6-21)$$

对式（6-21）两边取对数，得：

$$\lg J = \lg K + m \lg C \qquad (6-22)$$

不同时刻酸岩反应速率取平均值，绘制酸岩反应速率与酸浓度的双对数图。反应速率常数 K 和反应速率级数 m 在一定条件下为常数，因此，用 $\lg J$ 和 $\lg C$ 作图得一直线，采用最小二乘法对 $\lg J$ 和 $\lg C$ 进行线性回归，求得 K 和 m 值，从而确定酸—岩反应动力学方程。

2）酸—岩反应表面活化能

温度对反应速率有显著影响。在多数情况下，其定量规律可由阿伦尼乌斯公式来描述：

$$K = K_0 \exp\left(-\frac{E_a}{RT}\right) \qquad (6-23)$$

式中 K——反应速度常数，$(mol/L)^{-m}/s$；

K_0——频率因子，$(mol/L)^{-m} \cdot L/(cm^2 \cdot s)$；

E_a——酸岩反应活化能，kcal/mol；

R——摩尔气体常数，$kcal/(mol \cdot K)$；

T——热力学温度，K。

式（6-23）可写成：

$$J = K_0 \exp\left(-\frac{E_a}{RT}\right) \cdot C^m \qquad (6-24)$$

两边再取对数得：

$$\lg J = \lg\ (K_0 C^m)\ -\frac{E_a}{2.303R}\cdot\frac{1}{T} \tag{6-25}$$

于是，在其他条件相同时，用同一浓度的酸液在不同温度下进行旋转岩盘反应实验。可得到温度 T_1，T_2，…，T_n 下的反应速度 J_1，J_2，…，J_n。由于 $\lg J$ 与 $1/T$ 为线性关系，运用回归或作图处理便可求出酸岩反应活化能 E_a。

3）H^+ 有效传质系数

根据传热、传质学理论，在酸岩反应过程中的 H^+ 的传递包含两个过程：第一个过程是 H^+ 随酸液流动被携带至岩石表面的过程——对流作用，压差导致的酸液流动运移 H^+ 称为强制对流作用，由于密度差产生的酸液流动运移 H^+ 称为自然对流作用；第二个过程是 H^+ 通过自身热运动传递至岩石表面的过程——扩散作用。综合起来，酸岩反应中 H^+ 传质就是对流扩散过程，因此实验中获取的 H^+ 传质系数实际上就是包括对流与扩散两个过程的速度系数。

应用平行板酸岩反应模拟实验或旋转圆盘酸岩反应模拟实验两种方法皆可求出 H^+ 的传质系数。但由于两种实验方式中的酸液流场不同，H^+ 的传质系数的计算公式也不相同。

（1）利用平行板酸岩反应模拟实验求取 D_e。

在恒温、恒压条件下，假设酸液沿平行板模拟裂缝壁面上稳定流动，不发生酸液滤失，酸液进入缝后为柱塞层流，y 方向上的流速 $U（y）$ 用平均流速 U 代替，酸液流速为平行板入口的酸液排量与缝高和缝宽之比，可获得 x 方向上的平均酸浓度：

$$\overline{C}(x) = \frac{8}{Z^2}\sum_{n=0}^{\infty}\frac{1}{(2n+1)^2}e^{-(2n+1)^2}\cdot\frac{Z^2 D_e x}{U_0 W^2} \tag{6-26}$$

由于裂缝出口处（$x=L$）酸浓度 C 可直接测量，故式（6-26）可改写为：

$$\frac{\overline{C}(L)}{C_0} = \frac{8}{\pi}\sum_{n=0}^{\infty}\frac{1}{(2n+1)^2}e^{-(2n+1)^2\cdot S} \tag{6-27}$$

$$S = \frac{\pi^2 L}{v_a w^2}D_e \tag{6-28}$$

式中　$\overline{C}\ (L)\ /C_0$——缝出口酸浓度与初始酸液浓度的比值；

　　　n——傅氏级数展开式中项数；

　　　S——无量纲参数；

　　　L——平行板长度，cm；

　　　v_a——酸液的流速，cm/s；

　　　w——平行板缝宽，cm；

　　　D_e——H^+ 传质系数，cm^2/s。

由式（6-28），可拟合出 S 与 $\overline{C}\ (L)\ /C_0$ 之间的函数关系，用数值解绘制成数据表，在进行实际计算时应用较方便。在恒温、恒压、排量一定的条件下，将酸液驱替至平行板模拟的裂缝中，根据设定时间间隔，在导流室出口处取残酸样，测定残酸浓度 $\overline{C}$ 和 Ca^{2+} 的浓度。用各时刻残酸样中 Ca^{2+} 浓度计算出被溶解的 $CaCO_3$ 体积，计算获得平行板酸岩反应模拟实验中各时刻的平均平行板间距（缝宽）$\overline{W}$，再计算出 $\overline{C}$（L）$/C_0$ 值，查无量纲参数 S 与 $\overline{C}$（L）$/C_0$ 的关系表，获得无量纲参数 S。最后由式（6-28）即可求出 H^+ 传质系数 D_e。

（2）利用旋转圆盘新装置求取 D_e。

假设旋转圆盘酸岩反应模拟实验，在酸岩反应釜内作三维流动。利用不可压缩流体的 Navier-Stokes 方程和流体流动连续性方程，建立旋转圆盘酸岩反应模拟实验的对流扩散偏微分方程，求解定常条件下 H^+ 传质系数 D_e 的解析解为：

$$D_e = (1.6129\nu^{1/6} \cdot \omega^{-1/2} \cdot C_t^{-1} \cdot J)^{3/2} \qquad (6-29)$$

式中 ω——旋转角速度，s^{-1}；

       C_t——时间为 t 时酸液内部浓度，mol/L；

       ν——酸液平均运动黏度，cm^2/s。

由式（6-29）可知，H^+ 传质系数与旋转角速度 ω 有关，即与酸液流态有关。为方便应用，常作不同温度下的一系列 D_e—R_e 关系曲线。R_e 称为旋转雷诺数：

$$Re = \omega R^2/\nu \qquad (6-30)$$

式中 ω——圆盘的旋转角速度，s^{-1}；

       R——圆盘的半径，m；

       ν——为酸液表观黏度，m^2/s。

2. 测试方法

在酸岩反应动力学研究中，应用较多室内实验方法有两种：一种是平行板酸岩反应模拟实验（蒋卫东等，1998；李力，2000；姜浒等，2009），将岩心加工成大小相同的两块岩板平行放置模拟裂缝，在一定温度压力条件下使酸液在模拟裂缝中流动与岩石反应，研究酸岩反应规律；另一种是旋转圆盘酸岩反应模拟实验（任书泉等，1983；张继周等，2003），将岩心加工成圆盘，在一定温度压力条件下放置在密闭釜内搅拌酸液作旋转运动，可以根据旋转运动条件下的对流扩散偏微分方程解，求取反应动力学相关参数并研究各种因素对其影响。旋转圆盘模拟研究方法在适应性和经济性上具有独特的优势，加之还能进行表面反应动力学实验研究，因而在酸岩反应机理研究中一直得到广泛的应用（伊向艺，2014）。

1）平行板模拟实验

在一定温度压力条件下使酸液在模拟裂缝中流动与岩石反应的实验装置（朱永东，2008），可通过改变酸液浓度、温度、压力、流速及缝宽等因素测定导流能力的大小，并可以求出酸岩反应速度常数 k，反应级数 m，反应活化能 E。并且，根据此实验装置，形成了一套技术标准 SY/T 6526—2002《盐酸与碳酸盐岩动态反应速率测定方法》。该标准利用酸液与岩心反应后残酸浓度变化来计算酸岩反应动态速率，主要适用于黏度较低、反应速率相对较快的普通盐酸与碳酸盐岩动态反应速率的测定和普通盐酸性能的评价。对于高黏度酸液体系及缓速酸液体，该标准方法不易观察到残酸浓度变化，测试误差较大。并且，该标准要求实验岩样规格为 152.40mm×50.8mm×25.4mm，实验设备操作费时且需要耗费大量的岩心，现场取心常常制约了大规模开展酸岩反应速率测试的实验研究工作。

（1）实验设备组成。

平行板酸岩反应模拟实验测定系统主要由储液罐、混合泵、增压泵、系统加热器、酸反应室、水压机、冷却装置以及压力传感器、温度传感器和质量流量计等组成（图 6-25、图

6-26）。

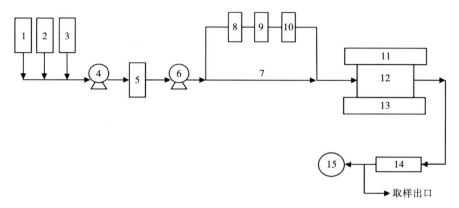

图 6-25　平行板酸岩反应模拟实验流程示意图

1—酸罐；2—油罐；3—水罐；4—混合泵；5—系统加热器；6—增压泵；7—实验管路；
8—管路温度传感器；9—压力传感器；10—质量流量计；11—水压机上加热板；12—酸反应室；
13—水压机下加热板；14—冷却装置；15—废液罐

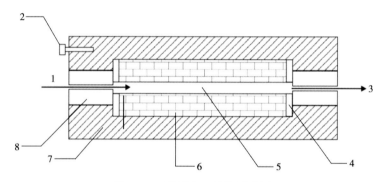

图 6-26　酸反应室结构示意图

1—酸液入口；2—温度传感器插口；3—酸液出口；4—密封胶；5—人工裂缝；
6—岩样；7—侧片；8—中心片

（2）操作过程。

实验时，将天然岩心沿层理面切割为长方体岩样两块，岩样规格为 152.40mm×50.80mm×25.40mm，偏差±0.02mm。对岩样进行描述后，装入酸反应室中。把酸反应室放在水压机的两个加热板之间，连接酸反应室的流入和流出管线，插入温度传感器。检测温度，达到设定温度后，设置流量和压力。启动混合泵、增压泵，在设定的压力、流量下不断将新鲜酸液泵入酸反应室。酸与岩样反应后的残酸经冷却装置在取样口取样。取样处出现酸液时，开始计时，每隔30s取样1次，连续取样多于7个检测点。测定酸反应室出口端残酸液体积、残酸液密度和滴定残酸浓度。实验结束后可观察岩样表面酸蚀现象。

（3）平行板模拟实验的不适应性分析。

由于在实验时酸液做线性流动，酸液沿 x 轴单向流动，在建立模型时无法对 x 轴建立 H+传递公式，因此平行板实验无法求取 H+ 传质系数 D_e。酸液的 H+ 传质系数无法求出，酸液流动过程中岩面始终与鲜酸反应，无法测定其单位时间内的表面酸浓度，因此平行板实验只能做出系统反应动力学方程，不能建立表面反应动力学方程。该实验虽然能较真实地模拟地层中酸液流动特征，但是实验需要将岩心制成平行板，实验结果表明平行板的规模越大实验效果越明显，常规取心岩心的直径只能满足加工出一组平行板，因此该实验设备岩心需求量大，操作费时，难以进行大量的实验。经研究发现，平行板酸岩反应模拟实验中模拟地层高黏度酸液的流态时需要加大排量或增加流压，给实验造成了复杂性和危险性。

2）旋转圆盘反应模拟实验

另一种实验装置是旋转岩盘仪，近十几年来，旋转圆盘反应模拟实验被广泛应用于酸岩反应动力学研究中。将岩心加工成直径为 25.4mm、大约 25.4mm 厚的小圆盘，在设定温度压力条件下将岩盘置于密闭釜内，让反应岩盘旋转带动酸液以一定的角速度旋转，在一定的时间间隔里测取酸液浓度变化，通过岩面与酸液的相对运动由此来进行酸岩动态反应的研究。相比平行板实验装置，旋转岩盘实验装置可以较为简便地定时测定酸液的浓度，求取 H^+ 传质系数，反应速度常数 k，反应级数 m 等酸岩反应动力学参数。但测定高黏度酸液体系与岩盘反应时发现，取样酸浓度变化小。对于黏度较低的普通酸液体系，该实验方法能够较准确地获得酸岩反应动力学方程、酸岩反应活化能和 H^+ 传质系数，且实验操作相对较简便。旋转岩盘反应模拟实验考虑了地层酸岩的动态反应，但在实际酸压施工过程中，向地层注入的酸液由射孔孔眼向地层裂缝的两翼注入，酸液平行流过裂缝的壁面进行刻蚀。旋转岩盘模拟出的酸液流场却是在岩面上形成涡流，酸液旋转流过岩面进行刻蚀，未考虑到流场的不同对酸刻蚀的影响，导致其应用于高黏度的酸液体系时实验数据误差较大。

（1）实验设备组成。

旋转圆盘酸岩反应模拟实验装置主要由气瓶压力源、搅拌器、预热釜、酸岩反应釜、系统加热器、冷却装置以及压力传感器、温度传感器等组成。

（2）流程示意图。

旋转圆盘酸岩反应模拟实验装置示意图，如图 6-27 所示。

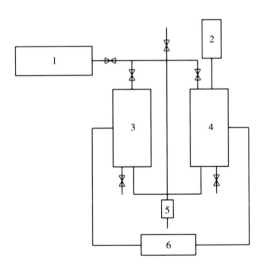

图 6-27　旋转圆盘酸岩反应模拟实验装置示意图
1—气瓶压力源；2—搅拌器；3—预热釜；4—反应釜；5—安全阀；6—加热控制器

（3）旋转圆盘实验基本理论。

旋转圆盘实验中，酸液由岩盘带动进行旋转，在岩石表面上以及岩面远处的区域中酸液流动情况（张黎明，1994；张黎明，1996），如图6-28所示。

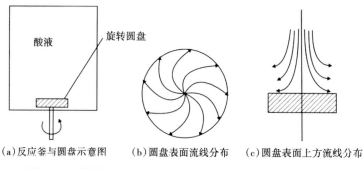

（a）反应釜与圆盘示意图　（b）圆盘表面流线分布　（c）圆盘表面上方流线分布

图6-28　旋转圆盘反应模拟实验示意图（据李颖川，2002）

假设旋转圆盘酸岩反应模拟实验中岩石表面附近酸液的对流传质扩散作用稳定，酸岩反应中只考虑岩石表面上的化学反应，酸岩反应过程中密度 ρ 及传质系数 D_e 保持不变（伊向艺，2014；何春明，2012）。

对旋转圆盘表面任一微元建立柱坐标，如图6-29所示，则任一点的酸液流速 V_m 可由径向速度分量 V_r，切向速度分量 V_ϕ，垂向速度分量 V_y 表示：

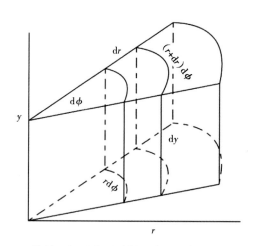

图6-29　柱体坐标及微元选择示意图（据张黎明，1996）

$$V_m = V_m\ (V_r,\ V_\phi,\ V_y) \tag{6-31}$$

根据质量守恒定律，结合奈维—斯托克斯方程和连续性方程描述各点速度，建立酸液扩散对流方程：

$$V_r = \frac{\partial C}{\partial r} + \frac{V_\phi}{r}\frac{\partial C}{\partial \phi} + V_y\frac{\partial C}{\partial y} = D_e\left(\frac{\partial^2 C}{\partial y^2} + \frac{\partial^2 C}{\partial r^2} + \frac{1}{r}\frac{\partial C}{\partial r} + \frac{1}{r^2}\frac{\partial^2 C}{\partial \phi^2}\right) \tag{6-32}$$

忽略旋转圆盘表面上的边界效应，假设除 y 方向上，其他方向没有酸液浓度变化。即酸液浓度梯度及变化建立在 y 轴上，与 r，ϕ 无关，则对流扩散偏微分方程可简化为：

$$V_y = \frac{\partial C}{\partial y} = D_e\frac{\partial^2 C}{\partial y^2} \tag{6-33}$$

式中　V_y——垂直盘面方向的速度分量，cm/s；

　　　C——酸液浓度，mol/L；

　　　D_e——H$^+$传质系数，cm^2/s。

根据白云岩与酸液反应的边界条件：$r = 0 \quad D_e\left(-\dfrac{\partial C}{\partial y}\right) = K_s C_s^m$　　可得 D_e 的数值解。
$$r \to \infty \quad C = C_0$$

式中　C_s——岩盘表面酸浓度，mol/L；

　　　C_0——主体酸液浓度，mol/L；

　　　K_s——表面反应速度常数，$(\text{mol/L})^{1-m}$/s；

　　　m——反应级数；

　　　D_e——H$^+$传质系数，cm^2/s。

根据灰岩与酸液反应的边界条件：$r = 0 \quad C = 0$　　可得解析解。
$$r \to \infty \quad C = C_0$$

$$D_e = (1.6129 v^{1/6} \cdot \omega^{-1/2} \cdot C_t^{-1} \cdot J)^{3/2} \tag{6-34}$$

式中　ν——酸液黏度，Pa·s；

　　　ω——圆盘旋转角速度，s^{-1}；

　　　C_t——t 时刻酸液内部浓度，mol/L。

（4）操作过程。

将岩石加工成直径为 0.0254m 或 0.0508m 的岩盘，固定在搅拌器上。将预热釜中酸液加热至设定温度后，打开压力源将酸液转移至酸岩反应釜中，打开搅拌器使岩盘旋转搅动酸液，在一定的反应时间间隔内在取样出口处，取出残酸酸样，测定残酸浓度，计算酸岩反应动力学相关数据。

3）改进旋转岩盘酸岩反应动力学参数测试方法

随着石油工业技术中酸液体系的发展，越来越多的高黏度酸液体系及缓速酸液体系投入到复杂油气储层改造应用中（王海涛等，2008）。如四川盆地磨溪—高石梯震旦系、龙王庙及龙岗构造长兴组、飞仙关组等都采用高温胶凝酸、高温转向酸等进行酸化改造。这些高黏度酸液体系与储层岩石反应的主要特点是酸岩反应速率慢，采用旋转岩盘仪开展高黏酸液酸岩反应速率测定存在以下问题：由于酸液黏度较大，岩心在转动过程中常常脱落；酸岩反应速率测试中，岩心周围酸液与其他部位的酸液浓度差异较大，不能有效地进行 H$^+$ 传质交换，测试结果不准确。采用酸蚀裂缝导流仪开展高黏酸液酸岩反应速率测定存在以下问题：注入岩板前后的酸液浓度几乎无变化，无法测定酸岩反应速率。

显然，旋转圆盘仪酸岩反应速率测定方法和酸蚀裂缝导流仪酸岩反应速率测定方法均不适合高黏酸液酸岩反应速率的测试，为了弥补缺陷，成都理工大学伊向艺等设计了"液体旋转"代替"岩盘旋转"，使酸液与两侧岩石进行流动反应的新型实验装置，酸岩反应模拟实验装置结构示意图如图 6-30 所示。

（1）不同黏度酸液酸岩反应模拟实验装置的工作原理是利用电动机带动不同尺寸的搅拌转子，搅拌酸岩反应釜中的酸液发生旋转，使酸液沿反应釜内壁面流动与固定在反应釜两侧夹持器中的岩盘表面发生流动过程中的酸岩反应，如图 6-31 所示。反应后的酸液可由反应釜底部卸压口或者另一侧岩心夹持器尾端阀门获取，从而分析残酸的离子浓度，研究酸岩

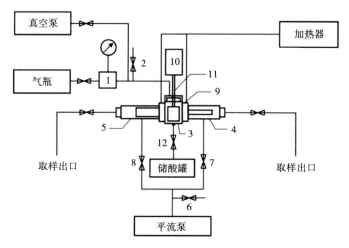

图 6-30　酸岩反应模拟实验装置结构示意图

1—气瓶减压阀；2—气体放空阀；3—酸岩反应釜；4—25.4mm 岩心夹持器；5—50.8mm 岩心夹持器；
6—围压放空阀；7—25.4mm 岩心夹持器围压控制阀；8—50.8mm 岩心夹持器围压控制阀；
9—加热板；10—电机搅拌器；11—搅拌杆；12—泄压阀

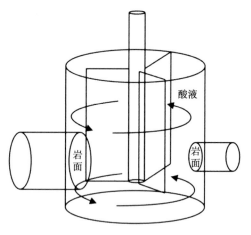

图 6-31　不同黏度酸液酸岩反应模拟
实验装置工作原理示意图

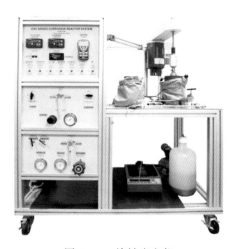

图 6-32　旋转岩盘仪

反应动力学参数。

（2）测试原理。

图 6-33 描述了在实际地层裂缝中酸液的流动方向。主体酸液经射孔孔眼流出时动能较大，沿方向①流动，酸液在裂缝中动能不断地减小，酸液流动逐渐往上下发展，一部分酸液沿方向②流动，但主体流动方向仍然与方向①相同。

根据上述情况可知，地层裂缝中的酸液流动方向一定，同时与裂缝壁面的岩石发生酸岩反应。宏观上来说，酸液依次与不同岩性的地层岩石发生酸岩反应，酸岩反应速率不同刻蚀程度也具有较大差异，导致酸蚀后裂缝壁面不会完全闭合，由此形成了酸蚀裂缝导流能力。因此酸液沿不同方向流过岩石表面时，酸蚀后形成的表面形态差异较大。从

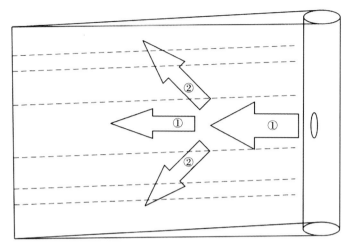

图 6-33　酸液在地层裂缝中流动示意图

微观角度上分析，酸液流过岩石表面的方向不变时，酸液与岩石表面的各个矿物组分依次接触，由于不同矿物组分的酸岩反应速率不同，致使沿岩石表面不同方向上流动的酸液，酸岩反应速率差异较大。因此设计酸岩反应动力学实验时，应考虑使酸液流过岩石表面时方向不发生变化。

从酸岩反应模拟的真实性考虑，地层裂缝中大部分范围内的酸液流态和流速保持稳定，且流动方向一定。旋转圆盘酸岩反应模拟实验用圆盘带动酸液旋转，产生的流场与实际地层裂缝中差异较大，并且岩石表面上酸液流态沿半径方向差异较大。平行板酸岩反应模拟实验中沿裂缝长度方向上酸液流速、流态和流动方向稳定，与实际地层裂缝中酸液流动特征相近，更符合现场实际。因此，平行板酸岩反应模拟实验中生成的岩石表面形态参考价值相对较高。在设计高黏度酸液的酸岩反应模拟实验中应考虑使流过的岩石表面酸液具有稳定的流速、流态与流动方向。

从仪器设备的实用性角度考虑，平行板酸岩反应模拟实验将岩心加工成两块大小相同的岩板放置在导流室中，酸液被驱替至平行板模拟的裂缝中，设备多、操作较复杂。而旋转圆盘酸岩反应模拟实验原理是将岩盘置于酸液反应釜中旋转，设备简单操作性强。因此利用了旋转原理使酸液与岩石做相对运动，操作简便实用性强。

3. 酸岩反应速率实验排量的确定

采用雷诺数相等原理进行实验转速及现场施工排量的转换。

1）地层裂缝中酸液流速及流态计算

$$\overline{u_m} = \frac{Q}{2\overline{h}\,\overline{w}} \tag{6-35}$$

$$Re = \frac{2\rho\,\overline{u_m}\overline{w}}{\mu} \tag{6-36}$$

式中　Q——施工排量，m^3/min；

　　　　$\overline{u_m}$——平均流速，m/s；

165

$\bar{h}$——平均缝高，m；

$\bar{w}$——平均缝宽，cm；

ρ——密度，g/cm³；

μ——黏度，mPa·s。

2）酸岩反应实验中酸液流速及流态计算

$$\bar{u}_m = \omega R \qquad (6-37)$$

$$Re = \frac{\omega \rho RR}{\mu} \qquad (6-38)$$

式中 ω——角速度，s⁻¹；

R——旋转岩盘半径，cm。

3）计算结果

以平均酸蚀缝高10m为例计算现场不同施工排量下对应酸岩反应实验过程中的转速，见表6-20。

表6-20 酸岩反应速率实验转速与现场施工排量转换示意表

排量 （m³/min）	平均酸蚀缝高 （m）	流速 （m/s）	雷诺数	转速 （r/min）
3	10	0.50	275.00	305.7
4	10	0.67	366.67	407.6
5	10	0.83	458.33	509.6
6	10	1.00	550.00	611.5
7	10	1.17	641.67	713.4

4. 酸岩反应动力学测试结果

龙王庙组储层温度140℃，主体酸液采用了胶凝酸，施工排量4~5m³/min，测试不同酸液浓度、不同温度及不同转速下的酸岩反应速度，得到胶凝酸的动力学参数。

1）胶凝酸动力学方程

本书选择了12%、16%、20%、24%，4种酸浓度的胶凝酸与酸岩反应速率的关系，其中24%为鲜酸，其余均考虑同离子效应，进行酸岩反应动力学方程的求取，数据见表6-21。

表6-21 胶凝酸反应动力学方程数据表

岩心编号	酸液浓度	温度 （℃）	转速 （r/min）	酸液浓度 （mol/L）	反应速率 [10⁻⁶mol/(cm²·s)]	lgC	lgJ
YX-2013-45-04	12%			3.5038	5.9000	0.5445	−5.2294
YX-2013-45-04	16%	115	291	4.4709	5.6484	0.6504	−5.2481
YX-2013-45-04	20%			4.5202	7.7682	0.6552	−5.1097
YX-2013-45-04	24%			6.9001	10.8825	0.8389	−4.9633

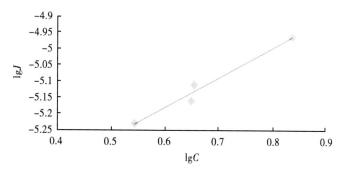

图 6-34　胶凝酸 lg$C$ 与 lg$J$ 关系图

由胶凝酸 lg$C$ 与 lg$J$ 关系图拟合得到方程：

$$\lg J = 0.9094\lg C - 5.7268 \tag{6-39}$$

得 $K = 1.8759 \times 10^{-6}$，$m = 0.9094$。

所以反应动力学方程有：

$$J = 1.8759 \times 10^{-6} C^{0.9094} \tag{6-40}$$

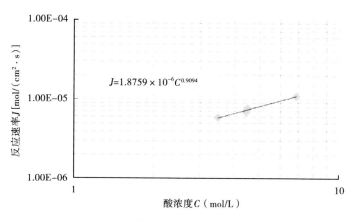

图 6-35　胶凝酸反应速率与酸浓度关系图

2）胶凝酸活化能

本书选择了 40℃、65℃、90℃、115℃，4 种温度的条件下胶凝酸酸与酸岩反应速率的关系，进行胶凝酸酸活化能的求取，数据见表 6-22 所示。

表 6-22　胶凝酸活化能数据表

岩心编号	酸液浓度	温度（℃）	转速（r/min）	反应速率 J [10^{-6} mol/(cm² · s)]	$1/T$（1/K）	lg$J$
YX-2013-45-04		115		7.77	0.002574	-5.1096
YX-2013-45-04		90		5.14	0.002751	-5.2894
YX-2013-45-04	20%	65	291	3.56	0.002954	-5.4481
YX-2013-45-04		40		2.42	0.003190	-5.6158

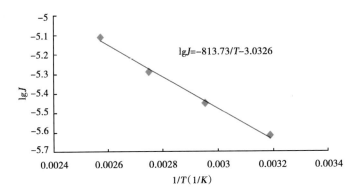

图 6-36　20% 胶凝酸（同）$1/T$—$\lg J$ 关系图

由于

$$J = K_0 \exp\left(-\frac{E_a}{RT}\right) \cdot C^m \qquad (6\text{-}41)$$

两边再取对数得：

$$\lg J = \lg(K_0 C^m) - \frac{E_a}{2.303R} \cdot \frac{1}{T} \qquad (6\text{-}42)$$

由 $1/T$-$\lg J$ 关系图拟合的得到方程：

$$\lg J = -813.73/T - 3.0326 \qquad (6\text{-}43)$$

所以 $E_a = 813.73 \times 2.303R$
计算得：

$$E_a = 15580.6039 \ (\text{J/mol}) \qquad (6\text{-}44)$$

3）胶凝酸传质系数

胶凝酸酸岩反应 H^+ 传质系数测定实验选择了 125 转、208 转、291 转、375 转，4 种转速下的雷诺数与酸岩反应速率关系进行求取，数据表见表 6-23。

表 6-23　胶凝酸 H^+ 传质系数数据表

岩心编号	转速（r/min）	流度（m/s）	酸液浓度（mol/L）	反应速率 $[10^{-6}\text{mol}/(\text{cm}^2 \cdot \text{s})]$	运动粘度（cm^2/s）	D_e（$10^{-6}\text{cm}^2/\text{s}$）	Re
YX-2013-45-04	125	0.79	5.4692	3.6719	0.2607	3.6996	1807.67
YX-2013-45-04	208	1.31	5.4899	6.3804	0.2607	5.7513	3007.97
YX-2013-45-04	291	1.83	5.4699	7.7682	0.2607	6.0392	4208.26
YX-2013-45-04	375	2.34	5.5154	8.9781	0.2607	6.1274	5423.02

根据 H^+ 传质系数与雷诺数关系图可以获得以下抛物线方程：

$$D_e = -3 \times 10^{-13} Re^2 + 3 \times 10^{-09} Re - 7 \times 10^{-07} \qquad (6\text{-}45)$$

$$D_e = -9 \times 10^{-16} Re^2 + 1 \times 10^{-10} Re + 3 \times 10^{-06} \qquad (6\text{-}46)$$

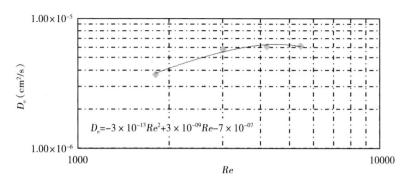

$$D_e = -3 \times 10^{-13} Re^2 + 3 \times 10^{-09} Re - 7 \times 10^{-07}$$

图 6-37 20%胶凝酸（同）雷诺数 Re 与 H^+ 有效传质系数 D_e 关系图

4）酸液缓速性能评价

龙王庙储层温度为 150℃ 左右，酸岩反应速度快，应选择缓速酸液体系，有利于增加酸液有效作用距离。采用龙王庙岩心与常规酸、高温胶凝酸、高温有机转向酸、交联酸在不同温度条件下开展酸岩反应速率实验。评价结果显示，不同类型酸液反应速率差异较大，随着温度的升高，酸岩反应速率增加较快，温度达到 90℃ 以后急剧增加。在 150℃ 下，常规酸反应速率最快，约是交联酸的 4 倍，胶凝酸与转向酸反应速率几乎相同，约是交联酸的 2 倍（图6-38）。高温胶凝酸、高温有机转向酸、交联酸在高温下具有较好的缓速效果。在 150℃ 下常规酸酸岩反应速率达到 3.02×10^{-5} mol/（$cm^2 \cdot s$），是 115℃ 温度条件下反应速率的 2.08 倍，而高温胶凝酸同样条件下只有 1.18 倍（图6-39、图6-40）（付永强等，2014）。

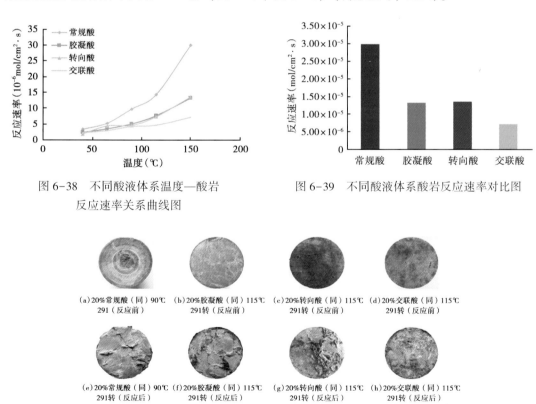

图 6-38 不同酸液体系温度—酸岩
反应速率关系曲线图

图 6-39 不同酸液体系酸岩反应速率对比图

（a）20%常规酸（同）90℃ （b）20%胶凝酸（同）115℃ （c）20%转向酸（同）115℃ （d）20%交联酸（同）115℃
291（反应前） 291转（反应前） 291转（反应前） 291转（反应前）

（e）20%常规酸（同）90℃ （f）20%胶凝酸（同）115℃ （g）20%转向酸（同）115℃ （h）20%交联酸（同）115℃
291转（反应后） 291转（反应后） 291转（反应后） 291转（反应后）

图 6-40 不同酸液体系酸岩反应前后岩心端面

四、酸化效果评价

采用比较酸化前后渗透率的方法来评价酸液的酸化效果，采用了现场主体使用的高温胶凝酸、高温有机转向酸及交联酸对龙王庙组储层开展酸化效果实验。由于龙王庙组低渗透区块属于低孔低渗、岩性比较致密，即使有裂缝发育，但是从岩心扫描来看，裂缝也未互相沟通，高黏度酸液很难通过连盐水都无法通过的岩心，所以，对于气测渗透率小于 $0.1×10^{-3}$ μm^2 的岩心，一律人工剖缝，模拟天然裂缝。

首先，将岩心烘干，将烘干后的岩心用与地层水相同矿化度的氯化钾溶液进行岩样饱和，无地层流体资料的可采用8%（质量分数）氯化钾溶液作为实验流体，测定饱和后岩心样品的质量，求出有效孔隙体积和孔隙度，参见式（6-47）和式（6-48）：

$$V_p = \frac{m_1 - m_0}{\rho} \tag{6-47}$$

$$\phi = V_p / V_t \tag{6-48}$$

式中　m_0——干燥后岩心质量，g；

　　　m_1——饱和后岩心质量，g；

　　　ρ——饱和液密度，cm^3/g；

　　　V_p——孔隙体积，cm^3；

　　　V_t——岩心总体积，cm^3；

　　　ϕ——孔隙度，%。

其次，完全饱和后的岩样装入岩心夹持器，使流体在岩样中的流动方向与测定气体渗透率时气体流动方向一致，缓慢将围压调至2.0MPa，检测过程中始终保持围压值大于岩心入口压力1.5~2.0MPa，模拟现场施工地层压力，升温至地层温度稳定后，采用3%的KCl盐水正向驱替，测定岩心的原始渗透率 K_0；然后以一定的流速反向注酸直至岩心的端面压力上升至设定值，注入一定时间后、或注入液体至进口端压力与出口端压力一致时，注入10~15倍岩样孔隙体积的酸量后，停止注酸。

最后，再正向驱替与地层水相同矿化度的氯化钾溶液，测定岩样酸岩反应后的液体渗透率 K_1。

岩心渗透率计算达西公式：

$$K = \frac{0.1 Q \mu L}{A \Delta p} \tag{6-49}$$

式中　K——岩心渗透率，μm^2；

　　　Q——单位时间内液体流量，mL/s；

　　　μ——液体黏度，mPa·s；

　　　L——岩心长度，cm；

　　　A——岩心截面积，cm^2；

　　　Δp——岩心两端的压差，MPa。

酸化效果计算公式：

$$\eta = \frac{K_1 - K_0}{K_0} \times 100 \tag{6-50}$$

式中 η——酸化改造效果,%;

  K_0——原始渗透率;

  K_1——改造后的渗透率。

酸化效果 η 越大,表明酸化效果越好,该酸液体系对储层改造后,渗透性得到了提高,有利于储层流体进入井筒。

采用磨溪构造龙王庙组岩心进行酸化效果评价,岩心酸化流动模拟实验的结果表明,注入高温胶凝酸后,岩心的渗透率得到了较好的改善,见表6-24,为高产气流提供了流动通道(图6-41、图6-42)。

表6-24 岩心渗透率改善情况

样品号	注酸前渗透率 ($10^{-3}\mu m^2$)	注酸后渗透率 ($10^{-3}\mu m^2$)	实验结果	描述
1	7.6923	11.8728	渗透率增加53%	岩石两端都有明显的酸蚀溶孔
2	7.8478	12.6595	渗透率增加61.3%	
3	0.379	52~63	——	岩石外表被酸溶蚀,形成沟槽
4	123.0	189.26	渗透率增加54%	岩心致密,破开裂缝进行实验

图6-41 高温胶凝酸注入后岩心

图6-42 高温胶凝酸注入后岩心

此外,胶凝酸还具有钻井液滤饼溶蚀率高、残酸伤害低、悬浮稳定固体微粒能力及渗透率改善能力强等优点。

五、残酸伤害实验评价

在酸化措施中潜在着对油气层造成伤害的危险,在酸化施工过程中,由于设计及处理的不当,都可能造成储层的严重伤害,最常见的储层伤害主要是酸化后二次沉淀,酸液与储层的岩石、流体的不配伍以及储层润湿性的改变,毛细管力的产生,酸化后疏松颗粒的脱落、运移、乳化等均可对储层造成伤害。

残酸伤害实验的目的是通过对过酸前后渗透率的测定,评价渗透率的变化情况,从而确定残酸对储层的伤害程度。

1. 测定方法

通过对过酸前后渗透率的测定,评价渗透率的变化情况,从而确定残酸对储层的伤害程度。为了清楚认识残酸对储层的伤害,以试油行业标准Y/T 5107—2016《水基压裂液性能评价方法》为基础,采用岩心基质渗透率伤害率对实验结果进行评价。

具体实验方法如下:

（1）首先是伤害前岩心渗透率 K_1 的测定：使氮气反向进行驱替，流动介质的流速低于临界流速。直至流量及压差稳定，稳定时间不少于60min。

（2）其次是伤害过程：将残酸从岩心夹持器正向端注入岩心，当滤液开始流出时，记录时间、滤液的累计滤失量，精确到0.1mL。当第一滴液体滤出后开始计时，测定时间为36min，温度波动小于5℃，挤完后，关闭岩心夹持器两端阀门，使残酸在岩心中停留2h。实验温度为酸液适用温度。

（3）最后为伤害后 K_2 的测定：同 K_1 测定方法。残酸伤害程度评价指标见表6-25。

$$SI_p = \frac{K_1 - K_2}{K_1} \times 100\% \tag{6-51}$$

式中　SI_p——岩心基质渗透率伤害率，%；

　　　K_1——岩心基准渗透率，$10^{-3}\mu m^2$；

　　　K_2——压裂液伤害后岩心渗透率，$10^{-3}\mu m^2$。

表6-25　残酸伤害程度评价指标

伤害率（%）	<5	<30	30~50	50~70	>70
伤害程度	无	弱	中等偏弱	中等偏强	强

2. 测试结果

无论是5%浓度的高温胶凝酸残酸还是2%浓度的高温胶凝酸残酸都表现出酸溶蚀程度较低，实验前后的酸液酸蚀面基本无变化，岩面较为平整光滑，直至实验结束酸液未穿透岩心，实验后岩心质量分别增加了0.03g和0.04g。由伤害率计算结果来看，高温胶凝酸残酸对灯四亚段储层伤害程度为中等偏弱，高温胶凝酸残酸伤害实验结果见表6-26。

表6-26　高温胶凝酸残酸伤害实验数据

残酸浓度（%）	质量增加量（g）	渗透率（$10^{-3}\mu m^2$）		渗透率伤害率（%）	伤害程度
		K_1	K_2		
5	0.03	0.2254	0.1483	34.21	中等偏弱
2	0.04	0.0373	0.0231	38.07	中等偏弱

总的来说，浓度越低的高温胶凝酸残酸对岩心渗透率伤害程度越高，因为高温胶凝酸中的一些添加剂被挤入岩心孔隙中，堵塞喉道，而高浓度的酸液有助于刻蚀孔喉，起到一定的解堵作用，低浓度则是基本无刻蚀，从而造成渗透率降低。

六、酸液滤失评价

无论是酸压裂缝的拟三维延伸模拟，还是酸蚀裂缝壁面刻蚀形态模拟，都涉及一个非常重要的参数（即酸液滤失速度）的计算。

在碳酸盐岩储层酸压过程中，酸液在裂缝壁面进行非均匀刻蚀，当某点的刻蚀程度远高于附近点时，形成酸蚀蚓孔（李月丽，2009）。非均匀刻蚀形成的酸蚀蚓孔又会使酸液急剧向基岩滤失，降低酸压效率。孔隙型碳酸盐岩储层酸压过程中的酸液滤失，酸蚀蚓孔效应是不可忽略的。碳酸盐岩地层的酸压，液体中过度滤失通常被认识是限制裂缝延伸和酸蚀裂缝长度的因素。在这个过程中，酸液的滤失量严重影响了裂缝几何尺寸计算和酸压后的导流能力。同时，在酸压改造措施普遍采用的情况下，酸液的大排量容易导致过量酸液的流失浪费。因此，在施工设计中，滤失特性必须予以考虑。

1. 孔隙类型与蚓孔发育的关系

由于碳酸盐岩储层非均质性强物性差异大，按储渗空间的形态可分为孔隙型、裂缝型和溶洞型，酸压过程中不同类型的碳酸盐岩储层中酸液的流动及酸岩反应的情况都会有所不同，不同类型的碳酸盐岩储层酸液刻烛孔隙及天然裂缝的形态也不尽相同，因此形成酸蚀蚓孔的条件也有一定的差别。

1）基质孔隙型碳酸盐岩

孔隙型碳酸盐岩储层中原生孔隙较为发育，其尺寸大多小于形成蚓孔的临界面积，酸压过程中，发生均匀溶蚀，不会形成蚓孔。而在实际的酸压实验过程中，即使较为致密的碳酸盐岩岩心，所有的孔隙都小于形成蚓孔的临界面积，注酸开始后随着反应的进行，一部分孔隙不断被溶蚀扩大，最终达到形成蚓孔的临界面积，发生非均匀溶蚀，酸液将继续溶蚀扩展这些较大的孔隙，形成酸蚀蚓孔。

酸蚀孔的形成与注酸的速率也有较大的关系，存在一个形成酸蚀蚓孔的临界注酸速率，以临界注酸速率进行注酸酸化时，酸液集中溶蚀较大的孔隙，形成单一的溶蚀大孔洞，当注酸速率增加到某一值时，则会形成较多的且相连通的网络状溶孔结构（图6-43、图6-44）。

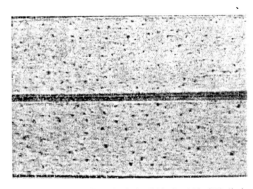

图6-43　基质酸化模拟实验中岩芯壁面的蚓孔分布　　图6-44　酸压模拟实验中裂缝壁面的贼孔分布

2）天然裂缝发育的碳酸盐岩

对于天然裂缝发育的碳酸盐岩储层，天然微裂缝交错纵横，酸液优先进入微裂缝，溶蚀并扩展天然微裂缝，因此蚓孔是沿着天然微裂缝开始发育的。随反应时间的增长，微裂缝会发育为具有高渗流能力的溶孔。

zhu D 等通过实验研究表明：在天然裂缝发育的碳酸盐岩储层中，当天然微裂缝的初始宽度小于 0.02mm 时，酸液滤失进入天然微裂缝后，产生非均匀溶蚀，形成酸蚀蚓孔；裂缝宽度在之间时，酸液进入天然裂缝后选择性地刻蚀裂缝表面，使天然裂缝变得更宽而非形成酸蚀蚓孔；当裂缝宽度大于 0.03~0.08mm 时，酸液均匀地溶蚀裂缝表面，与酸压过程中酸液溶蚀人工裂缝壁面较为相似。酸液刻蚀裂缝壁面形成的蚓孔结构如图6-45 所示。

3）非均质性与蚓孔发育的关系

许多国外学者（Izgec 等，2009）针对酸蚀蚓孔的实验研究使用的都是均质岩样，这些岩样都是人为挑选出来的，仅具有孔隙级别的非均质性。因此，对蚓孔的认识也是建立在理

图 6-45　裂缝型储层酸化形成的蚓孔形态

想条件下的，与实际碳酸盐岩储层差异很大。也有一些研究考虑了小规模非均质性对酸化效果的影响，扫描对比注酸前后的石灰岩，发现蚓孔是沿着孔隙度最高的路径发育的（图 6-46）。

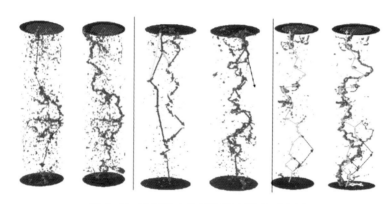

图 6-46　孔洞分布和蚓孔发育路径对比图

2. 酸压中的酸液滤失机理

传统观念在处理酸压中的酸液滤失时将其考虑为经典滤失模型（Howard，Fast，1957）。认为酸液将在裂缝壁面形成滤饼，滤失受滤饼区、侵入区及储层流体压缩性控制。显然这种粗略的处理是不符合酸压实际的，基质孔隙型碳酸盐岩储层，原生孔隙较为发育，酸压过程中酸液延伸扩展主裂缝的同时，由于基质的渗透性较差，部分酸液优先滤失进入人工裂缝壁面上的孔隙，孔隙壁面岩石与滤失进入的酸液快速反应。由于酸是一种反应性流体，它很难在裂缝壁面沉积出一层有效的滤饼，酸液在向前流动的同时，不断向储层滤失，滤失的同时又在与岩石发生反应，产生出新的滤失面积，孔隙受到酸液的溶蚀迅速增长形成蚓孔，同时向蚓孔壁面滤失酸液，加剧了酸液的大量滤失。同时，又由于碳酸盐岩储层非均质性强，酸压时，酸液要选择性地产生或增大某些孔隙和微裂缝，形成"酸蚀孔洞"和垂直于裂缝的流道，导致新滤失面积的产生，增大了面容比。而这些"酸蚀孔洞"和"流道"一旦形成，大量的酸液将主要沿这些产生的滤失通道滤失掉，沿裂缝反应流动的酸将大大减少，降低了酸液有效作用距离，由此形成了滤失—反应—滤失聚增—反应加剧的恶性循环，进而出现滤失和反应都难以人为控制的复杂局面。酸压在裂缝壁面将形成垂直于壁面的酸蚀蚓孔，使酸液在基质滤失和蚓孔滤失的共同作用下产生大量滤失，进而使有效穿透距离大大减小（潘琼，2002）。

174

此时即使继续注酸，人工缝也不再延伸刻蚀，无法成为较深远的径向人工裂缝。所以，当发生酸蚀孔洞和过量滤失现象时，裂缝的延伸则减缓甚至停止，进一步泵酸就相对无效。这些在酸压施工中，常常表现为施工压力保持困难，经常会出现在注酸初期，施工压力高于岩石破裂压力，但随着注酸过程的进行，施工压力有突降现象或逐渐降低的趋势，并通常降到较低的水平。出现这种现象有时认为酸压解堵或沟通了裂缝高渗透带，看成是酸压成功的显示，但是，最终酸化效果却并不理想。从理论上讲，施工压力在整个施工期间应大于或等于裂缝延伸压力，若出现大幅的压力降落，不是由于地层破裂或沟通新裂缝系统所致，而是由于近井筒区域酸液大量漏失所造成，此时增加注酸量仅是徒劳于井筒附近，而对酸液有效作用距离无甚贡献，使得增产措施失败，甚至造成巨大浪费。所以，酸液过量滤失是低渗透碳酸盐岩储层酸压时限制裂缝增长的主要因素。

对于裂缝性储层，按照裂缝的规模级别可分为大裂缝、小裂缝及微裂缝。天然大裂缝宽度一般为 $10 \sim 100 \mu m$，中等裂缝与次等裂缝宽度一般位于 $0.1 \sim 0.0001 \mu m$。天然大裂缝与小裂缝或微裂缝交错分布，杂乱无章。当酸液压开储层，由最小阻力原理知，酸液优先沿天然大裂缝向地层滤失，扩宽天然裂缝宽度，同时部分酸液沿微裂缝或基质向地层滤失（图6-47）。

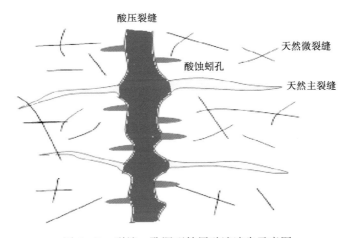

图 6-47　裂缝—孔洞型储层酸液滤失示意图

3. 酸液滤失物理模型

对于碳酸盐岩地层的酸压，液体中过度滤失通常被认识是限制裂缝延伸和酸蚀裂缝长度的因素。在这个过程中，酸液的滤失量严重影响了裂缝几何尺寸计算和酸压后的导流能力。同时，在酸压改造措施普遍采用的情况下，酸液的大排量容易导致过量酸液的流失浪费。因此，在施工设计中，滤失特性必须予以考虑。然而在传统酸压参数设计中的滤失量，主要是基于水力压裂来模拟计算的；然而实际情况是：酸液流过岩石表面，通过不断溶蚀岩石形成蚓孔，将很快穿透造壁液形成滤饼，大量的酸将会通过穿透裂缝壁面的几个大的酸蚀孔道，与孔道壁反应，从而使缝内的酸量减少。同时，酸液的滤失也是随时间而变化的，它对酸蚀裂缝作用距离和导流能力的影响十分突出。滤失程度的大小通常用滤失系数来表达，而滤失系数可以在室内实验中求得。

长期以来，在进行酸压设计时，通常采用水力压裂滤失理论来计算酸液有效作用距离和酸液用量。但酸液滤失与压裂液滤失有很大的区别，由于酸对岩石是一种反应性流体，酸液滤失时不会像压裂液滤失那样在裂缝壁面形成滤饼，而是有选择地增大某些孔隙和微裂缝，形成"酸蚀孔洞"和"流道"，导致新滤失面积的产生而使酸液在裂缝中的有效作用距离大大降低。基于酸液在低渗透非均质白云岩地层的这种滤失特征，在建立室内的物理模型时就应尽可能地模拟酸液在基质、蚓孔、微裂缝等不同条件下的滤失情况，以便对比分析，区别对待。

1）基质岩心滤失模型

基质岩心模型主要模拟酸液在裂缝壁面向基岩的滤失，适用于储渗空间以基质为主、无大孔隙及裂缝发育的地层（图6-48）（何春明，2012）。

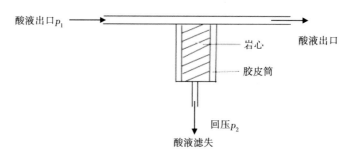

图6-48　基质岩心滤失模型示意图

2）钻孔岩心滤失模型

钻孔岩心滤模失型（岳迎春，2012）的流程与图6-48相同，但其中的基岩岩心换为钻有直径2mm孔的岩心，适用于储层渗透率较高，孔洞十分发育的地层（图6-49）。

3）剖开裂缝岩心滤失模型

剖开裂缝岩心滤失模型的流程与图6-48相同，但其中的基岩岩心在装入岩心夹持器之前剖为两半，适用于基质渗透率非常低的裂缝性储层（图6-50）。

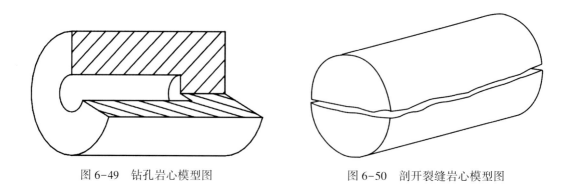

图6-49　钻孔岩心模型图　　　　　图6-50　剖开裂缝岩心模型图

4）人工裂缝滤失模型

人工裂缝滤失模型可以较为真实地模拟酸液在裂缝中流动时向两个壁面的滤失，并测量不同时间的滤失量（图6-51）（郭静，2003）。

4. 酸液动态滤失测定

采用酸液滤失仪模拟地层压力、温度以及酸压施工条件下的酸液、压裂液的滤失特征、评价降滤失工艺及降滤失添加剂性能。

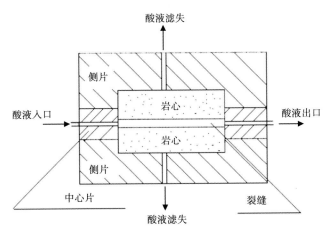

图 6-51　人工裂缝滤失模型示意图

1) 酸液动态滤失实验系统及实验方法

酸液动态滤失实验系统是一个岩心流动实验装置，主要由岩心夹持器、换向阀、计量泵、围压泵、回压调节器、浮式活塞存储器、温度控制系统、压力传感器、滤液测量装置组成。在实验过程中，将酸液从岩心表面注入且通过，岩心两端压差模拟酸压施工裂缝净延伸压力。通过测量进出口压差、流体流量、滤液质量、滤失时间来研究滤失规律。实验流程如下：

(1) 采集储层实际岩心，加工成直径为 25.4cm，长度为 30~76.2cm 的岩样。

(2) 抽空岩样、饱和地层水或标准盐水。

(3) 将岩心装入岩心夹持器中。

(4) 将围压、温度、回压加至设计值。

(5) 模拟酸化施工过程，依次注入压裂液、酸液；注入压力恒定为裂缝净延伸压力。

(6) 记录压力、温度、流量、滤液体积等数据。

(7) 绘制滤失时间的平方根与滤液体积的关系曲线。

2) 酸液滤失系数的计算

经典滤失理论假设压裂液滤失受 3 个过程控制：受压裂液造壁性控制的滤失过程 C_w、受压裂液黏度控制的滤失过程 C_v、受地层流体黏度与压缩性控制的滤失过程 C_c。

受压裂液造壁性控制的滤失系数 C_w 通常采用室内动态滤失实验予以确定。

$$V_L = V_{sp} + m\sqrt{t} \tag{6-52}$$

$$C_w = \frac{m}{2A} \tag{6-53}$$

式中　V_L，V_{sp}——分别为总滤失量和初滤失量，m^3；

　　　　t——滤失时间，min；

　　　　m——V_L—$\sqrt{t}$ 曲线斜率，$m^3/\sqrt{min}$；

　　　　A——岩心横截面积，m^2；

　　　　C_w——造壁性滤失系数，$m/\sqrt{min}$。

受压裂液黏度和地层流体压缩性控制的滤失系数计算公式：

$$C_{\text{v}} = 0.17\sqrt{\frac{\phi K \Delta p}{\mu_{\text{frac}}}} \tag{6-54}$$

$$C_{\text{c}} = 0.136 \Delta p \sqrt{\frac{\phi K C_{\text{t}}}{\mu_{\text{r}}}} \tag{6-55}$$

式中　ϕ——储层孔隙度；

　　　K——储层渗透率，μm^2；

　　　Δp——裂缝内外净压力，MPa；

　　　μ_{frac}——压裂液黏度，mPa·s；

　　　μ_{r}——地层流体黏度，mPa·s；

　　　C_{t}——综合压缩系数，MPa^{-1}。

综合滤失系数 C 为：

$$C = \frac{2C_{\text{c}}C_{\text{v}}C_{\text{w}}}{C_{\text{v}}C_{\text{w}} + \sqrt{C_{\text{w}}^2 C_{\text{v}}^2 + 4C_{\text{c}}^2(C_{\text{v}}^2 + C_{\text{w}}^2)}} \tag{6-56}$$

该滤失理论适用于计算惰性压裂液体系的滤失系数。对于反应性酸液体系而言，酸液将持续不断地溶蚀岩石表面，因此无法有效地使沉淀物形成滤饼；同时，从裂缝向两侧基岩滤失的酸液将产生酸蚀蚓孔，酸蚀蚓孔的存在又进一步加剧酸液滤失，这是一个自我放大的过程，可能导致过量的酸液滤失。故需要对经典压裂液滤失理论进行修正才能用于计算酸液滤失。

考虑酸蚀蚓孔效应的受压裂液黏度控制的滤失系数修正为（潘琼等，2002）：

$$C_{\text{v, wh}} = C_{\text{v}}\sqrt{\frac{Q_{\text{ibt}}}{Q_{\text{ibt}} - 1}} = \sqrt{\frac{\phi k \Delta p}{2\mu\left(1 - \dfrac{1}{Q_{\text{ibt}}}\right)}} \tag{6-57}$$

式中　Q_{ibt}——酸蚀蚓孔突破时注入的孔隙体积数；

　　　$C_{\text{v, wh}}$——考虑蚓孔效应的受酸液黏度控制的滤失系数，$\text{m}/\sqrt{\text{min}}$。

　　　ϕ——岩石的原始孔隙度；

　　　K——储层渗透率，$10^{-3}\mu\text{m}^2$；

　　　μ——酸溶液的黏度，mPa·s；

　　　Δp——裂缝与地层之间的压差，MPa。

因此，含有酸蚀孔洞的受液体黏度控制的滤失系数与常用的不含酸蚀孔洞的受压裂液黏度控制的滤失系数 C_{v} 的相关式为：

$$C_{\text{v, wh}} = C_{\text{v}}\sqrt{\frac{Q_{\text{ibt}}}{Q_{\text{ibt}} - 1}} \tag{6-58}$$

考虑酸蚀蚓孔效应的综合滤失系数为（郑旭，2006）：

$$C_{\text{wh}} = \frac{-\dfrac{1}{C_{\text{c}}} + \sqrt{\dfrac{1}{C_{\text{c}}^2} + \dfrac{4}{C_{\text{v, wh}}^2}}}{\dfrac{1}{C_{\text{v, wh}}^2}} \qquad (6\text{-}59)$$

从经典的压裂液滤失模型到考虑蚓孔效应的酸液滤失模型，最大的区别在于受压裂液黏度控制的滤失系数不同，如图 6-52 所示。

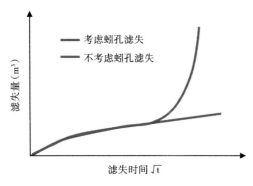

图 6-52　不同滤失模型计算的酸液滤失系数

酸液滤失模型包括酸蚀孔洞之后，其液体滤失速度与以前同样，与时间的平方根成反比，所以有酸蚀孔洞影响时，只需对常用的压裂液滤失模型中的受压裂液黏度控制的滤失系数进行修正，其他因素与压裂液相同。

在含有酸蚀孔洞的总滤失系数表达式中，C_{c} 与压裂液一样可从油藏数据计算出，但 $C_{\text{v, wh}}$ 中的酸蚀孔洞突破时注入的孔隙体积数 Q_{ibt} 和 C_{w} 则必须由实验得出。作为渗透率和压差函数的值 C_{w}，只能通过地层的实际情况确定，渗透率和孔隙大小都影响 C_{w}。对于一种液体，任何曲线给出的 C_{w} 值都是一个近似值，因为孔隙大小的变化对液体滤失控制的影响比渗透率对液体滤失控制的影响更大。因为这个原因，用实际地层岩心样品确定 C_{w}。根据前人理论，酸液滤失模型中 C_{w} 的计算，滤失量仍与时间的平方根成比例。通过测定不同时间的滤失量，以累计滤失量为纵坐标，以时间平方根为横坐标做酸液滤失曲线，计算酸液的滤失系数、滤失速度和初滤失量。该直线段的斜率为 m，截距 h。当截距 h 小于 0 时，用 9min 以后的数据重新回归。受滤饼控制的滤失系数 C_3、滤失速度 v_c 和初滤失量 Q_{sp} 按式（6-60）至式（6-63）计算：

$$C_{\text{w}} = \frac{0.005m}{A} \qquad (6\text{-}60)$$

由于实验压差与实际施工压差可能不同，应用时可作如下校正：

$$C_{\text{w}}^* = C_{\text{w}} \times \sqrt{\frac{\Delta p_{\text{r}}}{\Delta p_{\text{L}}}} \qquad (6\text{-}61)$$

式中　A—— 岩心横断面积，cm^2；

　　　m——斜率，$\text{mL}/\sqrt{\text{min}}$；

　　　C_{w}——酸液滤失系数，$\text{m}/\sqrt{\text{min}}$；

　　　Δp_{r}—— 实际酸压施工时缝内外压差，MPa；

　　　C_{w}^*—— 校正后的酸液滤失系数，$\text{m}/\sqrt{\text{min}}$；

　　　Δp_{L}—— 实验条件下岩心两端压差，MPa；

　　　V__滤失速度，m/min；

t——滤失时间，min；

Q_{sp}——初滤失量，m^3/m^2；

h——滤失曲线直线段与 y 轴的截距，cm^2。

压裂液模型计算中还使用了初滤失量，即瞬时滤失出现在裂缝前缘，与滤饼的建立速度有关，一般用来评价滤饼的建立情况，而对于碳酸岩盐低渗透储层的酸液滤失情况，由于酸液滤失很难在裂缝表面形成滤饼，故可以不考虑初滤失参数。

$$v_c = \frac{C_3}{\sqrt{t}} \qquad (6-62)$$

$$Q_{sp} = \frac{h}{A} \qquad (6-63)$$

3）酸液滤失特征及主要影响因素

图 6-53 为具有典型代表性的酸液动态滤失实验曲线。发现酸液滤失与压裂液滤失有显著的区别，在恒定压差下，由于压裂液具有造壁性能，可在裂缝壁面形成滤饼降低液体滤失。而酸液滤失基本上可划分为三个阶段：第一阶段表现为随着注液时间的增加，滤失量增加得较慢，滤失系数较低；第二阶段表现为随着注液时间的增加，滤失量急剧增加，滤失系数很大；第三阶段滤失系数又降低。出现这三个阶段可解释为在开始注酸液时，由于酸蚀蚓孔尚未形成，滤失系数较低；随着注液时间的增加，酸与岩石不断反应，扩大或沟通滤失通道，形成了酸蚀蚓孔，导致滤失量急剧增加，大大提高了酸液滤失系数；随着注液时间的进一步增加，由于前置滤失酸液反应能力的减弱，以及酸不溶物的增加及 CO_2 气泡的生成，导致了滤失系数的降低。从实验数据可以看出大量酸液滤失发生在酸蚀蚓孔形成之后，说明酸蚀蚓孔的形成是加剧酸液滤失的主要原因。

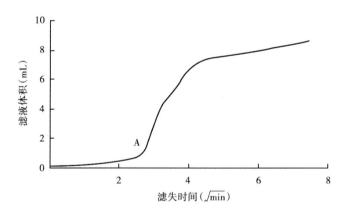

图 6-53　心酸液动态滤失典型实验曲线

5. 酸液动态滤失测定结果

采用龙王庙低渗透储层改造使用的胶凝酸、转向酸、交联酸进行滤失系数测定，采用带搅拌罐岩心流动评价装置模拟酸液滤失实验，实验过程中设定注入压差，注入液罐中的酸液以一定的速度进行搅拌，记录每分钟酸液从岩心末端的滤失量，直到酸液突破岩心即结束实验；如果在 120min 内没有突破岩心，即停止实验。数据处理时以时间的平方根为横坐标，滤失体积为纵坐标作图，回归曲线斜率，并求出同一压差下的滤失系数。

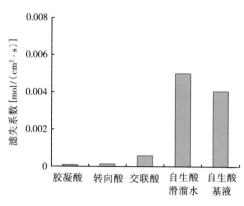

图 6-54　不同酸液体系滤失系数

从评价结果可以看出，胶凝酸滤失系数达到 10^{-5} 级；转向酸变黏后黏度最高达 70mPa·s，滤失系数达到 10^{-4} 级，岩心出口端产生了一个主蚓孔和多个细小蚓孔；交联酸的滤失系数与转向酸基本相当，滤失系数达到 10^{-4} 级；自生酸滑溜水与自生酸基液的滤失性能基本相当，滤失系数达到 10^{-3} 级，滤失性能较大，适用于大规模压裂产生滤失、造复杂缝网。实验结果表明，胶凝酸、转向酸具有良好的控滤失性能，自生酸滑溜水可以形成复杂缝网（图 6-54）。

第四节　暂堵转向酸化材料性能评价

在四川气田，堵塞球分层酸化技术已在现场应用过多层，取得了较好的效果（韩慧芬，2013）。该技术属于机械封堵，适应于层间间隔小、不能用封隔器分卡的已射孔的多个油气层进行分层酸化。该方法要求施工层位必须是采用射孔完井。采用封隔器分层酸化的原理是利用封隔器将施工的多个层段封隔开，最下面一层通过油管直接注入，施工结束后依次投球打开压裂滑套、逐级上试，施工时可采用分层酸化、排液、测试、合采的方法，也可采用分层酸化、合层排液、合试、合采的方法。其大致的施工原理和程序如图 6-55 所示。

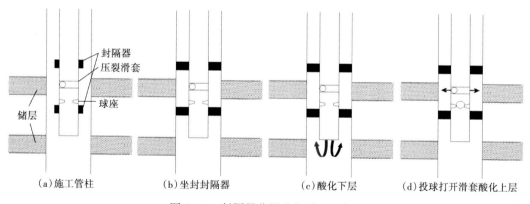

图 6-55　封隔器分层酸化原理及步骤

对于一个施工井段较长的井各层段存在较大的差异，储层的非均质性影响，酸化时酸液优先进入物性较好的层段，由于酸液是一种反应性的液体，流入的酸液和储层岩石反应会提高储层的渗滤性，从而后续酸液更容易进入到这个层段，而其他层段酸液进入的量就很少，有时就起不到对整个施工层位的均匀改造。对于非均质储层来说，常规的酸液体系通常优先穿透大孔道或高渗透部分，酸液很难作用于低渗透部分。如果向普通酸中添加转向剂，转向剂就会暂时堵住这些通道，改变注酸流动剖面，使酸液进入相对低渗透区域，与未酸化的储层部分反应。即通过对储层的大孔道或高渗透带进行暂堵，迫使酸液转向低渗透带，这就是转向酸化技术。

随着勘探开发的边缘化和纵深化，越来越多的复杂储层需要储层改造解决纵向上非均质性强的难题，现有的工具、物理分层、纤维物理转向、塑料球物理转向和转向酸化学转向等技术均有自己的适应性。如工具物理分层虽分层准确，但只能实现大段（大于10 m）分层，且工具管柱复杂、后续作业困难，在长水平段采用别的均匀改造技术就尤为重要（周怡，2014；何春明，2009）。

对于孔洞型碳酸盐岩气藏，储层厚度是气井高产的地质基础，沟通天然孔洞是气井获得高产的关键因素，但此类气藏通常非均质性强、不同渗透性能的储层交替存在，酸化措施的关键在于能否使酸液在整个产层合理置放，恢复或增加气井产量。同时过平衡钻进导致天然裂缝开启，易发生钻井液漏失，储层伤害严重，严重制约气井产能的发挥。四川龙王庙组气藏转向酸化技术主要采取化学转向和物理转向，化学转向主要依靠酸液自身化学特性实现转向（付永强，2014）；物理转向是在酸液中加入纤维转向剂或者可溶性暂堵球，调整酸液在各酸化层的注入量，从而达到各层段均匀酸化的目的。大斜度井/水平井依据完井方式（射孔、衬管）可以选择暂堵球分段、纤维转向剂以及转向酸复合转向等搭配使用，实现均匀布酸（图6-56）。

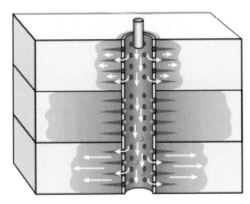

图6-56 可降解暂堵球分层酸化示意图

一、转向酸转向评价

为解决长井段、非均质储层均匀吸酸的问题，最近几年研制出来了转向酸，转向酸具有"变黏、缓速、降滤"的特征，纤维具有封堵裂缝的性能。转向性能为转向酸、纤维的重要性能指标之一，转向酸变黏持续时间、峰值大小及出现的时间、纤维转向剂封堵转向压力等都是转向酸性能评价内容。

1. 转向酸转向变黏机理

黏弹性自转向酸在酸化施工中独特的增黏性质主要是酸液中的黏弹性表面活性剂的胶束结构发生改变引起的。由于表面活性剂结构有差异，因而引起此变化的因素也有差别，导致黏弹性自转向酸的作用机理也存有不同之处。目前国内外应用的黏弹性自转向酸的变黏转向机理主要有残酸变黏转向和过程变黏转向。而残酸变黏又分为pH值变化引起变黏和pH值与Ca^{2+}同时作用引起变黏两种情况。过程变黏的变黏阶段发生在酸岩反应的主要阶段，同样与$[H^+]$和$[Ca^{2+}]$有关。

目前四川磨溪—高石梯龙王庙组储层使用的转向酸变黏过程为：酸液新酸会首先进入阻力较小的高渗透层或天然裂缝，与碳酸盐储层发生反应。消耗酸液中的H^+，使转向酸pH值升高，同时产生大量的Ca^{2+}、Mg^{2+}，使转向剂分子形成棒状胶束，在Ca^{2+}、Mg^{2+}达到发生相互缠绕的临界胶束浓度时，形成网状结构，黏度达到最大值。随着酸浓度的降低，表面活性剂疏水基团得以逐渐伸展，从而形成蠕虫状胶束缠绕结构，使黏度增大而形成黏弹性体系。当酸液浓度继续降低时，体系中Ca^{2+}增加，疏水碳链的无规行走尺寸很小，不能伸展而呈球型，这种体系黏度很低。当酸浓度降到5%以下，体系黏度也降到$5mPa \cdot s$以下，体系实现自动破胶，便于返排。该变黏过程中，不同分子结构转向剂形成的胶束水动力学尺寸大小和网状结构强度不同，而宏观表现为最大变黏值的大小、时间和变黏宽度的不同，通过调整转向剂主剂分子结构，实现不同转向酸转向范围和最大变黏值及出现的时间。

2. 转向范围评价

转向性能是衡量转向酸最为重要的性能指标之一，一般应用双（多）岩心流动实验的压差值或岩心酸化效果对转向性能进行表征。利用酸岩反应中黏度变化持续的时间表征转向酸的转向范围（包括最大黏度值出现的时间），该评价结果可以有效表征转向酸与储层反应时，持续变黏的过程特征，为优选适宜转向范围的酸液体系提供数据支撑。

实验评价温度通常为90℃，评价时取配制好的放入黏弹性表面活性剂自转向酸4000mL，再取10个5L的烧杯，每个烧杯中倒入400 mL自转向酸，然后每个烧杯分别加入12.03g、24.07g、36.10g、48.13g、60.17g、72.20g、84.23g、96.26g、108.30g、120.33g碳酸钙粉，加入速度控制在泡沫没有溢出烧杯，至反应结束无气泡产生。常温下测定酸液变黏后在170s^{-1}下的黏度，测得的最大值即为常温峰值黏度。并取黏度最大值样品，采用控制应力流变仪，采用3℃/min的升温速度，温度升到90℃时，以170s^{-1}剪切速率测试峰值黏度，记录该温度下的黏度值即为90℃下的峰值黏度。转向酸变黏典型曲线如图6-57所示。

3. 转向性能评价

转向酸在被高压挤入地层之后，首先会沿着较大的孔道，进入渗透率高的储层，与碳酸盐岩发生反应，随着酸岩反应的进行，酸液黏度自动增加（图6-57），变黏后的酸液对大孔道和高渗透地层进行堵塞，迫使注入压力上升，鲜酸进入渗透率低的储层，并再次与储层岩石进行反应，并再次发生黏度升高，注入酸压力升高。直到上升的压力使酸液冲破对渗透率较大的大孔道的暂堵，酸液才会继续前进。这样，

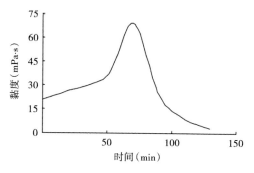

图6-57　酸岩反应黏度变化曲线

酸液不仅对渗透率较大的储层进行了酸化，对渗透率较小的储层也产生了酸化作用。

对于黏弹性自转向酸的转向性能方面，室内开展了大量实验，从单岩心流动实验到双岩心流动实验，从定性的研究酸液的转向性能到研究酸液在不同渗透率范围的岩心中转向效果，首次对酸液的转向范围及转向程度以及温度、转向酸配方、渗透率倍数、注酸排量等多个影响因素进行了研究（王道成等，2013）。

1）单岩心流动实验

采用单岩心流动实验评价酸液转向性能实验中引入注入压力比（dp_{acid}/dp_{KCl}）来表征注酸过程的压力响应。dp_{acid}/dp_{KCl}等于注酸压力 dp_{acid} 与 KCl 盐水流动压力之比。dp_{acid}/dp_{KCl}持续上升，表明酸液在酸化过程中增黏形成一种暂堵段塞，并可认为是流体体系分流能力的体现。实验方法是1mL/min恒流的情况下，先用盐水测试注入压力，然后注入酸液，记录注入酸的注入压力，用注入酸的注入压力与盐水的注入压力的比值作为纵坐标，用注入孔隙体积倍数作为横坐标。如果注入酸的注入压力与盐水的注入压力的比值大于1，说明液体转向。图6-58是转向酸在石炭系的压力响应曲线，由 KCl 盐水测得岩心的初始渗透率为 0.0244×10^{-3} μm^2。在注入转向酸时，dp_{acid}/dp_{KCl}持续上升，表明转向酸在酸化过程中增黏形成一种暂堵段塞，并可认为是流体体系分流能力的体现。采用此法可以定性说明转向酸具有转向的性能。但要回答转向酸的转向范围、转向程度是多大的问题，此评价方法却无法满足要求。

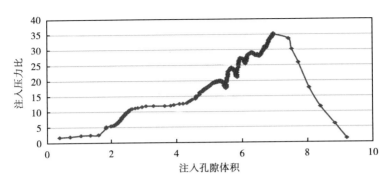

图 6-58　转向酸注入压力比（$\mathrm{d}p_{acid}/\mathrm{d}p_{KCl}$）与注入孔隙体积倍数图

　　2）双岩心流动实验

　　利用转向酸双岩心封堵转向压力差实验对非均质储层转向性能进行评价，可以有效地表征转向酸与储层反应转向压力变化过程（即为封堵压力峰值），为优选适宜的酸液体系提供数据支撑。

　　转向酸的分流转向目的是为了对渗透率不同的非均质储层实现均匀酸化，考虑选取两块渗透率不同的岩心，模拟不同渗透率储层，当酸液同时接触两块岩石，会先酸化高渗透率岩心，随着酸岩反应的进行，转向酸增黏形成暂堵，使后续酸液转向进入低渗透岩心；当高渗透岩心暂堵性黏弹体减弱后，酸液继续推进，从而继续形成暂堵并转入酸化低渗透岩心，如此循环，使两块岩心均得到改造。基于此构思，需要应用到双岩心流动实验仪。室内利用双岩心流动实验评价转向性能，采用渗透率差值分别为 11.7 倍、28.3 倍、40.2 倍的两块岩心同时进行改造。评价结果表明，转向酸体系可以对相差 40 倍渗透率储层实现有效转向，改善低渗透岩心渗透率（图 6-59）。转向酸变黏时最大黏度值达到 70mPa·s，残酸破胶以后黏度降低为 5.0mPa·s 以内，该变黏过程持续时间超过 60min，可以有效提高封堵效果（图 6-59）。

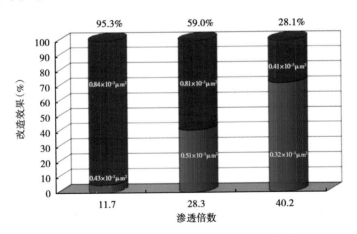

图 6-59　转向酸对不同渗透率岩心改造效果

　　通过双岩心实验，测试酸液同时对不同渗透率岩心进行酸化过程中压力对流体的响应变化曲线，以及岩心酸化前后渗透率的变化，来判定酸液的转向性能以及对低渗透岩心的改造效果等性能。表 6-27 为常规酸与转向酸的双岩心流动实验的酸化效果。

表 6-27 常规酸、转向酸对不同渗透率岩心的酸化效果对比表（120℃）

项目 酸液体系	常规酸	转向酸
1#岩心渗透率（$10^{-3}\mu m^2$）	43.7	42.1
2#岩心渗透率（$10^{-3}\mu m^2$）	2.60	1.83
渗透率倍数	16.8	23.0
2#岩心酸化后渗透率（$10^{-3}\mu m^2$）	2.60	2.93
改造效果	0%	60.1%

图 6-60、图 6-61 分别是两种酸液体系双岩心流动实验中的压力变化曲线及酸化后两块岩心剖面图。

（a）压力变化

（b）43.7×$10^{-3}\mu m^2$，常规酸酸化后

（c）2.6×$10^{-3}\mu m^2$，常规酸酸化后

图 6-60 常规酸对渗透率倍数为 16.8 的两块岩心酸化压力变化及岩心酸化后剖面图

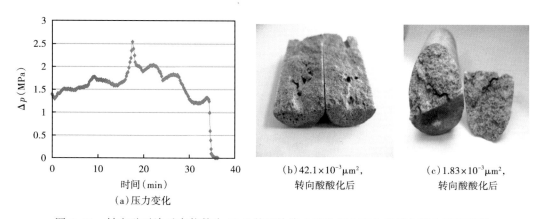

（a）压力变化

（b）42.1×$10^{-3}\mu m^2$，转向酸酸化后

（c）1.83×$10^{-3}\mu m^2$，转向酸酸化后

图 6-61 转向酸对渗透率倍数为 23.0 的两块岩心酸化压力变化及岩心酸化后剖面图

由表 6-27、图 6-60、图 6-61 可见常规酸与转向酸压力响应不同，转向酸酸化过程中压力呈现波段上涨；压力下降过程中同样有起伏变化。酸化前后渗透率结果表明转向酸对非均质性储层进行了均匀酸化，说明转向酸在渗透率倍数为 23 倍非均质储层中具有转向的性能，且对低渗透岩心实施 60.1%改造效果。采用此方法研究转向酸的转向性能，转向效果是可行的。

3) 转向性能影响因素

采用双岩心流动实验，就温度、渗透率倍数等因素对转向性能的影响进行研究，结果表明转向酸的转向效果受温度、转向剂配方、渗透率倍数、注酸排量等多个因素影响：随温度的升高转向效果降低；转向效果随配方中转向剂加量的增加而加强；酸液转向程度随渗透率倍数的增加而降低；不同的注酸排量影响酸液的转向性能，小排量时提高排量利于转向，大排量对转向不利。因此，为了达到较好的酸化效果，应根据储层特征（不同温度、不同渗透率差值倍数）、施工工艺差异（不同规模、排量），选择针对性黏弹性自转向酸体系。

正是黏弹性自转向酸的以上特点，使得该体系在以下几种储层酸化改造中得到较好的应用。

（1）非均质储层——均匀、高效地酸化储层，使非均质储层中不同渗透率的储层得到很好的酸化。

（2）长井段施工作业井——利用酸液独特的转向性能，达到对长井段井整个储层段均匀布酸及形成高导流裂缝的施工效果。

（3）厚层碳酸盐岩储层——自转向酸具有良好的缓速、降滤失、低摩阻性能，可实现对该类储层裂缝的深穿透和高导流能力。

（4）选择性酸化——黏弹性自转向酸酸化时，酸液优先进入水层，与水层矿物反应，酸液黏度升高，形成高黏段塞，阻止酸液进一步流入水层，而使剩下的酸进入油气层，从而达到选择性酸化的目的。

（5）深酸性气井——实现对该类储层裂缝的深穿透和高导流能力的同时，大大降低金属氧化物和硫化物沉淀造成二次伤害的可能性。

二、暂堵纤维转向剂

纤维在增产措施中最早应用于加砂压裂，在压裂液中加入适量的纤维能使支撑剂沉降速度降低一个数量级以上，从而可使用很低黏度的压裂液，减少对低渗透储层的伤害。纤维在酸压中的应用则是由 Schlumberger 和 Aramco 公司在 2008 年提出的，针对存在天然裂缝或渗透率差异大的储层转向酸压的一种新方法。

室内实验研究表明，当一个有着无限渗流能力的介质（如射孔通道或者天然裂缝）被可降解纤维填充桥接时，会在这个区域产生一个暂时的表皮系数，暂时表皮系数的量级与地层的渗透率成正比。有效的转向发生在渗流能力差别大的地层，纤维暂堵转向有效地抑制了天然渗透率的极差，而在没有出现渗透率极差的情况下也没有影响增产措施的效果。从纤维裂缝模型的封堵效果实验来看：纤维浓度、液体配方及排量等对封堵效果影响较大，纤维浓度的提高及酸浓度的增大能提高液体体系的转向能力，排量的提高则降低液体体系的转向能力。部分室内实验研究人员还开展了转向酸和纤维组合的评价实验，结果表明转向酸和纤维的结合通过结合粒度和黏性两个方面的转向技术增强了液体体系的转向效果，下面主要采用了中国石油勘探开发研究院蒋卫东在文献《新型纤维暂堵转向酸压实验研究与应用》的方法及数据结果。

1. 纤维暂堵转向原理

纤维暂堵转向酸化、酸压技术是在施工过程中适时地向地层中加入适量纤维，纤维在流动过程中随液体遵循向阻力最小方向流动的原则，在经过射孔孔道、近井筒孔道后进入地层天然裂缝或先期人工裂缝时，纤维暂堵材料在孔眼、射孔孔道或在缝端累积桥塞，使后续工作液减少或者不能向初期的射孔孔眼、天然裂缝或先期人工裂缝流动，一定程度上升高井底压力，在一定的水平两向应力差条件下，产生液体流向的二次分配或储层的二次破裂，进而改变裂缝起裂方位以产生新裂缝。

Thabet、Cohen 等对于纤维转向的理论也有研究。其理论模型的核心在于评价相关的最大化的纤维滤饼表皮系数（表示为 S），其定义为：

$$S = S_0 + S_{c1} + S_{c2} \tag{6-64}$$

式中　S_0——当射孔孔眼未被纤维封堵时的完井表皮系数；

　　　S_{c1}——纤维材料堆积射孔孔眼并与套管和水泥层接触区域的表皮系数；

　　　S_{c2}——与岩石接触、在水泥层之外的区域的表皮系数。

2. 纤维降解性能评价

暂堵纤维对储层能够实施暂时封堵，但其在施工结果后能否降解返排，对储层是否有伤害，伤害程度如何都是其使用性能的重要指标。

西南油气田分公司天然气研究院在转向酸中加入纤维，酸岩反应增黏后，纤维与残酸一并封堵高渗透层，纤维起物理封堵作用。纤维转向剂在常温下降解性能差，在储层温度 2.5~3h 下能降解完全，疏通封堵层，残酸易于返排，不留伤害地层的残余物（表 6-28、图 6-62）。

表 6-28　纤维转向剂降解性能实验评价结果

溶液介质	实验温度（℃）	降解时间及状态
20%盐酸	常温	10d 未见降解
20%盐酸	150	2.5h 降解完全
残酸	150	3.0h 降解完全

降解

图 6-62　纤维转向剂降解前后外观图

3. 暂堵性能评价

不同尺寸裂缝和孔隙对纤维暂堵液漏失能力测试（蒋卫东等，2015）的实验装置如图 6-63 所示。

采用不同的裂缝规格，在不同的压差下，测试液体在 30min 内的滤失量，评价纤维封堵能力（表 6-29）。

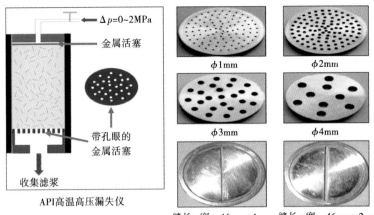

图 6-63　堵漏实验装置示意图

表 6-29　纤维暂堵液在不同裂缝和孔隙中的漏失实验结果表

裂缝规格	不同压差下 30min 滤失量（mL）			
	基液（105mPa·s）压差 0.5MPa	压差 0.5MPa	压差 1.0MPa	压差 2.0MPa
缝长×缝宽＝46mm×0.5mm	25800	26.5（6min50s）	11.2（3min40s）	4.5（2min45s）
缝长×缝宽＝46mm×1.0mm	42500	46.5（4min20s）	18.8（2min30s）	8.5（1min45s）
缝长×缝宽＝46mm×2.0mm	86500	56.7（3min40s）	24.5（1min20s）	11.4（45s）
φ1mm 孔板	39800	32.9（1min35s）	15.6（47s）	7.3（41s）

注：括号内数据为形成纤维阻挡层的时间。

从实验结果可以看出：未加纤维的暂堵液基液（黏度为 105mPa·s）在低压差下（实验压差 0.5MPa）的滤失量就远远大于加入纤维的暂堵液的滤失量，说明纤维有非常显著的堵漏效果；压差的增大也显著提高纤维的堵漏性能，这是由于压差增大，使暂堵纤维在裂缝和孔隙的前端部在更短时间内形成更加致密的阻挡层，进而降低液体的滤失。因此，在酸压施工中，在注完纤维暂堵液后，应迅速提高施工排量，以使纤维暂堵的基液迅速滤失，而使纤维能形成致密阻挡层，以降低酸液的漏失，使酸液转向进入其他未受改造的储层。

西南油气田分公司室内利用双岩心流动实验评价转向性能，采用渗透率差值分别为 11.7 倍、28.3 倍、40.2 倍的两块岩心同时进行改造。采用 2mm 宽槽模拟缝（洞）储层，用纤维进行充填模拟封堵效果。评价结果表明，纤维可提高注入压力 3.2MPa 以上。纤维在 150℃下，2.5h 可以完全降解，现场施工后并不会对储层造成二次伤害（表 6-30）。

表 6-30　纤维转向实验数据

转向剂类型	初始渗透率（$10^{-3}\mu m^2$）	注入转向剂后渗透率（$10^{-3}\mu m^2$）	渗透率变化（%）
纤维状（5~6mm）	24.167	13.447	渗透率降低 44.36
纤维状（11~12mm）	26.675	12.961	渗透率降低 51.41
粉末转向剂	5.325	4.014	渗透率降低 24.61

注入 11~12mm 纤维状转向剂后采用盐水测试渗透率，入口压力上涨了 3.2MPa，说明纤维液形成的网状结构封堵住了裂缝。另外，从表中可以看出，注入 11~12mm 纤维状转向剂后，渗透率降低幅度最大，能够更好地实现封堵转向。注入一定量的粉末转向剂后，注入压力升高直至恒定，封堵压力上涨不明显，但转向剂封堵了端面，注入后的渗透率降低，成功实现了封堵。粉末状可降解转向剂用于封堵孔洞、孔隙，其转向性能如图 6-64、图 6-65 和表 6-31 所示。

表 6-31　转向实验数据

转向剂类型	初始渗透率 ($10^{-3}\mu m^2$)	注入转向剂后渗透率 ($10^{-3}\mu m^2$)	渗透率变化降低 (%)
粉末转向剂	5.325	4.014	24.61

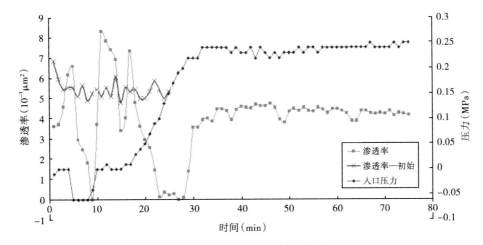

图 6-64　粉末转向剂封堵性能测试

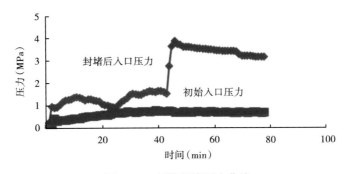

图 6-65　纤维封堵压力曲线

4. 承压能力评价

酸液对纤维暂堵层滤失性能和承压能力的影响主要研究温度和酸液浓度对纤维暂堵层封堵能力的影响。实验分别考察温度在 25℃、40℃、60℃、70℃下，压差为 2MPa 时，酸液对裂缝宽度 1mm 纤维暂堵层的滤失性能和承压能力的影响。实验结果表明：随着温度的升高，纤维暂堵层的暂堵能力在下降，说明酸液在较高温度下影响了纤维的强度，降低了纤维暂堵层的承受压力。但在酸压施工时，酸液的排量大，近井地带的温度都会显著降低，同时承压能力与纤维暂堵层的厚度也有直接关系。因此在施工时温度对纤维暂堵层的暂堵性能影响不大。

　　酸液浓度对纤维暂堵层性能的影响的实验结果见表6-32。实验结果表明：当酸液浓度小于20%时，对纤维暂堵层的滤失性影响不大，但当酸液浓度达到28%时，对纤维暂堵层的滤失性影响很大，漏失量增加，承压能力明显降低。但在此种情况下可通过在施工时增加纤维的加入量，以使纤维形成更厚的纤维暂堵层来弥补这一影响。

表6-32　不同酸液浓度对纤维暂堵层（DF-70）滤失性能的影响实验结果表

酸液配方	不同酸液浓度下30min滤失量（mL）			
	25℃	40℃	60℃	70℃
10%HCl+1%ACA-6	7.6（>10）	7.8（9.6）	8.2（7.3）	9.2（2.4）
15%HCl+1%ACA-6	7.8（>10）	7.9（9.8）	8.4（7.8）	9.6（2.5）
20%HCl+1%ACA-6	8.2（>10）	8.8（9.8）	9.5（7.8）	10.2（2.5）
28%HCl+1%ACA-6	8.4（>10）	9.8（7.2）	14.5（2.5）	238.4（击穿）

　　注：实验条件是压差2.0MPa，裂缝宽度1mm，括号内数据为承受压力，单位MPa。

三、可降解暂堵球性能评价

　　在现场应用证明，纤维物理转向只能对吸酸压力差值小于8MPa的储层实现转向改造，但只对应力差值大于8MPa的多产层难以实现转向，且泵送工艺复杂；塑料球物理转向能堵塞炮眼且转向明显，但该球不降解，后期排液时易堵塞流程；转向酸化学转向只对吸酸压力差值小于5MPa的储层实现转向改造，但随着试油工程的发展，越来越需求简单快捷的转向方式，实现立体改造，研制出了一种施工简单、适应性强、低成本的分层工具，以解决储层纵向上非均质性强的难题（周怡，2014）。

　　压裂酸化用可降解暂堵球由特种共聚酯、催化剂等为主要原料，经高温熔融、成型打磨后制成的不同直径的暂堵球，施工作业时，用工作液将该球携带进入井筒，当工作液进入地层时，该球可优先进入高渗透层，在压差作用下优先封堵高渗透层射孔炮眼，迫使工作液转向到中低渗透层进行改造。施工结束后，地层温度得到恢复，水解成水溶性液体的酸和醇，并随着其他液体一起排出，同时减少地面流程堵塞的风险，在测试及完井阶段均可使用。

　　影响暂堵球使用效果的因素有压力、温度和工作液等。暂堵球随工作液进入地层后，若抗压效果不好或溶解时间过快，都会影响施工效果。

1. 压裂酸化用可降解暂堵球的溶解实验

　　依据暂堵转向剂在储层改造中的作用，要求暂堵转向剂随储层改造液体注入地层的过程中不溶解或缓慢溶解，施工完成后逐渐溶解或降解，解除堵塞。因此，溶解性评价主要是考察不同温度下暂堵转向剂在储层改造液体中的溶解情况。

　　实验方法：取10g暂堵转向剂加入200mL储层改造液体中，人工适当搅拌均匀，全部倒入耐压密封容器中，置于20℃、40℃、60℃、80℃、90℃、100℃、120℃、140℃、160℃（密闭容器）下老化，每30min取出观察是否溶解，以完全溶解或降解时间作为暂堵剂溶解时间。

　　可降解暂堵球在工作液中的溶解实验从图6-66可以看出，暂堵球在清水、压裂液、滑溜水及酸液4种工作液中，当温度为90℃、130℃及150℃时溶解5h，直径均大于10mm，能满足施工要求，但不能满足初期4mm油嘴的排液要求，故需研制一种催化剂以满足现场排液需要。

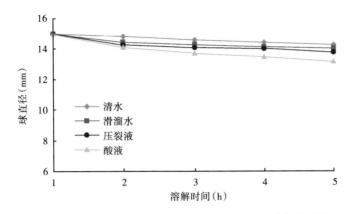

图 6-66 暂堵球在工作液中 90℃ 、20MPa 时的溶解情况图

2. 压裂酸化用可降解暂堵球在催化剂中溶解

从图 6-67 可以看出，暂堵球在储层温度下，通过调节催化剂浓度可以控制溶解时间，所以施工后期通过加入催化剂可以快速溶解暂堵球，以满足现场不同时间的排液需要。

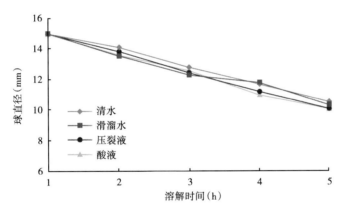

图 6-67 暂堵球在工作液中 150℃ 、20MPa 时的溶解情况图

3. 压裂酸化用可降解暂堵球的抗压实验

在温度 90℃ 、150℃ 下，对，球径 13mm 、15mm 、18mm，球座 9mm 进行抗压强度测试，如图 6-68 和图 6-69 所示，不同直径的暂堵球在相同的条件下，直径越大，耐温和抗压效果越好，可满足现场不同时间的施工需要。

4. 密度及直径

在进行酸化处理时，可溶性堵塞球粒径选择依据射孔孔眼尺寸，将可溶性暂堵球加到酸化处理液中，液体将堵球带至需要暂堵的大孔道，进行封堵。成功的关键是需要足够排量来维持其通过孔眼的压差使堵球有效坐封，目前常用的堵球包括浮球和沉球，对于直井而言，浮球比普通沉球效果要好。因此，对于暂堵球性能评价，除了抗压强度、溶解性能评价之外，密度、球径、外形描述都是必不可少的（表 6-33 、图 6-70 ）。

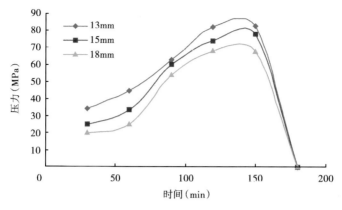

图 6-68　不同直径球 90℃的抗压曲线图

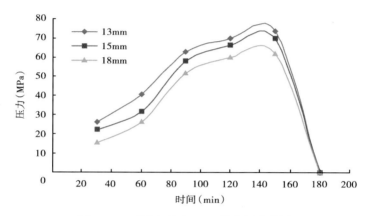

图 6-69　不同直径球 150℃的抗压曲线图

表 6-33　可降解暂堵球参数性能表

序号	名称	性能参数
1	直径（mm）	5~50（可调）
2	密度（g/cm³）	1.23~1.79
3	溶解时间（h）	3~5（可调）
4	抗压差	60MPa

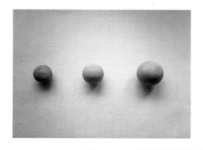

图 6-70　可降解堵塞球溶解实验前后外观

5. 压力突破评价

在 80℃ 下用标准盐水液测岩心初始渗透率（不考虑升高温度后对渗透率的影响）。然后在储层温度下用标准盐水恒流量（10mL/min），测定在岩心端面充填暂堵剂后的压力，记录驱替时间、流速、压力、出口端液体体积。出口端出液后，压力下降至平稳，实验结束。取出岩心，考虑到人造岩心较为疏松，如果压力升至 40MPa 转为恒压控制，观察稳定一段时间后再提高压力。

采用 11~12mm 纤维暂堵转向剂对岩心端面进行封堵，封堵厚度为 1.0cm 时，再在 150℃ 下以 1~3mL/min 的注入速率正向注入 3% 的氯化钾盐水，在 50MPa 压力下未突破岩心。从图 6-71 和图 6-72 中可以知道，渗透率在 $0.005×10^{-3} \mu m^2$ 上下波动，滤失量在 0.09mL/min 上下波动。滤失量、渗透率极小，说明该条件下暂堵剂能起到好的封堵作用。

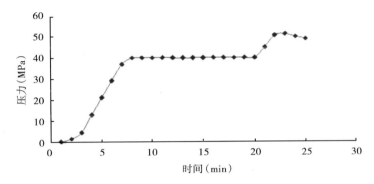

图 6-71　粉末转向剂封堵性能测试

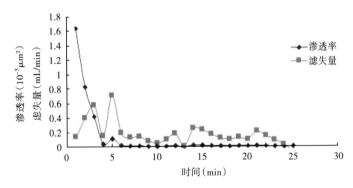

图 6-72　暂堵剂封堵后渗透率、滤失量曲线

四、转向酸化材料的选择及应用

龙王庙组直井和斜井/水平井采用笼统酸化和分段酸化工艺中，对于非均质性强、跨度较大的储层，通过优选暂堵转向效果（图 6-73），采用可溶性暂堵球实现储层均匀解堵。研制的可降解暂堵球在储层温度下 3h 可降解，能承受 40MPa 压差。根据使用的功能不同有两种类型，一种是 5~8mm 粒径颗粒，用于缝口暂堵，实现段内多裂缝开启（图 6-74），增加近井地带渗流通道，大颗粒段内暂堵剂暂堵压力 5~10MPa；另一种是 100~120 目微颗粒，用于缝内转向，实现缝内分支裂缝开启（图 6-75），提高远井人工裂缝波及范围，小颗粒缝

内暂堵剂暂堵压力 3~5MPa。

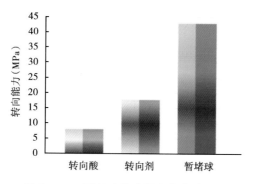

图 6-73 三种转向技术转向能力对比图

图 6-74 缝口暂堵形成多裂缝

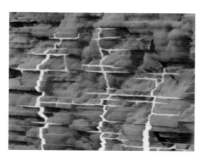

图 6-75 缝内暂堵微缝开启分支缝

磨溪区块龙王庙组储层形成了针对射孔完井的"转向酸+可降解暂堵球"酸化工艺和针对衬管完井的"变转向压力转向酸"酸化工艺。以磨溪 009-X2 井为例，该井位于磨溪构造西高点，是磨溪区块龙王庙组气藏一口大斜度井开发井，目标是进一步提高单井产能，该井实施了"转向酸+可降解暂堵球"酸化工艺（表 6-34、图 6-76）。

表 6-34 磨溪 009-X2 井基础参数

地理位置	四川省遂宁市安居区三家镇竹园村 10 组		
构造位置	磨溪构造西高点		
补心海拔（m）	324.09	开钻日期	2013-10-18
完钻井深（m）	5425.0	完钻日期	2014-3-1
完钻层位	龙王庙组	施工层位	龙王庙组
人工井底（m）	5447.00	完井方法	射孔完井
储层井段（m）	4890.5~4909.0 4922.5~4932.5 4957.5~4980.0 5023.0~5060.0 5068.5~5345.0 5353.0~5402.0	射孔井段（m）	5035.0~5050.0 5070.0~5325.0 5360.0~5400.0
孔密（孔/m）	16	井口装置	KQ78-70MPa
有效储层厚度（测井）（m）	413.5	射孔厚度（m）	310
储层跨度（m）	511.5	储层岩性	白云岩
孔隙度（测井）（%）	2.0~12.3	含水饱和度（%）	4.5~37.2

酸液进入地层后，施工压力下降 40.0MPa，解除近井地带堵塞，转向酸进入地层后暂堵压力上升 6.49MPa，暂堵球暂堵上升 22.8MPa，二次投球暂堵球暂堵上升 20.3MPa，实现了均匀布酸的施工目的。酸化前初测产气量 $113.0×10^4 m^3/d$，酸化后测试产量 $203.79×10^4 m^3/d$（图 6-77）。

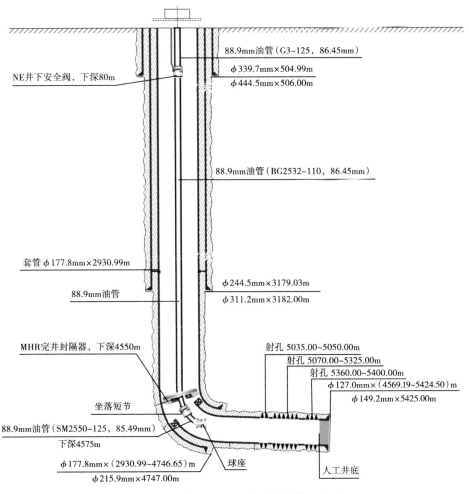

图 6-76 磨溪 009-X2 井井身结构示意图

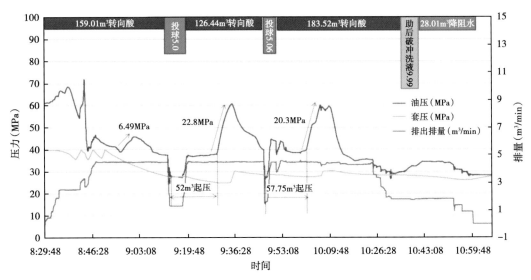

图 6-77 磨溪 009-X2 井酸化施工曲线

第七章　酸化工艺模拟实验评价技术

第一节　酸液穿透实验

一、孔隙体积突破倍数

对于碳酸盐岩地层而言，基质酸化是在低于地层破裂压力下将一定配方的酸液注入地层中。酸液主要通过溶解微裂缝中堵塞物或溶蚀裂缝壁面，扩大裂缝；或者形成类似于蚯蚓的孔道（图7-1），起到改善地层渗流条件从而起到油气井增产的目的。在基质酸化中，在一定的储层条件下，当运用最优的排量进行酸化改造时，可以使一定酸量下改造后形成的酸蚀蚯孔深度越深，从而达到较好的增产效果；或者为了达到一定的处理半径，当运用最优排量进行注入时，可以使所用的酸液最少（廖毅，2016），从而起到降低施工成本的作用。

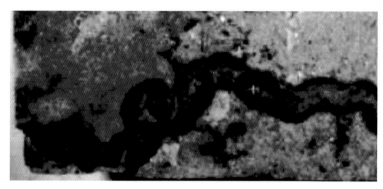

图7-1　酸液与碳酸盐岩作用形成的酸蚀蚯孔图

酸液穿透实验的主要目的是获取孔隙体积突破倍数即 PV_{bt}，优化施工排量及施工规模。PV_{bt} 是 pore volumes to breakthrough 的简称，Hoefner 和 Fogler（1988）以及 Wang（1993）等通过运用酸液进行的岩心驱替实验发现，在较低的注入速度下，反应物大量消耗在岩心入口端，岩心端面被均匀溶解，不能形成酸蚀蚯孔；在中等注入速率下，未消耗的酸液流动到大孔隙或孔道末端，不断溶解并最终形成较为单一的大孔道酸蚀孔洞；在较高的注入流速下，酸液流动加快，随着大孔隙的生长酸液不断进入小孔道形成了越来越多的分支结构（图7-2）。许多研究者通过测量蚯孔穿透岩心时的酸液体积发现，存在一个最优注入速率使得蚯孔穿透一定长度岩心所需的酸液最少（PV_{bt}）。对于任何岩石或液体体系而言，这个最优值是形成酸蚀孔洞注入的酸液孔隙体积倍数与酸液注入速率的交汇图。最优值受很多因素的影响，包括酸液种类、浓度、矿物成分和地层温度等。因此，研究 PV_{bt} 对酸化增产处理而言，可以达到提高处理效果和节约施工成本的双重效果。

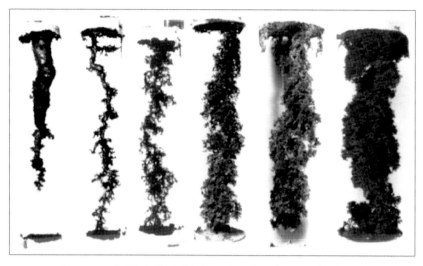

图 7-2　不同注入排量下方解石岩心中形成的蚓孔铸模形态

二、酸穿透实验 PV_{bt} 测定

1. 测定方法

通过模拟基质岩心中不同酸型、不同酸液浓度在不同温度下的岩心穿透实验，得到岩心突破时间和突破体积，为酸化规模优化及酸蚀蚓孔形态的研究提供依据。采用高温高压动态滤失仪、长岩心流动实验仪、岩心伤害仪，实验装置如图 7-3 所示。首先用游标卡尺测量出岩心的长度和直径，然后对岩心进行称量，称量后将岩心放在抽真空的密封容器中用盐水饱和后称量，从而计算出岩心的孔隙度。称量完毕后将岩心放入岩心夹持器中，在酸液流动实验中，为了避免流体绕过岩心，岩心夹持器的环压至少保持在岩心进口压力 3.5MPa 以上。酸液储存在活塞罐中，通过平流泵驱替进入到岩样中。当在岩心两端形成压差后，运用达西定律根据已知的压降、流速、黏度和孔隙几何特征可以计算岩样的渗透率。压差的监测

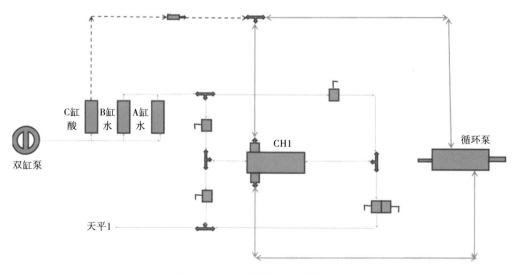

图 7-3　岩心酸化穿透实验流程图

根据不同的压差范围选用不同的压差传感器。实验过程中的数据通过数据采集系统进行采集。实验中使用黏度较低的盐酸体系，实验中保持回压 5~7MPa，从而保证反应生成的 CO_2 处于溶解状态。没有在整个岩心方向上形成酸蚀蚓孔之前，驱替压差较大，当形成沿整个岩心方向的蚓孔后，压差几乎为零。当无明显压差时，终止实验，这表明产生了沿整个岩心的蚓孔。

具体穿透实验过程如下：

（1）将准备好的岩心按预定的方向放入夹持器中，加入垫块，旋紧夹持器堵头，另一端用堵头旋紧并在尾端连接好取样管线和出酸管线，让出酸口完全没入 1000mL 的塑料杯的水中，归零天平。

（2）连接围压管线，给定围压，设定实验温度。

（3）关闭各个管线阀门，连接好流量泵、储液罐与夹持器的管线，将实验用酸按量加入酸液罐中，旋紧储液罐。

（4）开启流量泵为夹持器以前的管线泵酸，使其完全充满酸液，关闭流量泵，然后将管线接头接上夹持器堵头进酸口。

（5）开启流量泵，并每隔 10s 记录此时的上游驱替压力和出酸的质量。酸液若能穿透岩心，则记录数据至穿透后 1~2min（一般出酸的质量小于 100g 为宜），并在穿透后取样；若不能穿透，则记录数据至 40min 然后停止实验。

2. 酸液穿透实验排量的确定

酸液穿透实验排量与现场施工排量转换根据面容比相等原理进行换算。

如井眼直径 157mm，储层厚度 50m，酸化施工排量为 $2m^3/min$；实验室岩心直径 25.4mm，则酸液穿透实验所需排量为：由于现场过酸面积为 $24.649m^2$，实验室过酸面积为 $0.0005064506m^2$，所以根据面容比相等原则，则酸化施工排量为 $2m^3/min$ 时对应实验室注酸排量为：

$$\frac{24.649}{2} = \frac{0.0005064506}{V}$$

$$V = 41.1mL/min$$

以直径为 177.8mm 套管完井为例，计算了不同厚度储层在不同注酸排量下对应的酸液穿透实验排量，计算结果见表 7-1，如图 7-4 所示。

表 7-1　不同厚度储层在不同注酸排量下对应的酸液穿透实验排量

储层厚度（m）＼排量（m³/min）	1	1.5	2	2.5	3	3.5	
20	51.366						
30	34.244	51.366					
40	25.683	38.525	51.366				
50	20.546	30.820	41.093	51.366			
60	17.122	25.683	34.244	42.805	51.366		
70	14.676	22.014	29.352	36.690	44.028	51.366	
80	12.842	19.262	25.683	32.104	38.525	44.945	

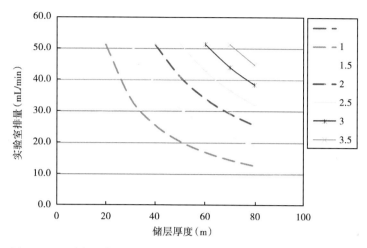

图 7-4　基质穿透实验排量与现场排量转换图（177.8mm 套管完井）

3. 数据处理

1）计算孔隙体积

孔隙体积测量及计算方法见"储层物性特征参数测试"章节中孔隙度的测量方法。

2）孔隙体积突破倍数

$$PV_{bt} = \frac{V_{突破}}{V_{孔隙}} \tag{7-1}$$

式中　PV_{bt}——孔隙体积突破倍数；

$V_{突破}$——酸液穿透岩心瞬间所用的酸液量，mL；

$V_{孔隙}$——孔隙体积，mL。

3）绘制不同时间下的注酸压力、酸液穿透体积的关系曲线图

由关系曲线图判断酸液突破岩心的时间点，记录为酸液穿透岩心时间，单位为 min（图 7-5）。

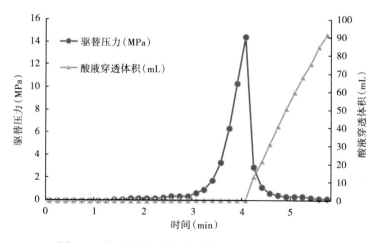

图 7-5　注酸压力/酸液穿透体积—时间关系示意图

4）绘制不同排量下的 PV_{bt}

以注酸速率为横坐标，PV_{bt} 为纵坐标，绘制不同注酸速率下的孔隙体积突破倍数，优化施工排量（图7-6）。

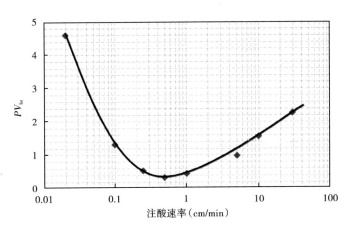

图7-6 不同驱替排量下穿透体积对比

一般而言，岩样的孔洞越发育，通过岩心扩展蚓孔所需要的酸量越少。总体而言 PV_{bt} 值随孔洞占总孔隙体积的比例增大而降低，但是还与孔洞的分布有关。

对于孔洞型碳酸盐岩需要较小 PV_{bt} 的现象对于现场酸化处理的意义在于相比较均质的地层而言，孔洞型碳酸盐岩地层的酸蚀蚓孔能够扩展更远。运用径向流情况下酸蚀蚓孔扩展的简单容积模型，可以确定一定处理半径下所需要的酸液体积和一定酸液体积下的蚓孔穿透半径。

$$V_{酸液} = \pi (r_{wh}^2 - r_w^2) \phi h P V_{bt} \tag{7-2}$$

$$r_{wh} = \sqrt{ r_w^2 + \frac{V_{酸液}}{\pi \phi h P V_{bt}} } \tag{7-3}$$

式中 PV_{bt}——形成通过整个岩样的酸蚀蚓孔所需酸液与孔隙体积倍数的比值；

   r_{wh}——酸蚀蚓孔扩展半径，m；

   $V_{酸液}$——注入酸液体积，m^3；

   r_w——井筒半径，m。

三、基质酸化施工参数优化

1. 施工排量优化

以磨溪区块龙王庙组储层为例，该气藏埋藏深、地层温度高、地层压力高，酸化作业是解除气井污染堵塞、发挥气井自然产能的必要手段。酸化施工设计时，需要对施工排量、用酸规模进行优化选择，前期主要借鉴其他区块经验或者通过酸化软件进行模拟计算，施工参数优化选择有待提高。为此，室内开展了酸液穿透实验，并对酸蚀裂缝形态进行数值化扫描，评价不同注入速率下胶凝酸穿透的酸液体积，实验温度150℃，围压20MPa，最大驱替压力为16MPa，注入速率分别为10mL/min、25mL/min、40mL/min。

1）40mL/min 注入速率

40mL/min 速率注入在 50s 时穿透，穿透时上游压力为 11.8MPa，54s 时见到酸液流出，实验经过 2min 的酸蚀，最终出酸 57.50g，而岩心被酸蚀掉 0.53g。酸蚀前后吻合度分别为 78%下降至 64.24%，形成的沟槽间距主要分布在 0.2~1.0mm，形成有效导流沟槽相对较多，导流能力显著提高（图 7-7 至图 7-9）。

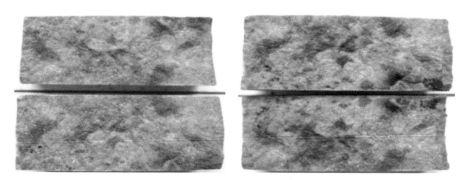

图 7-7　40mL/min 注入速率下穿透前后岩心照片

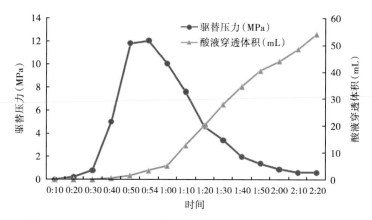

图 7-8　40mL/min 注入速率驱替压力/酸液穿透体积—时间关系

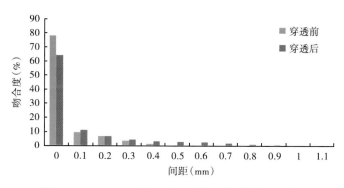

图 7-9　40mL/min 注入速率下穿透前后吻合度对比

2) 25mL/min 注入速率

25mL/min 速率注入在 1min40s 时穿透，穿透时上游压力为 15.4MPa，并见到酸液流出，实验经过 3min10s 的酸蚀，最终出酸 45.10g，而岩心被酸蚀掉 0.8g。酸蚀前后吻合度分别为 78% 下降至 64.24%，形成的沟槽间距主要分布在 0.2~0.8mm，形成有效导流沟槽相对较多，导流能力显著提高（图 7-10 至图 7-12）。

图 7-10　25mL/min 注入速率下穿透前后岩心照片

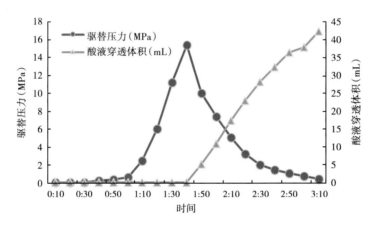

图 7-11　25mL/min 注入速率驱替压力/酸液穿透体积—时间关系

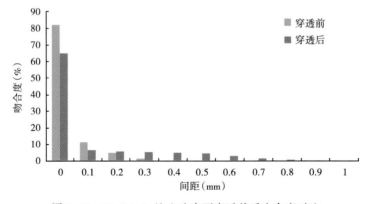

图 7-12　25mL/min 注入速率下穿透前后吻合度对比

3）10mL/min 注入速率

10mL/min 速率注入在 3min20s 时穿透，穿透时上游压力为 14.4MPa，在 3min30s 见到酸液流出，实验经过 7min10s 的酸蚀，最终出酸 49.90g，而岩心被酸蚀掉 1.71g。酸蚀前后吻合度分别为 83.57%下降至 73.0%，形成的沟槽间距主要分布在 1.1~1.8mm，但是沟槽增大程度与增多程度一般，整体导流能力有所提高（图 7~13 至图 7-15）。

图 7-13　10mL/min 注入速率下穿透前后岩心照片

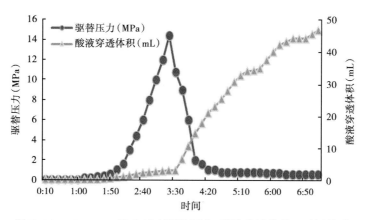

图 7-14　10mL/min 注入速率驱替压力/酸液穿透体积—时间关系

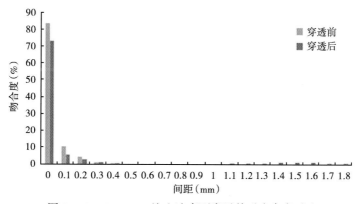

图 7-15　10mL/min 注入速率下穿透前后吻合度对比

4）不同注入速率酸液穿透体积对比

低排量下（10mL/min）注入酸液，刻蚀深度较深但易均匀刻蚀，用酸量较大，裂缝端面吻合度下降值小，为10.57%；高排量下（40mL/min）注入酸液，刻蚀深度0.2～1.0mm，蚓孔形态较佳，但用酸量相对较大，裂缝端面吻合度下降值中等，为13.76%；而中等排量25mL/min注入酸液，刻蚀深度0.2～1.0mm，蚓孔形态较为单一，但用酸量最少，裂缝端面吻合度下降值最大，为16.93%（表7-2、表7-3、图7-16、图7-17）。综合分析认为，对于胶凝酸解堵酸化施工，注入速率应选择25～40mL/min，根据面容比相似原理，折算到现场施工排量大约3.0～3.5m³/min。

表7-2　不同注入速率下蚓孔参数对比表

酸液类型	流速（mL/min）	总穿透体积（mL）	吻合度（%）		吻合度下降值（%）	沟槽间距分布主要范围（mm）
			穿透前	穿透后		
胶凝酸	40	43	78.00	64.24	13.76	0.2～1.0
	25	42	81.76	64.83	16.93	0.2～0.8
	10	47	83.57	73.00	10.57	1.1～1.8

注：酸液浓度为20%，实验温度为140℃。

表7-3　不同注入速率下穿透参数对比表

酸液类型	流速（mL/min）	穿透压力（MPa）	穿透体积（mL）	穿透时间（h）		导流能力（$10^{-3}\mu m^2 \cdot cm$）
				穿透时	总穿透	
胶凝酸	40	11.8	43	2.00	0:54	0.7131
	25	15.4	42	0.48	1:40	0.5383
	10	14.4	47	3.00	3:20	0.5262

注：酸液浓度为20%，实验温度为140℃。

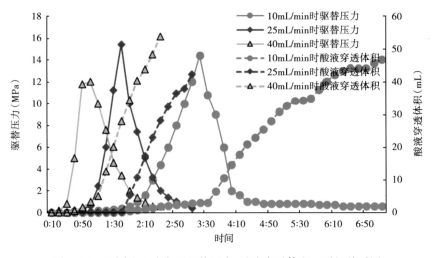

图7-16　不同注入速率下驱替压力/酸液穿透体积—时间关系图

实际现场施工过程中，初期解堵疏通阶段施工排量控制在3.0～3.5m³/min，解堵疏通后可以适当提高施工排量，起到深度酸化的目的，提高储层改造效果（图7-18）。

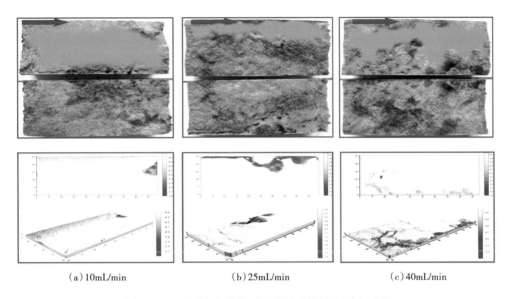

(a)10mL/min　　　　　　(b)25mL/min　　　　　　(c)40mL/min

图 7-17　不同注入速率下形成的酸蚀蚓孔形态对比

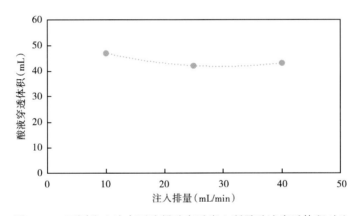

图 7-18　不同注入速率下胶凝酸穿透岩心所需酸液穿透体积对比

　　同样地,通过穿透体积实验评价,对比了转向酸穿透基块岩样后不同注入速率与 PV_{bt} 的对应关系,实验结果表明 (图 7-19、图 7-20),25mL/min 注入速率下,PV_{bt} 值最小,为0.389,即此时形成的蚓孔形态较佳却用酸量最小。

(a)10mL/min　　　　　　(b)25mL/min　　　　　　(c)40mL/min

图 7-19　转向酸不同注入速率下穿透基块岩心形成蚓孔形态对比图

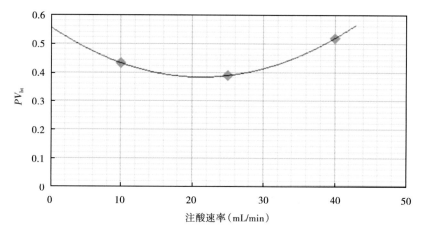

图 7-20 转向酸穿透基块岩样时不同注入速率与 PV_{bt} 交汇图

2. 基质酸化施工规模优化

1）采用软件模拟计算进行施工规模优化

根据储层实际钻进过程中钻井液使用情况，依据测井解释成果，进行钻井液侵入深度以及造成的初始表皮系数预测，然后再进行不同初始伤害程度下表皮系数与施工规模的关系计算，得到较为合理的施工规模。

根据测井数据及钻井数据，对磨溪 008-H1 井龙王庙组储层进行钻井液入侵深度和初始表皮系数预测，如图 7-21 和图 7-22，得到侵入深度为 20~30cm、表皮系数最大为 18。按照这个参数进行酸化过程中表皮系数与注酸时间关系模拟计算，得到在侵入深度为 20~30cm、初始表皮系数 S 为 18 的情况下，施工规模在 432~600m³ 时表皮系数降至 -3 以下，施工设计推荐 520m³ 的施工规模，如图 7-23 和图 7-24 所示。

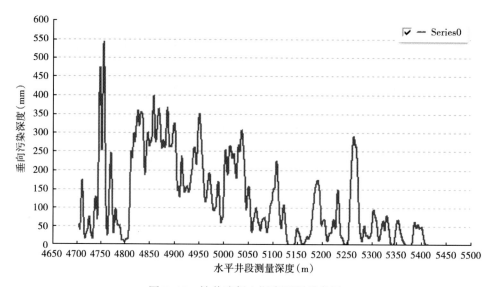

图 7-21 钻井液侵入深度预测示意图

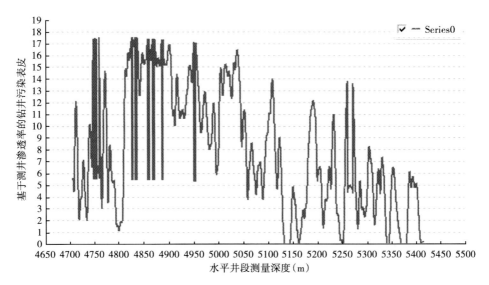

图 7-22 初始表皮系数预测示意图

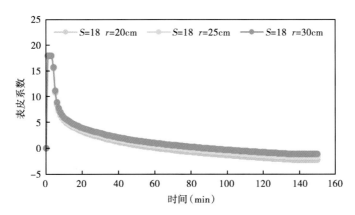

图 7-23 不同初始伤害程度下表皮系数与注酸时间关系示意图

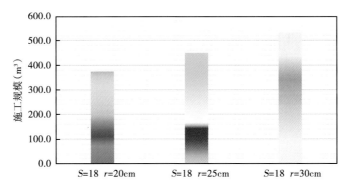

图 7-24 不同初始伤害程度下的对应的施工规模柱状示意图

2）利用孔隙体积突破倍数进行施工规模优化

酸液用量主要取决于储层的厚度和孔隙度以及储层受损害的程度（表皮系数、损害半径）的大小。并通过实验评价出较优注入排量下的酸液穿透体积，计算孔隙体积突破倍数，优化酸化规模。

对碳酸盐岩彻底解除污染使其表皮系数降到 -3 以下，酸处理半径取 2.5~3.0m，得到磨溪 008-H1 井龙王庙组储层施工规模为 1254.74m³。

实验室采用磨溪龙王庙组岩心进行了酸液穿透实验，得到不同注入速率下酸液孔隙体积突破倍数最小为 0.4，如图 7-25 所示。在酸化施工设计中采用 0.4~0.45 的孔隙体积突破倍数进行优化，得到磨溪 008-H1 井龙王庙组储层施工规模为 501.90m³，施工设计推荐 520m³ 的施工规模进行酸化施工。

$$V'_{\text{酸液}} = \pi \times (r_{\text{wh}}^2 - r_{\text{w}}^2) \phi h PV_{\text{bt}} \tag{7-4}$$

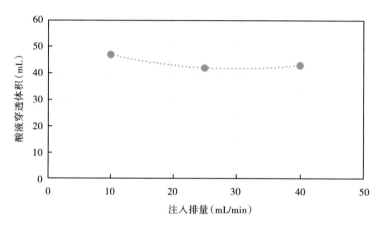

图 7-25　胶凝酸酸液穿透体积与注酸速率关系图

对比磨溪区块龙王庙组储层百万方气井用酸规模可以看出，2012 年 6 井次百万方气井用酸强度平均在 6.4m³/m 左右，2013 年 7 口百万方气井用酸强度平均在 3.5m³/m 左右，通过实验结果优化大幅度降低了用酸规模，显著提高了气藏的开发质量和效益，如图 7-26 和图 7-27 所示。

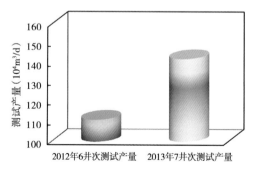

图 7-26　百万方气井测试产量与之前对比

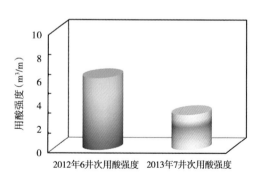

图 7-27　百万方气井用酸强度与之前对比

四、酸液优选

1. 酸蚀裂缝数值化扫描结果指导基质酸化酸液类型优选

同样对于磨溪区块龙王庙组储层，选择相同的实验条件（20%酸液浓度、温度150℃、注入速率40mL/min）开展不同酸液类型的酸液穿透实验，对比不同酸液形成酸蚀蚓孔能力以及形成的酸蚀蚓孔形态，优选适合于不同储层特征以及酸化施工目的的酸液体系（图7-28至图7-33）。

（1）交联酸不能形成有效的酸蚀蚓孔，酸蚀后仅在酸液入口端形成较为明显的沟槽，其他区域无痕迹，因此不能改善储层渗透性能。

（2）转向酸酸蚀后所形成的裂缝间距明显增大，并形成非常清晰的沟槽，深度0.2~1.0mm，对酸蚀裂缝导流能力的提高比较显著。依据自身特性可以转向选择性刻蚀，适合于孔隙型（非均质）储层，均匀解堵酸化。

（3）胶凝酸酸蚀后所形成的裂缝间距增大，同时形成非常明显的沟槽，深度0.2~0.8mm，对酸蚀裂缝导流能力的提高比较显著。胶凝酸穿透岩心形成酸蚀蚓孔形态狭长，沿着优势通道进行刻蚀，适合于孔洞型（漏失）储层，疏通污染堵塞带。

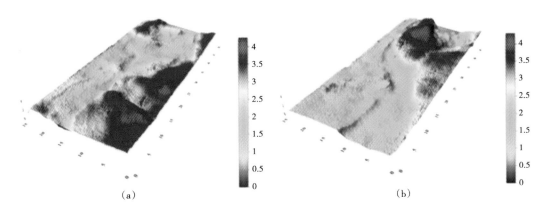

(a)   (b)

图7-28　20%转向酸-150℃-40mL/min穿透后裂缝形态三维图

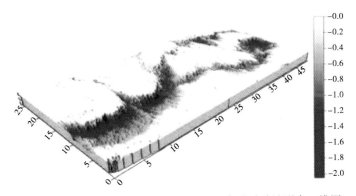

图7-29　20%转向酸-150℃-40mL/min穿透后酸蚀形态三维图

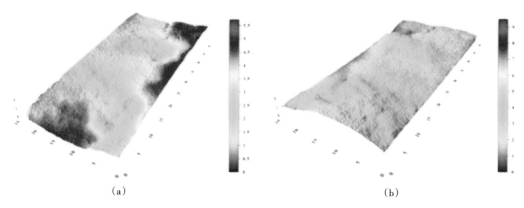

(a)   (b)

图 7-30　20%交联酸-150℃-40mL/min 穿透后裂缝形态三维图

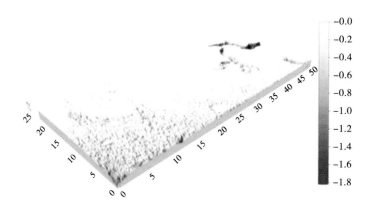

图 7-31　20%交联酸-150℃-40mL/min 穿透后酸蚀形态三维图

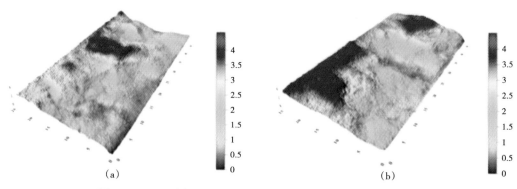

(a)   (b)

图 7-32　20%胶凝酸-150℃-40mL/min 穿透后裂缝形态三维图

2. 酸岩反应实验结果指导压裂酸化酸液类型优选

磨溪区块龙王庙组储层以白云石为主，非均质性强，埋藏深，地层温度高，裂缝孔洞发育。根据储层地质特征，增产改造工作液体系以酸液为主，酸化改造要能实现深穿透和均匀布酸的目的。这就对酸液提出要求：酸液体系耐高温、缓速、能深度酸化。

室内通过开展酸岩反应速率、酸化效果、残酸伤害及酸液性能实验，综合实验结果优选出了龙王庙组储层改造酸液体系。

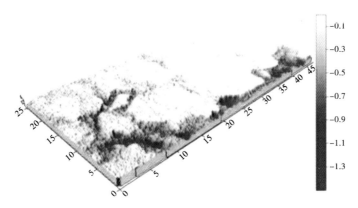

图 7-33　20%胶凝酸-150℃-40mL/min 穿透后酸蚀形态三维图

1) *酸岩反应速率实验*

由酸岩反应速率测定结果可知，随着温度的升高，酸岩反应速率增加较快，温度达到 90℃以后急剧增加。磨溪—高石梯龙王庙组储层温度达到 150℃，酸岩反应速度非常快，需要选择耐高温缓速体系达到造长缝目的。酸岩反应速率测试结果表明，高温胶凝酸、高温有机转向酸和交联酸都具有高温缓速性能。龙王庙储层采用同样三套液体体系及常规酸进行了酸岩反应测试，储层温度下酸液与岩石反应速度急剧增加，但是与常规酸反应速率相比，高温胶凝酸和高温有机转向酸酸岩反应速率只有常规酸的 40%，三种酸液体系均显示出较好的高温缓速性能，如图 7-34 所示。

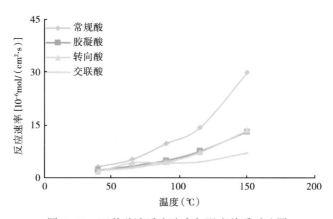

图 7-34　四种酸液反应速率与温度关系对比图

高温有机转向酸初始弱黏弹性，反应到酸浓度为 15%～8%时，成冻胶状黏弹体，酸浓度 5%以下黏度小于 5mPa·s。与高温有机转向酸相比，酸岩反应速率得到进一步降低，缓速性能进一步提高，如图 7-35 所示，有利于增加酸液作用距离，酸作用距离更远，化学转向作用更强。

2) *酸化效果实验*

高温胶凝酸和高温转向酸酸化效果实验表明，这两种酸液体系对储层酸化效果较好，过酸后能形成较深的沟槽，如图 7-36 所示，岩心渗透率能大大增加，过酸前后渗透率增加倍数最高的达到了 530 倍。

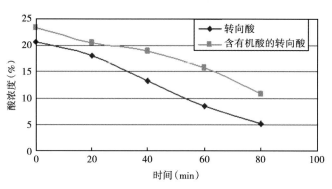

图 7-35 高温有机转向酸缓速性能评价

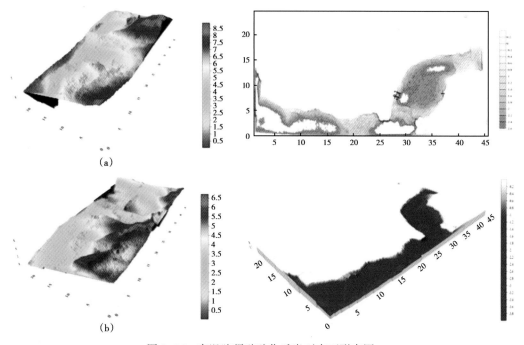

图 7-36 高温胶凝酸酸化后岩石表面形态图

3）残酸伤害实验

残酸伤害实验结果表明，高温胶凝酸和高温转向酸的残酸对储层伤害小，高温胶凝酸残酸伤害率为 34.21% ~ 38.07%，属中等偏弱，高温有机转向酸残酸伤害率更小，只有16.71%，伤害程度属弱，如图 7-37 所示。

4）酸液黏温性能测试

高温胶凝酸还具有高温稳定性，在 170 ℃下剪切 1h，高温胶凝酸黏度仍能维持在25mPa·s，进一步降低酸岩反应速度，如图 7-38 和图 7-39 所示。

5）酸液体系选择

对于龙王庙裂缝、孔洞发育的储层，酸化的主要目的是解除近井污染堵塞和沟通近井带的天然裂缝，主要采用高温胶凝酸改造，非均质性强的储层采用高温转向酸实现均匀改造。而对于储层岩性致密，裂缝及孔洞均不发育的储层，工艺方面要求造长缝达到增产目的，酸

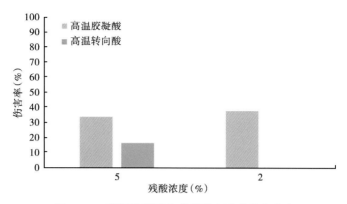

图 7-37　高温胶凝酸和高温转向酸残酸伤害率

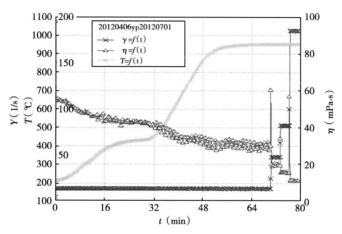

图 7-38　170s^{-1}下升温过程高温胶凝酸黏度变化

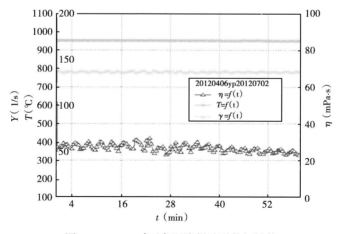

图 7-39　170s^{-1}下高温胶凝酸耐剪切性能

液方面除了选择高温胶凝酸作为主体酸以外，还需要选择自生酸或者低伤害高温压裂液体系。近井裂缝不发育，需要造长缝沟通远井裂缝推荐采用前置液+主体酸多级交替注入工艺，孔隙型储层推荐自生酸+主体酸缝网压裂工艺。

213

第二节　储层伤害及解除效果评价

对于碳酸盐岩储层，储层的伤害发生在钻井、完井、增产及生产的各个环节。在钻井过程中，通常有钻井液侵入地层，尤其是储层裂缝发育的情况，在进行储层改造前，对钻井液伤害评价是优选酸液及改造工艺类型、施工规模优化的前提。钻井液对油层的伤害表现在多方面，其中作为钻井液中主要成分的聚合物对储层的吸附伤害、钻井液滤液侵入储层引起液体堵塞造成的伤害以及随钻井钻进过程带来的固相颗粒堵塞是不可避免的。固相颗粒对储层的堵塞伤害，主要集中在井壁附近，聚合物大分子在储层孔隙、喉道中的吸附伤害，则可以进入储层的深部。在水平井中钻井液伤害更为严重，因为水平井存在井眼小、储层暴露面积大、钻井液浸泡时间长等特点。

油气井在修井和压裂酸化作业过程中出现油管堵塞，甚至新井投产不久也出现油管堵塞，不仅影响气井的正常生产，也给修井作业带来一定程度的影响。此外，井筒中添加的各种化学药剂也会对气井造成堵塞，同时井下油管长期处于酸性介质中，部分井由于油管腐蚀，腐蚀产物在高温环境下胶结也会对气井造成堵塞。气井堵塞物的形成主要是以下几个方面。

（1）蜡形成的堵塞。

当气流温度较低时，气井中会有蜡析出，其成分为 $C_{17}-C_{22}$ 范围内的正构烷烃，溶点低（22℃），属于轻质蜡。由于井口 30m 之内与大气热交换程度高，所以冬季井口及地面管线最容易结蜡。另外，当采气管柱内发生节流后，也可能致使蜡析出。形成蜡堵塞气井一般具有高含凝析油、低产水、低环境温度的"一高两低"的特点。气井中形成蜡堵需要具备如下条件：气流中含有较多的高碳烃，高碳烃是蜡形成的物质基础；需要一定的热力学条件，即温度越低，天然气中的蜡越易析出。

（2）水合物堵塞。

由于在储层内部含有束缚水，在地层条件下天然气被水蒸气饱和。只有在一定温度压力条件下，天然气才会与水相互作用，形成水合物。水合物为固体结晶物，密度为 0.88～0.90g/cm³，只有在低温条件下才会有水合物的形成。气体组分越重，形成水合物的临界温度、压力就越低。在相同温度条件下，天然气形成水合物的压力比甲烷气体小得多，并且天然气的相对密度越大，形成水合物的压力越低。当气体被采到地面后，温度和压力都会降低，特备是当气体通过油嘴或针型阀时，因截流压力突降，气体膨胀，温度大大降低，水蒸气变成水，为天然气、水形成水合物创造了条件。

气井产出流体均在不同程度上含有地层水、砂粒、压裂残留液、凝析油等物质，并沿不光滑油管内壁流动，具备形成水合物的条件，一旦压力、温度条件满足，便会形成水合物，并黏附在管壁上形成水合物结晶层，严重时将堵塞整个通道。

（3）缓蚀剂的堵塞。

气井中加入缓蚀剂能对油套管的腐蚀起到减缓的作用。但是由于缓蚀剂对气井要有适应性，因此，有的缓蚀剂在入井前未进行适应性评价，现场又无合理的防腐效果监测手段，导致缓蚀剂的选择缺乏针对性，同时在加注量和加注周期上也存在一定的盲目性。

使用缓蚀剂虽然能减缓金属的腐蚀，但并不能停止腐蚀进程，随着气井的连续生产，其腐蚀产物也将不断产生，加注的缓蚀剂对腐蚀产物有一定的剥离作用，且在高温高压下，极有可能导致缓蚀剂中的高分子组分性能发生改变，形成裹夹腐蚀产物和地层砂粒的沥青状胶质物质，堵塞井下生产通道，导致油套压差增大、产量下降。另外，缓蚀剂的热稳定性、起泡性、乳化趋向等也会对气井造成不同程度的影响，特别是热稳定性影响较大。在井筒高温下，缓蚀剂中轻组分不断挥发，黏度增加或者其有效成分发生降解、失效，甚至形成不溶性残渣、黏性沉淀物或发生相分离，这些降解产物吸附于产层上污染产层，吸附于油管壁上使油管的有效通道变窄，降低气井产量。

在生产过程中，井口流动压力是反映采气管柱流动状态正常与否的最直接参数，也是气井发生堵塞的征兆。当井口流动压力在单位时间内的波动幅度小于 0.5MPa，气井一般能继续生产，若伴有轻度流量波动现象，气井的生产状况就应引起重视，此时是介入防堵的最佳时机。当井口流压突然下降和反弹或 1h 内压力波动达到 1MPa 以上，气井瞬间流量很不稳定，生产状况已处于严重危险阶段。当流动压力呈缓慢下降无明显波动，油套压差逐渐拉大到 2MPa 以上，产量缓慢下滑，此时开大针阀提高流量，气流量同样呈单边下降，这是较普遍的堵塞前征兆。

（4）腐蚀产物堵塞。

油管所处的井下腐蚀环境恶劣，腐蚀介质含量较高，井下管串长期处于腐蚀环境中，导致井下生产管柱腐蚀严重，在高温、地层水等井下条件，与储层岩石颗粒、添加剂等胶结，形成井下堵塞，尤其在筛管处堵塞严重。

（5）复合型堵塞。

复合型堵塞主要体现在排出物成分多样化，存在缓蚀剂加注不合理，油管腐蚀，以及地层颗粒随着生产返出等多种因素共同导致的堵塞。

其中如何解除钻井过程中钻井液漏失和生产过程中的井筒堵塞物备受关注，采用了有机溶剂来解除井筒底部的堵塞物措施。因此，在室内除了开展敏感性评价优化入井液之外，评价酸液对钻井液的解除效果和有机溶剂对井筒堵塞物的解除效果是储层伤害的两个重要评价内容。

一、井筒堵塞物评价

1. 井筒堵塞物成分确定

高含硫碳酸盐岩气藏生产井在生产过程中往往会有井筒堵塞物出现，以龙岗 008-1 井生产井井筒堵塞物为例，井筒堵塞物为黑色固体，含细小颗粒物质，流动性差，如图 7-40 所示，堵塞物组分分析主要采取以下三种手段。

1）不同温度下样品失重分析

样品在 105℃烘干后为黑色，550℃灼烧后为灰黑色，950℃灼烧后颜色为棕红色铁锈颜色。不同温度下的失重结果见表 7-4。

表 7-4　不同温度下的失量

温度（℃）	105	550	950
失量（%）	38.7	13.9	11.8
备注	主要是游离水的失重	主要是有机物的燃烧，以及化合物失去结晶水、化合水的失重	主要是碳酸盐、氧化物等无机物的分解失重

图 7-40　龙岗 001-8-1 井井筒带出物外观

2) 无机离子含量、酸不溶物分析

无机物经酸溶或水溶等方法处理后采用原子吸收光谱法、分光光度法等分析其中金属离子含量。结果见表 7-5。

表 7-5　无机离子分析结果

分析项目	含量（%）
Ca^{2+}	17.3
Mg^{2+}	1.5
Fe^{2+}	19.8
SO_4^{2-}	0.25
备注	酸不溶物含量为 2.2%

3) 组成鉴定

对分离出的各有机组分以及酸不溶物进行红外光谱分析，判断其主要成分，谱图如图 7-41 所示。

4) 分析结果汇总

根据以上实验结果，对数据进行了汇总，结果见表 7-6、表 7-7。

表 7-6　垢样中各组分含量

项目	含水率	有机物	无机物	不溶物
含量（%）	38.7	13.9	45.2	2.2

表 7-7　无机物组成及含量

组成	Ca^{2+}	Mg^{2+}	Fe	SO_4^{2-}	其他
含量（%）	17.3	1.5	19.8	0.25	6.35

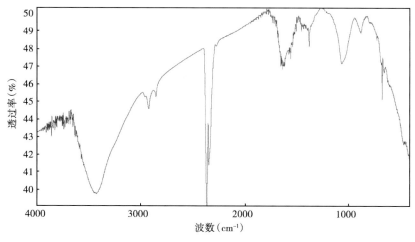

图 7-41　垢样红外光谱谱图

从实验结果可见：龙岗 001-8-1 井压力测试井筒带出物主要是含铁腐蚀物、含硫有机物及少量的地层粉末，有机物中根据红外吸收光谱法定性分析，主要含元素硫。

2. 堵塞物的溶解评价

通常采用不同的溶剂对堵塞物进行溶解评价，一是可以优选解堵剂，同时也可定性评价每种溶剂对井筒堵塞物的溶解能力。

1）实验方法

称取 1.00±0.02g 样品，分别加入不同溶液 50mL，充分搅拌 5min，静置观察溶解情况。然后将溶液加热，充分搅拌，观察溶解情况。同时定量分析各种溶液对垢样的溶蚀率。下面对比分析了盐酸、有机溶剂、无机溶剂及不同组合对堵塞物的溶解能力，优选解堵溶剂。

2）实验结果

Ⅰ. 20%盐酸溶解：常温及加热条件下均部分溶解，溶液呈土黄色浑浊状，烧杯壁黏附大量黑色颗粒不溶物。溶样过程中放出硫化氢味。图 7-42 为 20%盐酸溶解后的过滤样，样

图 7-42　20%盐酸 70℃溶样后滤液

品不透明。

Ⅱ．先用无机解堵剂 CT4-12B 对试样在 70℃ 加热条件下溶解 1h，离心去掉上清液，加入 50mL 有机解堵剂 CT4-12A 继续加热溶解 1h，试样大部分溶解，少量的不溶物呈细小粒状。同时分析溶蚀率，结果见表 7-8。溶样过程中放出硫化氢味。

Ⅲ．与"Ⅱ"实验步骤一致，只是溶样顺序不同：先用有机解堵剂 CT4-12A 对试样在 70℃ 加热条件下溶解 1h，离心去掉上清液，加入 50mL 无机解堵剂 CT4-12B 继续加热溶解 1h。试样大部分溶解。少部分溶物，呈细小粒状。同时分析溶蚀率，结果见表 7-8。CT4-12B 溶样时放出硫化氢味。

Ⅳ．垢样用红外分析发现含有元素硫，考虑解堵液中添加硫溶剂进行溶样，结合 Ⅰ-Ⅲ 溶解实验结果，选用"Ⅱ"的溶样顺序：先用无机解堵剂 CT4-12B 对试样在 70℃ 加热条件下溶解 1h，离心去掉上清液，加入 50mL 含硫溶剂的有机解堵剂 CT4-12A 继续加热溶解 1h，试样大部分溶解，滤液较清澈，含少量的不溶物。如图 7-43 所示。同时分析溶蚀率，结果见表 7-8。

图 7-43　样品用含硫溶剂的解堵液在 70℃ 溶样外观

表 7-8　不同溶液对垢样的溶蚀率

溶样方式及主要添加剂	①：CT1-12B	②：CT1-12B+CT1-12A	③：CT1-12A+CT1-12B	④：CT1-12B+CT1-12A+硫溶剂
溶蚀率（%）	56	83	74	88

二、钻井液的伤害及酸液对钻井液解除效果评价

1. 酸液对钻井液的溶蚀能力

在储层温度或者设定温度要求下，过量酸液和钻井液混合（或者酸与钻井液以 10∶1 比例混合），反应一定时间，测试溶蚀率。

如果酸液黏度较高，则要求实验前酸液需要先离心（表 7-9）。

表 7-9　酸对钻井液的静态溶蚀率

酸液类型	溶蚀率（%）
CT 胶凝酸	13.08
CT 转向酸	14.50

2. 钻井液伤害评价实验

钻井液对岩心伤害实验主要研究钻完井过程中，工作液对地层的污染情况，评价地层的伤害程度以及钻井液对岩石力学参数的影响规律。为使室内实验能更真实地反映出钻完井过程中工作液对地层的污染情况，实验温度和压力模拟为地层温度和地层压力。

具体的做法是在流动实验仪上装好岩心，加好围压和需要的温度，首先测定 2%KCl 的岩心渗透率，然后在 3.5MPa 下反向让钻井液和岩心接触 2h，去掉钻井液，再用 2%KCl 正向在压差 4.0MPa 下返排 2h 测定钻井液伤害后岩心的液测渗透率，通过前后渗透率的变化即可计算出钻井液对岩心的伤害程度，评价靠储层能量自然反排的渗透率的恢复情况。具体操作步骤如下：

（1）岩心烘干，气测渗透率。

（2）岩心抽空、饱和，测量岩心孔隙体积。

（3）在实验温度及压力下进行，伤害前岩心渗透率 K_i 的测定：使标准盐水正向进行驱替，流速低于临界流速，直至流量及压差稳定。

（4）钻井液伤害储层动态模拟过程：在储层温度下，根据现场使用的钻井液液柱压力与孔隙压力差进行动滤失实验，记录不同时刻的滤失量。

（5）在实验温度及压力下进行，伤害后岩心渗透率 K_d 的测定：使标准盐水正向进行驱替，流速低于临界流速，直至流量及压差稳定。

动滤失速率计算公式为：

$$F_d = \frac{\Delta V}{A \times \Delta t} \tag{7-5}$$

式中　F_d——动滤失速率，cm/min；

ΔV——滤失体积，mL；

A——岩心横截面积，cm^2；

Δt——动滤失时间，min。

$$D_{WF} = \frac{K_i - K_d}{K_i} \times 100\% \tag{7-6}$$

式中　D_{WF}——钻井液伤害率；

K_d——钻井液接触岩心后实验流体所对应的岩样渗透率，$10^{-3} \mu m^2$；

K_i——初始渗透率（钻井液接触岩心前实验流体所对应的岩样渗透率），$10^{-3} \mu m^2$。

以工作液类型为横坐标，钻井液注入前后岩样渗透率与初始渗透率比值为纵坐标，绘制曲线图。

3. 酸液对钻井液伤害解堵能力评价

解堵酸化过程中，常常是以一定排量注入酸液，解除近井地带的钻井液污染堵塞。通过酸液对钻井液伤害岩心渗透率恢复实验，评价酸液对钻井液伤害解堵能力进行评价，实验温度和压力模拟为地层温度和地层压力。

酸液对钻井液伤害解堵能力评价具体实验方法如下：

（1）伤害前岩心渗透率 K_1 的测定：使 N_2 反向进行驱替，流动介质的流速低于临界流速。直至流量及压差稳定，稳定时间不少于 60min。

（2）钻井液伤害过程：将钻井液从岩心夹持器正向端注入岩心，测定时间为 120min，若测试过程中无流量，则进行恒压测试，测试压差 3.5MPa，伤害后取出岩心烘干气测渗透率。

（3）酸液对钻井液的伤害解除：将酸液从岩心夹持器正向端注入岩心，定体积注酸，驱替 10~15 倍孔隙体积酸液。

实验中选取龙王庙岩心基块进行劈裂造缝，在 120℃下，先用钻井液伤害岩心，伤害率分别为 65.66% 和 99.60%，再泵注 15 倍孔隙体积酸液后，渗透率分别提高了 3.86 倍和 13.72 倍。从酸液对钻井液的溶蚀结果以及解除实验后的岩心分析认为，酸液对钻井液的解除并不是因为溶解了钻井液，而是酸与岩石反应形成了新的渗流通道，从而提高岩心渗透率（表 7-10、表 7-11）。

表 7-10　钻井液伤害与解除实验数据

酸液体系	初始渗透率 （$10^{-3}\mu m^2$）	钻井液伤害后渗透率 （$10^{-3}\mu m^2$）	酸化解除后渗透率 （$10^{-3}\mu m^2$）	钻井液伤害率 （%）	酸化恢复率 （倍）
CT 胶凝酸	15.4321	5.2993	59.5502	65.66	3.86
CT 转向酸	4.3341	0.0172	59.4833	99.60	13.72

表 7-11　钻井液伤害与解除实验图片

酸液体系	钻井液伤害图片	酸化恢复图片
CT 胶凝酸	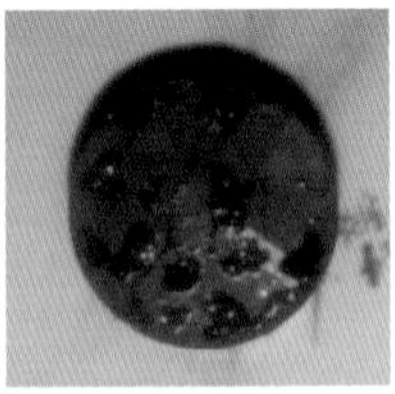	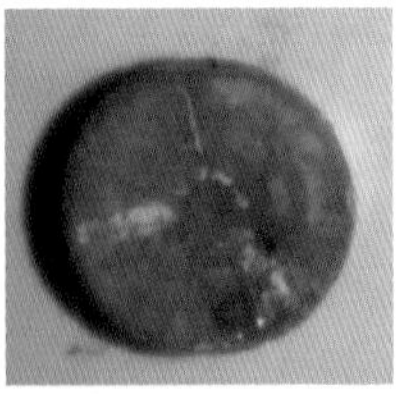
CT 转向酸	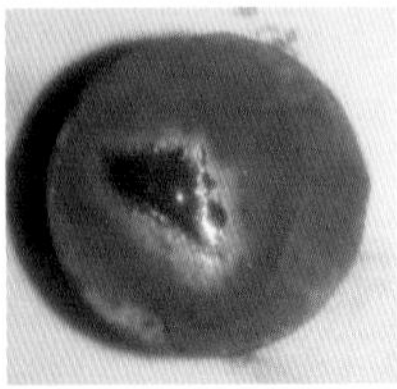	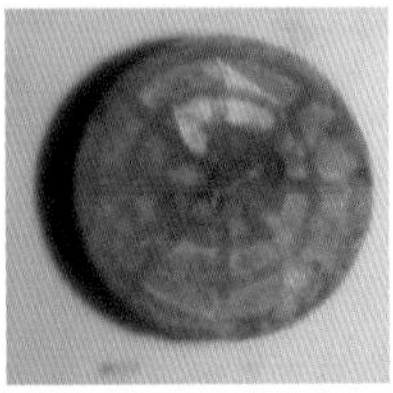

三、解堵剂对钻井液的溶蚀

1. 酸液与钻井液配伍性实验。

酸液类型：胶凝酸、转向酸。

取一定量钻井液经 100 目滤网过滤。

观察滤渣及钻井液滤液的物理性状，进行描述并照相。

取一定量钻井液滤液，按一定比例 1:1 分别加入 20% 胶凝酸和 20% 转向酸，120℃ 加热反应 1h，观察反应后的物理性状（如颜色、有无沉淀、絮状物等），并照相，如有沉淀或絮状物，将残液烘干、称重。

取一定量滤渣，称重，分别过量加入 20% 转向酸和 20% 胶凝酸，120℃ 加热反应 1h，观察反应后的物理性状（如颜色、絮状物等），并照相。烘干、称重。

解堵剂和 20%HCl 以不同比例进行混合，90℃ 条件下两种液体配伍性好，没有沉淀生成，显示其配伍性好，可以作为组合液体进行施工（表 7-12）。

表 7-12　专项解堵剂与 20%HCl 配伍情况

专项解堵剂 （专项解堵剂+20%HCl）	加量（mL）		90℃ 下配伍 4h			
	专项解堵剂	20%HCl	1h	2h	3h	4h
1%	1	99	配伍性好	配伍性好	配伍性好	配伍性好
10%	10	90	配伍性好	配伍性好	配伍性好	配伍性好
50%	50	50	配伍性好	配伍性好	配伍性好	配伍性好

2. 解堵剂对钻井液的溶蚀能力

测试实验步骤如下。

将 GT-BS-2 重晶石解堵剂与水按 1:3 比例混匀，备用。

将滤纸置于 110℃ 烘箱中，烘干至恒重（约 1h），称重记录。

用 50mL 量筒量取一定量湿钻井液，记录钻井液体积及钻井液重量，烘箱中烘至钻井液粉成恒重，计算量筒中单位体积的钻井液固相含量。

量取 5mL 湿钻井液，加入配好的解堵剂溶液 250mL，在 150℃ 反应 4h，每组做两个平行样（注：每隔 1h 摇晃溶液使其均匀反应）。

待到时间后，取出过滤，用开水（至少 300mL）冲洗反应器壁，将固相过滤完全。

将过滤后的滤纸放在平面皿中置于 110℃ 烘箱中 3h 至恒重，分别称量记录加清水样和加溶液样中固相质量。

溶蚀率 =（钻井液中固相质量-解堵溶液溶解后固相质量）/钻井液中固相质量

专项解堵剂对钾聚磺钻井液溶蚀率为 48.27%，20%HCl 对钾聚磺钻井液溶蚀率为 22.65%，溶蚀率降低，20%HCl 对不溶物的溶蚀率为 14.19%，实验结果说明专项解堵剂+20%HCl 工艺能有效提高溶蚀率（表 7-13、表 7-14）。

表 7-13　专项解堵剂对钻井液溶蚀率实验结果

钻井液体积（mL）	钻井液粉含量（g/mL）	反应液体积（mL）	滤纸质量（g）	滤纸+不溶物（g）	不溶物（g）	溶蚀率（%）	
						计算值	平均值
5	0.25	250	1.311	1.974	0.663	46.96	
5	0.25	250	1.337	1.981	0.644	48.48	48.27
5	0.25	250	1.341	1.974	0.633	49.36	

表 7-14 20%HCl 对钾聚磺钻井液及不溶物溶蚀实验结果

钻井液体积（mL）	钻井液粉含量（g/mL）	20%HCl体积（mL）	钻井液（或不溶物）	滤纸编号	烧杯编号	滤纸质量（g）	滤纸+不溶物（g）	不溶物（g）	溶蚀率（%）	
									计算值	平均值
5	0.26	250	钻井液	大 2	1#	1.353	2.355	1.002	22.92	22.65
5	0.26			大 5	2#	1.345	2.354	1.009	22.38	
5	0.26		不溶物	大 6	3#	1.324	1.802	0.478	63.23	62.46
5	0.26			大 7	4#	1.366	1.864	0.498	61.69	
总的溶蚀率=（钻井液中固相质量−20%HCl溶解后固相质量）/钻井液中固相质量 20%HCl 对不溶物溶蚀率=62.46%−48.27%=14.19%										

注：不溶物为专项解堵剂溶解钻井液后剩余不溶物。

龙王庙组储层缝洞发育，钻完井过程中不可避免会造成大量钻井液、完井液进入地层对储层造成较大的伤害。根据解堵剂对钻井液的溶蚀能力测试结果，解堵剂+20%HCl 工艺能有效提高溶蚀率。因此，在钻井液漏失严重的井中，先泵注一定量的解堵剂，解除近井地带的污染堵塞，然后再泵注主体酸液，实现储层深部酸化。

第三节 酸蚀裂缝导流能力及酸蚀形态评价

酸压是碳酸盐岩储层改造的重要手段。低渗透碳酸盐岩储层通常在高于岩石破裂压力下将酸注入地层，在地层内形成裂缝，通过酸液对裂缝壁面物质的不均匀溶蚀形成高导流能力的裂缝来提高油气井产量。或者先在高于储层破裂压力的情况下向地层内注入高黏度非反应前置液，在地层中形成新的人工裂缝或使原有的天然裂缝张开，再向具有一次开度的裂缝中注入酸液，酸液在裂缝中对其表面进行非均匀性刻蚀，造成裂缝面壁粗糙不平。酸液返排后，粗糙不平的裂缝表面在闭合压力作用下能保持一定的开启程度，形成一条具有一定导流能力的人工裂缝，从而达到改善流体渗流条件、增大油气产量的目的。酸压施工效果受许多因素的影响和控制，如储层特征、酸液种类、浓度及添加剂的使用等（程秋菊，2011；车明光，2014），但是最主要的两个因素是酸蚀裂缝长度和酸蚀导流能力，裂缝导流能力是衡量酸压成功与否的关键因素之一（付永强，2003）。酸压裂缝导流能力与酸蚀后裂缝表面的粗糙程度有关，其主要影响因素有酸岩反应动力学参数、储层特性、储层硬度和裂缝闭合应力。动力学参数主要影响岩石的溶蚀速度；储层特性决定了裂缝刻蚀的非均匀性；储层硬度和裂缝闭合应力是影响导流能力的力学因素，随着闭合应力的增大，裂缝导流能力会随之降低。因此，准确地描述酸蚀裂缝表面的几何形态，研究具有不同刻蚀形态表面的裂缝对导流能力的影响，并能准确地计算酸蚀裂缝导流能力无疑对酸压工艺具有重要的意义。

一、酸蚀裂缝导流能力评价

1. 测试岩样物理模型

在油气层中制造一条或多条具有较高导流能力或能沟通更多天然裂缝的人工裂缝是评价储层改造效果的重要指标。目前已有多种测试裂缝导流能力的实验方法，测试目的、选取岩心形状、实验条件和实验结果各不相同（图 7-44）（伊向艺，2014）。

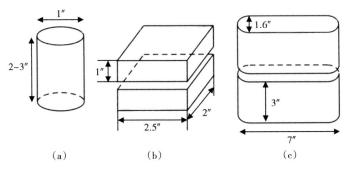

图 7-44　三种导流能力测试实验岩样示意图

1）规则岩板（心）接触面

早些年酸蚀裂缝导流能力的测试岩心端面大多采用的是光滑的端面，借鉴中国石油天然气行业标准 SY/T 6302—1997《压裂支撑剂充填层短期导流能力评价推荐方法》的做法，将加工好规则的长方体岩板沿中心位置剖开，并对各个面进行打磨，以设定参数过酸后在不同闭合压力下测试导流能力，研究流体在酸刻蚀岩板后形成酸蚀沟槽内的流动能力（图 7-45）。

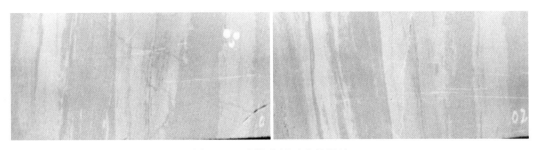

图 7-45　光滑岩板过酸前照片

2）劈裂形成不规则岩板（心）接触面

为了更真实地反应地层酸压中的真实情况，近几年对测试岩板的酸刻蚀面进行了改进，很多研究学者不再采用光滑的岩心或者岩板面来研究酸蚀裂缝导流能力，而是采用直接沿加工好的岩板或者岩心进行劈裂，形成不光滑的接触面来模拟酸压裂形成不规则裂缝（图 7-46、图 7-47）。

图 7-46　酸蚀裂缝导流能力测试不规则面岩板

图 7-47　酸蚀裂缝导流能力测试不规则面岩心

3）错位形成不规则岩板（心）接触面

除了采用不规则面岩心进行酸蚀裂缝导流能力测试外，对于储层物性较差、岩石中石英含量较多、岩石脆性较高的碳酸盐岩储层，可以通过大规模体积压裂产生的裂缝，错位滑移形成自支撑，进而有效扩大储层的改造体积。2013 年，中国石油西南油气田分公司震旦系灯影组致密储层实验了体积压裂，先采用低黏滑溜水或者低黏自生酸前置液进行大液量、大排量体积压裂或者体积酸压，次生裂缝发生滑移错位，再形成复杂缝网，再泵注主体酸对储层进行酸压改造，刻蚀沟通裂缝的压裂工艺，初步取得了一定成果。对于体积酸压裂缝的导流能力测试，在不规则岩心端面的基础上，还要进行一定量的错位滑移（赵立强等，2017），其物理模型见图 7-48。

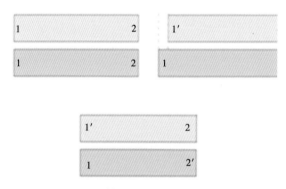

图 7-48　体积酸压岩板错位形成图

2. 测试原理及仪器

碳酸盐岩酸蚀裂缝导流能力的测试分为两步：首先是酸刻蚀过程，然后再在设定闭合压力下测试导流能力。

1）酸刻蚀原理

在碳酸盐岩储层酸压改造过程中，酸液由井筒进入地层裂缝中沿着裂缝壁面流动发生非均匀溶蚀，从而形成酸蚀裂缝。酸刻蚀实验是酸刻蚀物理模拟实验中最关键的一个阶段，它模拟了酸在特定的地层温度下与岩样壁面的反应过程。酸刻蚀物理模拟实验的目的是通过在室内模拟现场酸压施工条件下酸液与裂缝壁面岩石的反应，一方面获取用作酸蚀裂缝导流能力评价的测试样品，对酸压效果进行预测，以优化酸压施工设计；另一方面为酸刻蚀裂缝壁面形态的量化表征提供更接近储层真实刻蚀形态的岩样，为后期对酸蚀裂缝导流能力的研究提供真实可靠的数据，为相关数学模型提供所需的可靠参数。

酸岩反应过程中非均匀溶蚀产生的机理包括以下几方面。

（1）岩石非均质性。

由于地层岩石中不同部位矿物成分在地质沉积过程中呈现较大的差异性（如水动力环境强弱导致碳酸盐岩颗粒大小不同，白云石化作用导致碳酸盐岩晶体形状特征差异，后期充填物类型差异，沉积物源变化等），即使是相同酸液在岩石表面上发生酸岩反应的速率也有较大差异（李沁，2013）。

碳酸盐岩岩石的非均质性主要表现在碳酸盐含量、泥质或有机质含量和岩石表面上的物性变化这几个方面，通过酸岩反应实验可明显观察到这些方面对酸岩反应的影响和酸蚀表面形态特征差异，如图 7-49 所示。

(a)实验前　　　　　　　　　　(b)实验后

图 7-49　酸蚀实验中岩石非均质表面变化

（2）酸液分布不均匀。

在多级注入或交替注入等某些特殊施工工艺中，由于连续泵注的两种液体性质差异较大（如密度、黏度等），在地层裂缝的狭窄空间中，可能会产生指进现象，酸液在裂缝壁面局部分布不均匀，导致了非均匀刻蚀。

（3）裂缝壁面不平整。

地层岩石形成裂缝后，裂缝线往往不规则，裂缝壁面不平整，酸液在壁面上流动溶蚀必然产生局部流速流场差异，类似河流在蜿蜒河道冲刷过程，在流线集中和流速较快的岩石部位，溶蚀过程也较快，因此导致酸液非均匀刻蚀。酸液沿裂缝非均匀刻蚀过程可以由图 7-50 描述。

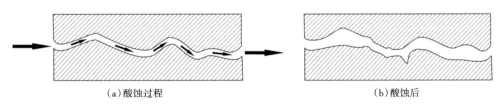

(a)酸蚀过程　　　　　　　　　　(b)酸蚀后

图 7-50　酸液非均匀刻蚀示意图

由于裂缝不平整性与岩石矿物成分分布、胶结物强度及分布规律有关，研究难度较高，因此在进行酸蚀表面研究时未考虑酸蚀前裂缝的不平整性。

2）导流能力测试原理

无论采用光滑岩板、劈裂形成不规则岩板，还是错位形成不规则岩板开展酸蚀裂缝导流能力测试，都是在室内条件下，采用一定量的酸液在一定流速下过酸，形成酸蚀裂缝后，再用2%KCl在设定闭合压力下测试导流能力。对于自支撑导流能力测试，跳过过酸这一步骤，模拟现场清水压裂后地下岩体自支撑裂缝的渗流形态，其实验结果可用于评价局部自支撑裂缝导流能力。

酸蚀裂缝导流能力和自支撑裂缝导流能力测试的原理是达西定律，根据酸蚀裂缝模拟实验记录数据，利用平行板渗透率计算公式，可计算不同闭合压力下的酸蚀裂缝导流能力的大小（郭静，2003）。

$$K = \frac{101.4Q\mu L}{A\Delta p} \tag{7-7}$$

式中　K——裂缝渗透率，μm^2；

　　　Q——通过平行板的流量，cm^3/min；

　　　μ——流体黏度，$mPa\cdot s$；

　　　L——为平行板长度，cm；

　　　A——平行板面积，cm^2；

　　　Δp——通过平行板两测压端的压差，kPa。

API导流室进行酸蚀裂缝导流能力由API RP 61推荐公式计算：

$$K = \frac{5.555\mu Q}{\Delta p W_f}$$

导流能力可以进一步表达为：

$$KW_f = \frac{5.555\mu Q}{\Delta p} \tag{7-8}$$

式中　W_f——裂缝宽度，cm；

　　　KW_f——酸蚀裂缝导流能力，$\mu m^2\cdot cm$。

3. 测试设备

酸蚀裂缝刻蚀形态表征及酸蚀裂缝导流能力的测定主要涉及酸刻蚀物理模拟实验、岩样表面轮廓数据测量实验及导流能力测试实验。

1）酸蚀裂缝导流仪

目前酸蚀裂缝导流能力测试主要采用的是酸蚀裂缝导流仪，如图7-51所示，酸刻蚀实验是指将岩板放置在导流室内，岩板壁面之间保持一定开度模拟地层裂缝，室内实验模拟现场酸压施工参数（温度、注酸规模、注酸工艺等），利用耐酸泵将配好的酸液从储液罐中泵入导流室内，酸液在裂缝壁面流动时与岩石表面反应，近似模拟现场酸压中酸液与地层岩石的化学反应过程，获取酸刻蚀岩板。实验所采用的酸蚀裂缝导流能力测试系统流程图如图7-52所示。

酸蚀裂缝导流仪实验装置包括液压伺服系统、酸化导流室、流程管路、液罐群、数据采集与控制系统、温控系统。西南油气田分公司工程院酸蚀裂缝导流仪技术参数如下：

闭合压力：0~100MPa，符合4级。

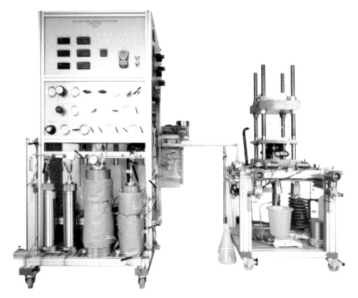

图 7-51　酸蚀裂缝导流仪（西南油气田分公司工程院）

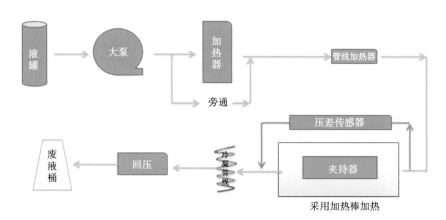

图 7-52　酸蚀裂缝导流能力测试系统及流程图

系统压力：0~20MPa，符合 0.5 级。

差压：0~0.062MPa、0~2MPa，符合 0.5 级。

温度：室温至 150℃，误差不超过±1℃。

计量泵：120~2000mL/min，误差不超过±0.5%。

平流泵排量：0~10mL/min、0~100mL/min，误差不超过±0.5%；

气体流量：0~100、0~1000slpm，误差不超过±0.5%；

电子天平：0~2100g、0~4100g，符合 3 级。

2）三维激光扫描仪

酸蚀裂缝刻蚀形态表征主要是利用三维激光扫描仪获取酸刻蚀后岩样表面的三维数据并进行 3D 数字化立体成像，基于表面的三维数据计算表面表征参数，并结合 3D 数字化立体图像建立起粗糙壁面的量化表征方式，对裂缝壁面的粗糙度、刻蚀程度进行对比分析，评价裂缝的非均匀刻蚀程度（陈光智，2009；赵仕俊，2010）。

三维激光扫描仪的原理是：在岩样表面扫描过程中，由线激光源发出线性光线作为测量信号投射在岩样表面，此时岩样表面产生反射现象。被反射的光线由 CCD 图形感应器接收并在内部经过处理后成像。根据激光条纹路径、线性激光源坐标信息及 CCD 图形感应器中的成像信息三者的空间位置关系，系统自动计算出被扫描物体表面的真实空间坐标（图 7-53、图 7-54）。

图 7-53　三维激光扫描仪实物图

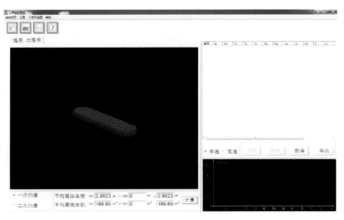

图 7-54　三维激光扫描仪数据处理软件界面图

4. 测试方法

目前酸蚀裂缝导流能力测试没有相应的行业标准，主要参照执行中国石油天然气行业标准 SY/T 6302—1997《压裂支撑剂充填层短期导流能力评价推荐方法》的做法。前面介绍了三种岩样接触面类型，各种方法形成的人工裂缝形态不一样，光滑岩板和劈裂形成不规则岩板（心）接触面需要先设定一定的缝宽模拟储层人工裂缝内的酸液流动，然后进行导流能力的测定。除此之外，三种方式形成人工裂缝的酸蚀裂缝导流能力测试方法相同，测试方法如下。

（1）岩板制备。将取心岩柱或露头切割成长×宽×厚为 152.0mm×50.0 mm×（23~25）mm 的 2 个岩板，有些研究单位采用的 API 导流室，需要将岩心尺寸加工成长 178mm（两端为半径 19mm 的半圆弧形）、宽 38mm、厚 15~50mm 的与 API 导流室形状匹配的圆弧形岩板，裂缝面打磨平整。劈裂岩样用巴西实验的方式，将长方体岩样沿中心劈裂分成两块岩板，裂缝面不平整。加工好的岩板与导流室尺寸相近，整体比导流室略薄 0.5mm，方便涂胶后密封（图 7-55）。

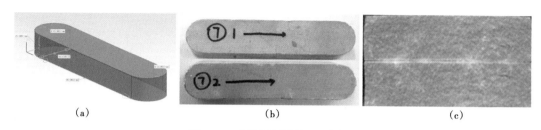

(a)   (b)   (c)

图 7-55　圆弧形岩板加工示意图

（2）对人工劈裂的岩心经钻取或切割后，分别对裂缝两表面使用 0.05mm 精度的三维形貌扫描仪进行拍照扫描就可以得到裂缝两表面的三维数据。具体步骤如下：

①扫描裂缝面需将裂缝面烘干。

②标定扫描端面基准线，两对应面的 x 轴起始端做好标记。

③打开三维扫描仪电源，进入扫描软件界面，设置扫描范围等相关参数，软件设置一切正常后准备扫描实验；

将需要扫描的裂缝面放置在工作平台上，开始扫描。需要注意的是：

a. 岩心扫描应定位在岩心定位装置上，标记出同一块岩心的摆放位置。

b. 用两把直尺在扫描仪上十字定位，记录同一块岩样每次扫描时的方向以及在扫描仪上的坐标位置。

c. 扫描时注意使用同一个 z 值给定位置。

④扫描结束后，用 bin 二进制文件形式保存生成的点云数据。

⑤扫描完成后，先关闭扫描仪软件，再关闭扫描仪电源。

（3）将岩板装到导流室，光滑岩板和劈裂形成不规则岩板（心）接触面两种方式需要在两端放垫片，调节裂缝宽度模拟人工裂缝。对于采用错位形成的不规则岩板进行导流能力测试不需要添加垫片，缝宽由岩板本身不规则性来决定。在岩板周围涂抹红胶和缠绕生胶带，防止实验过程中流体从侧壁流出。

（4）按实验流程组装好导流室，将装载好的导流室放到压力实验机上，利用油压机对导流室上下两端的活塞加压，使岩样与上下活塞紧密贴合，同时确保导流室上壁面与油压机上柱面水平结合，保证加载载荷均匀作用于岩样上。

（5）连接管线并加载位移传感器。连接液体进出口管线和测压管线，将位移传感器装载至导流室两端，以记录在不同闭合压力下机械缝宽的变化情况。

（6）测试岩板过酸前裂缝导流能力：加载不同压力等级的闭合压力，根据储层压力或者研究需求决定，如可测取 5MPa、10MPa、20MPa、30MPa、40MPa、50MPa、60MPa、70MPa 下的导流能力。在设定的闭合压力下，用 2% KCl 水以 2.5mL/min、5mL/min、9.99mL/min 流速流过两块岩板之间的模拟裂缝面，每个流量稳定后测试 5min 以上，待压差稳定，程序自动记录测试过程中的流量、导流室压力、沿裂缝方向的流动压差、温度以及缝宽变化等数据，测定设定闭合压力下的 3 个裂缝导流能力值，这 3 个导流能力值的平均值为该压力点下的裂缝导流能力值。改变闭合压力值，用相同的方法测取不同闭合压力下的导流能力。

（7）按照实验设定的实验温度及注酸排量泵注酸液，并观察酸液流动的稳定性。期间注意观察是否出现漏酸现象，若发现漏酸，立即停止实验。注酸完成后关闭酸罐阀门，卸载回压，打开水罐用大排量清水冲洗导流室，收集滤失的清水，直至 pH 试纸检测各出口端液体呈中性为止。模拟储层温度及压力条件下酸液在裂缝中流动过程。

（8）测试酸蚀裂缝导流能力：同步骤（3）一样，测试酸刻蚀岩板后的酸蚀裂缝导流能力。

（9）测试完成后，导出实验数据，关闭测试设备，拆卸导流室。为满足实验后研究酸刻蚀后的裂缝形态，需要在实验结束后对过酸面进行数值化扫描，因此，应最大可能地保证实验后岩样的完整性，使用人工加压的方式用塑胶制活塞将岩样顶出导流室。

（10）按照步骤（2）对酸刻蚀后岩板进行三维激光扫描，岩板（心）放置位置须与实验前扫描位置一致。

5. 酸蚀裂缝导流能力实验排量的确定

在不同注酸排量条件下，裂缝表面上的酸液流动速率不同。控制实验过程中的酸液流速，模拟不同排量下的酸岩反应过程。

（1）地层单翼人工裂缝内的平均流速计算：

$$u_m = \frac{Q}{2wh} \qquad (7-9)$$

式中　　Q——施工排量，m^3/min；

　　　　u_m——平均流速，m/min；

　　　　h——缝高，m；

　　　　w——缝宽，m。

（2）酸蚀裂缝导流能力实验流量计算：

$$Q_{实验} = u_m w' h' \qquad (7-10)$$

式中　　$Q_{实验}$——实验排量，m^3/min；

　　　　h'——岩板宽度，m；

　　　　w'——岩板模拟缝宽，m。

根据该原理计算获得的不同排量下对应的实验流量见表 7-15。

表 7-15　不同排量下酸蚀裂缝导流能力实验流量换算表

排量 （m^3/min）	缝宽 （m）	缝高 （m）	岩板宽度 （mm）	人工裂缝缝宽 （m）	实验室平均酸流量 （L/min）
2	0.008	50	25	0.004	0.25
3	0.008	50	25	0.004	0.375
4	0.008	50	25	0.004	0.5
5	0.008	50	25	0.004	0.625
6	0.008	50	25	0.004	0.75
7	0.008	50	25	0.004	0.875
8	0.008	50	25	0.004	1
9	0.008	50	25	0.004	1.125
10	0.008	50	25	0.004	1.25

6. 酸蚀裂缝导流能力实验酸量的确定

由于地层中岩石矿物含量远大于酸液用量，室内实验中岩石体积有限，无法完全模拟等体积条件下的酸液溶蚀过程，因此实验利用面容比相似原理，进行不同酸量条件下的酸蚀裂缝导流能力模拟实验。

（1）地层人工裂缝面容比计算：

$$\sigma = \frac{2hL}{\dfrac{V_{规模}}{2}} \qquad (7-11)$$

式中　σ——面容比，m^{-1}；

　　　$V_{规模}$——施工规模，m^3；

　　　h——缝高，m；

　　　L——酸蚀裂缝长度，m。

（2）酸蚀裂缝导流能力实验中酸量计算：

$$V_{实验} = \frac{2h'L'}{\sigma} \qquad (7-12)$$

式中　$Q_{实验}$——实验排量，m^3/min；

　　　h'——岩板宽度，m；

　　　L'——岩板长度，m。

根据该原理计算获得的不同液量下对应的酸液体积见表 7-16。

表 7-16　不同排量下酸蚀裂缝导流能力实验流量换算表

酸量 （m^3）	缝高 （m）	缝长 （m）	岩板长度 （mm）	岩板宽度 （mm）	实验用酸量 （L）
300	50	30	152	25	0.38
400	50	30	152	25	0.51
500	50	30	152	25	0.63
600	50	30	152	25	0.76
700	50	30	152	25	0.89
800	50	30	152	25	1.01
900	50	30	152	25	1.14
900	50	30	152	25	1.14

7. 数据处理

1）酸蚀裂缝导流能力计算

利用实验过程中采集的数据，根据导流能力计算公式处理酸蚀前后的导流能力，分析酸蚀裂缝导流能力影响因素，并计算各个闭合压力下酸蚀裂缝导流能力保持率，绘制不同闭合压力的导流能力及保持率曲线。

$$酸蚀裂缝导流能力保持率 = \frac{指定闭合压力下的酸蚀裂缝导流能力}{初始闭合压力下的酸蚀裂缝导流能力}$$

2）酸蚀裂缝形态数值化表征

（1）数字化定量分析参数。

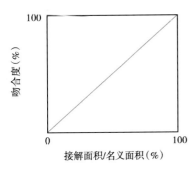

图7-56 吻合度与接触面积和
名义面积的比值的关系示意图

成都理工大学卢渊副教授在研究裂缝面组合形态时，提出了"吻合度"这一概念来描述裂缝面的接触状态，其值为裂缝两面的实际接触面积与名义面积之比（图7-56）。

$$吻合度 = \frac{裂缝壁面接触部分的面积之和}{裂缝名义面积} \times 100\%$$

此处，名义面积是指研究对象的全部面积，如裂缝面的全面积，而实际接触面积一般比名义面积小。在闭合应力作用下，裂缝逐步趋向于闭合，这时裂缝两表面的实际接触面积也随之增加，因此吻合度也越来越大。

根据吻合度定义可以得知，裂缝两表面的吻合度和实际接触面积成正比，因此影响裂缝两个表面的实际接触面积的因素也同样会影响吻合度。一般来说，影响因素包括外因和内因，外因主要是闭合应力、温度等，内因主要是岩石本身的性质，如泊松比、弹性模量等。在实验研究中，各种因素都会影响吻合度的大小，比如在选择岩心、加工岩心、闭合应力加载时间等因素的不同，对实验结果都具有一定的影响。

（2）酸蚀表面形态峰态特征。

酸蚀表面形态峰态特征有两种方法获得：统计学描述岩石裂缝形态特征的方法和溶蚀高度分布曲线及峰态值求取方法。

在经典统计学中，描述岩石裂缝形态（或者是节理表面形态）的参数有两大类：高差函数和纹理函数。高差函数可以表征岩石表面形态在高度方向上的变化特征和分布规律，而纹理函数表征的则是岩石表面形态中点与点之间的位置和相互关系（周创兵等，1996；谢和平等，1994）。

高差函数主要有7个函数：表面最大峰高、表面最大谷深、轮廓最大高度、算术平均偏差（中心面平均高度）、轮廓均方根偏差（高度均方根）、偏态系数、峰态系数。纹理函数主要有5个函数：轮廓面积比、坡度均方根、表面峰点密度、表面峰点算术平均曲度、展开界面面积比率。其岩心（板）表面形态相应参数计算方法如下。

R_y（轮廓最大高度）：在一个取样长度内最大峰高和最大谷深之和。

R_a（轮廓算术平均偏差）：在取样长度内轮廓偏距绝对值的平均值。

$$R_a = \frac{1}{l} \int_0^l |y(x)| \, dx \tag{7-13}$$

R_q（轮廓均方根偏差）：在取样长度内轮廓偏距的均方根。

$$R_q = \sqrt{\frac{1}{l} \int_0^l y^2(x) \, dx} \tag{7-14}$$

L_0（轮廓展开长度）：将轮廓线展开成直线所得到的长度。

轮廓长度比：轮廓展开长度与取样长度之比。

但是描述岩石裂缝表面的参数并不是越多越好，裂缝的描述不会因为描述参数的数量越多就越精确。选用可描述酸液在裂缝面高度上的非均匀溶蚀特征的溶蚀高度分布峰态值，从而达到在三维的角度上研究非均匀溶蚀对酸蚀裂缝表面控制程度的目的。

溶蚀高度分布曲线及峰态值求取获得酸蚀表面形态峰态特征主要是通过数字化方法，通过酸蚀后与酸蚀前裂缝面的高度分布数据之差，可得到裂缝单面溶蚀高度数据以及分布曲线（以某个酸蚀后岩心为例），见表 7-17 和图 7-57。

表 7-17　酸蚀裂缝单面高度下降数据表

下降值（mm）	点云数（个）
0	3002
0.1	1125
0.2	2580
0.3	3065
0.4	4165
0.5	2619
0.6	1285
0.7	551
0.8	317
0.9	112

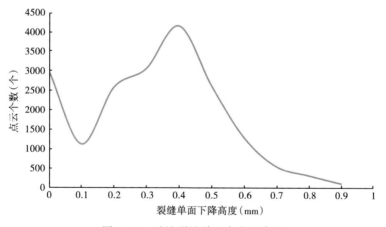

图 7-57　酸蚀裂缝单面高度下降图

通过表 7-17 中的数据，以及公式（7-15），可求得溶蚀高度分布峰态值 K。

$$K = \frac{\sum_{i=1}^{N} (Y_i - \overline{Y})^4}{(N-1)s^4} \tag{7-15}$$

$$s = \sqrt{\frac{1}{N} \sum_{i=1}^{N} (Y_i - \mu)^2} \tag{7-16}$$

式中　N——酸蚀后裂缝单面下降高度值的个数；

　　　Y_i——酸蚀后裂缝单面下降高度值；

　　　$\overline{Y}$——酸蚀后裂缝单面下降高度值总平均值；

　　　μ——酸蚀后裂缝单面下降高度值算术平均值；

　　　s——酸蚀后裂缝单面下降高度值标准差。

　　　$K<3$，分布具有不足峰度，越小越均匀；

　　　$K>3$，分布具有过度峰度，越大越不均匀。

根据公式（7-15）和（7-16）编写出能得到峰态值的程序，可大大缩短计算时间。通过验证，裂缝两面的峰态值相差较小。

3）酸蚀裂缝形态等值线图和三维图

使用 surfacer 软件对实验生成的 bin 文件进行裁剪，注意裁剪的两块裂缝对应面的点云坐标，应同时删减相同的距离。

处理裁剪后的点云数据，生成三维立体表面形态图和等值线图，并将图形数据点以文本文件输出。步骤参照如下：

（1）应用 ACCESS 软件处理 ASC 文件并排序。

（2）将排序的数据导出至 EXCEL。圆盘酸蚀前后数据分别放入 sheet1 和 sheet2 工作表里；岩板和岩心的两个裂缝面数据分别放入 sheet1 和 sheet2 工作表里。

（3）在 EXCEL 表格中，将 x、y 轴数值归零，四舍五入至 1 位小数，乘 10 归整。将 z 轴数值四舍五入至 2 位小数。

（4）筛选并删除同一 x 轴数值下重复的 y 轴数值。

（5）复核数据表，检查无误后在 sheet1 尾部加结束标记，保存初步处理的数据表格。

调用 EXCEL 表格中的宏程序。依次调用并运行"补齐模块"、"翻转模块"，然后进行扭转、修正调试，调试完成后再调用并运行"累加模块"。

处理完毕后，EXCEL 打开另存文档数据，x、y 坐标重新除十，z 值归零，坐标四舍五入，分别导出 sheet1 和 sheet2 工作表的数据可进一步画出裂缝表面形态等高线图、三维图。

EXCEL 打开累加后的文档，x、y 坐标重新除十，保留累加后数据，筛选有效坐标，将累加 z 值归零，导出 sheet1 工作表数据可画出裂缝间距等高线图。

统计累加各个 z 值的点数，可画出裂缝等高间距柱状图，可判断裂缝间距的平均值及各个间距的分布规律。

用累加间距统计表做分析，各累加间距值减累加间距平均值，负值取为零（认为闭合），可画出裂缝表面修正间距柱状图（吻合度柱状图），零值点数占单个裂缝面上总点数的比例为"吻合度"，导出数据可进一步画出裂缝吻合度等值线图。

用 EXECL 数据作图，画出的图像应参照以下步骤：

（1）EXCEL 数据导出至 TXT 文本文档。

（2）打开 surfer 软件，网格化 TXT 文本文档，注意网单位步长为 0.1mm，网格化方法用 Inverse。

用等值线图或三维图导入网格文件，注意坐标轴比例应严格参照实际比例，进行作图，颜色统一用"地形等高图"（图 7-58、图 7-59）。

8. 测试结果

安岳气田高石梯—磨溪区块灯影组四段储层形成了与储层类型相适应的针对性改造工

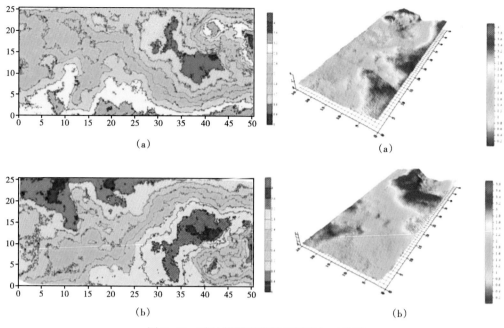

图 7-58　酸蚀裂缝形态等值线图与三维图

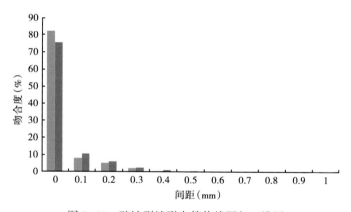

图 7-59　酸蚀裂缝形态等值线图与三维图

艺：裂缝—孔洞型储层以疏通天然裂缝为改造目标，采用胶凝酸酸压工艺，解除近井地带污染，疏通流动通道，发挥气井自然产能；裂缝—孔隙型储层以造长缝为改造目标，采用前置液交替注入酸压工艺，通过长缝增加沟通缝洞体概率；孔隙型储层以造多缝为改造目标，采用复杂缝网酸压工艺，通过多缝增加酸液波及体积（韩慧芬，2017）。下面的例子介绍复杂缝网酸压工艺中自支撑裂缝导流能力和酸蚀裂缝导流能力测试结果。

1）自支撑裂缝导流能力测试

为了认识安岳气田高石梯—磨溪区块灯影组四段储层在没有支撑剂条件下的自支撑裂缝导流能力，将制备的岩板采用人工劈裂的方式模拟压裂时形成的裂缝，分别剪切错位 1mm、2.54mm、3mm、4mm 使其形成自支撑。不同滑移量下的自支撑裂缝导流能力测试结果见表 7-18、图 7-60、图 7-61。

表 7-18　不同滑移量下自支撑裂缝导流能力测试结果

滑移量（mm）	自支撑裂缝导流能力测试结果							
1.0	闭合压力（MPa）	1.725	3.5	5.175	6.9	8.625	10.35	13.8
	导流能力（μm²·cm）	22.35	10.75	4.24	1.36	1.01	0.73	0.45
	闭合压力（MPa）	17.25	20.7	27.6	34.5	41.4	48.3	55.2
	导流能力（μm²·cm）	0.42	0.43	0.44	0.44	0.43	0.38	0.36
2.54	闭合压力（MPa）	1.725	3.5	5.175	6.9	8.625	10.35	13.8
	导流能力（μm²·cm）	36.36	27.33	22.08	18.35	13.55	12.55	9.54
	闭合压力（MPa）	17.25	20.7	27.6	34.5	41.4	48.3	55.2
	导流能力（μm²·cm）	7.64	6.83	5.06	3.25	1.57	1.34	0.83
3.0	闭合压力（MPa）	1.725	3.5	5.175	6.9	8.625	10.35	13.8
	导流能力（μm²·cm）	36.36	27.33	22.08	18.35	13.55	12.55	9.54
	闭合压力（MPa）	17.25	20.7	27.6	34.5	41.4	48.3	55.2
	导流能力（μm²·cm）	7.64	6.83	5.06	3.25	1.57	1.34	0.83
4.0	闭合压力（MPa）	1.725	3.5	5.175	6.9	8.625	10.35	13.8
	导流能力（μm²·cm）	36.36	27.33	22.08	18.35	13.55	12.55	9.54
	闭合压力（MPa）	17.25	20.7	27.6	34.5	41.4	48.3	55.2
	导流能力（μm²·cm）	7.64	6.83	5.06	3.25	1.57	1.34	0.83

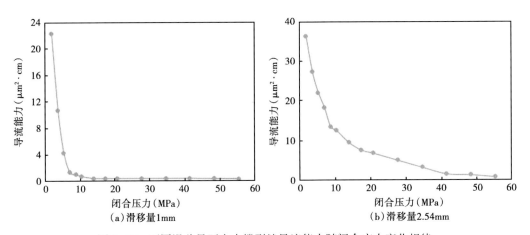

图 7-60　不同滑移量下自支撑裂缝导流能力随闭合应力变化规律

　　对比不同滑移量下的自支撑裂缝导流能力随闭合应力的变化，导流能力大小各不相同，且都随闭合压力的增大而减小。当滑移量为 1mm 时，闭合压力 3.5MPa 以下，导流能力能保持在 $10\sim20\mu m^2\cdot cm$，但是随着闭合压力的增加，导流能力降低非常快；当闭合压力为 10MPa 时，自支撑裂缝导流能力小于 $1\mu m^2\cdot cm$，导流能力非常低，裂缝基本已经闭合。导致导流能力低的原因是滑移量较小，在闭合压力的作用下，自支撑裂缝很快就趋于闭合。当滑移量分别为 2.54mm、3mm 和 4mm 时，自支撑裂缝的导流能力随闭合压力的变化规律基

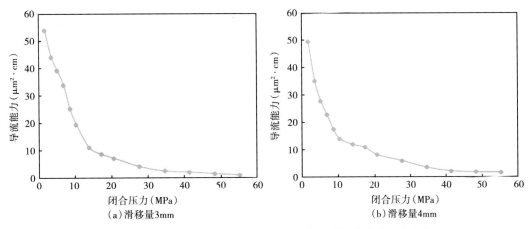

图 7-61　不同滑移量下自支撑裂缝导流能力随闭合应力变化规律

本相同。当闭合压力较小时，导流能力都很大，而且初期导流能力的大小关系为：滑移量为 3mm > 4mm > 2.54mm，随着闭合压力的增加，不同滑移量下的自支撑导流能力都迅速降低；当闭合压力增加到一定程度时，导流能力的降低幅度变得缓慢，但是不同滑移量下的支撑导流能力相差不大，都小于 $10\mu m^2 \cdot cm$。高闭合压力下，安岳气田高石梯—磨溪区块灯影组四段储层体积压裂形成的自支撑裂缝不足以满足储层油气渗流能力，需要经过酸压刻蚀形成的裂缝，提高渗流通道的导流能力（图 7-62）。

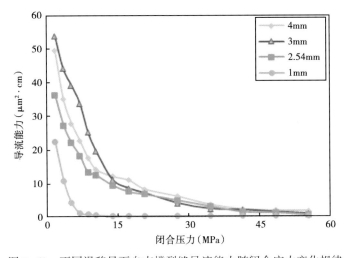

图 7-62　不同滑移量下自支撑裂缝导流能力随闭合应力变化规律

2）酸刻蚀实验结果

由于龙王庙组储层非均质性强，差异性明显；井深、地层温度高；岩石致密、具有塑性特征。为了了解人工裂缝在酸蚀后的裂缝导流能力特征，以及人工裂缝的不同酸液用量和不同酸液排量的裂缝导流能力随闭合应力变化特征，开展了酸蚀裂缝导流能力测试，为酸压施工优化施工参数及酸压效果的评价提供依据，实验方案见表 7-19，酸刻蚀前后岩心壁面形态如图 7-63 至图 7-72，质量变化见表 7-20 和图 7-73。

表 7-19 酸蚀裂缝导流实验设计表

实验内容	酸液类型	岩心编号	温度（℃）	酸液浓度（%）	过酸方式		
					酸液体积（L）	酸液流量（L/min）	过酸时间（s）
不同酸量	胶凝酸	YX-2013-127-19（1）	150	20	0.2	0.15	80
		YX-2013-91-02（2）			0.4		160
		YX-2013-88-06（3）			0.6		240
		YX-2013-88-03（4）			0.8		320
不同排量	胶凝酸	YX-2013-91-04（5）	150	20	0.6	0.1	600
		YX-2013-91-01（6）			0.6	0.15	400
		YX-2013-91-01（7）			0.6	0.2	300
		YX-2013-88-07（8）			0.6	0.25	220
不同酸液	转向酸	YX-2013-91-05（9）	150	20	0.6	0.15	400
	自生酸	YX-2013-91-03（10）		20	0.6	0.15	400

（a）刻蚀前　　　　　　　　　（b）刻蚀后

图 7-63　1 号岩板刻蚀前后

（a）刻蚀前　　　　　　　　　（b）刻蚀后

图 7-64　2 号岩板刻蚀前后

（a）刻蚀前　　　　　　　　　（b）刻蚀后

图 7-65　3 号岩板刻蚀前后

(a)刻蚀前　　　　　　　　　　(b)刻蚀后

图7-66　4号岩板刻蚀前后

(a)刻蚀前　　　　　　　　　　(b)刻蚀后

图7-67　5号岩板刻蚀前（左）后（右）

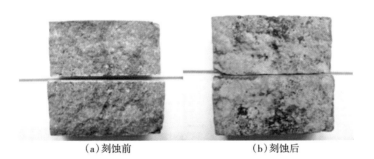

(a)刻蚀前　　　　　　　　　　(b)刻蚀后

图7-68　6号岩板刻蚀前（左）后（右）

(a)刻蚀前　　　　　　　　　　(b)刻蚀后

图7-69　7号岩板刻蚀前（左）后（右）

（a）刻蚀前　　　　　　　　　　　（b）刻蚀后

图 7-70　8 号岩板刻蚀前（左）后（右）

（a）刻蚀前　　　　　　　　　　　（b）刻蚀后

图 7-71　9 号岩板刻蚀前（左）后（右）

（a）刻蚀前　　　　　　　　　　　（b）刻蚀后

图 7-72　10 号岩板刻蚀前（左）后（右）

表 7-20　不同酸刻蚀实验反应前后质量变化

实验内容	酸液 类型	岩心编号 （序号）	溶蚀速率 [g/（cm²·s）]	酸刻蚀岩石描述
不同酸量	胶凝酸	YX-2013-127-19（1）	0.00047	酸蚀效果不明显，岩面变化不大
		YX-2013-91-02（2）	0.000255	酸蚀效果比较明显，岩面变比较光滑
		YX-2013-88-06（3）	0.000177	酸蚀效果不明显，岩面没有多大反应
		YX-2013-88-03（4）	0.000157	酸蚀效果比较明显，岩面比较光滑
不同排量	胶凝酸	YX-2013-91-04（5）	0.000142	酸蚀效果比较明显
		YX-2013-91-01（6）	0.000177	酸蚀效果比较明显，岩面变得比较光滑
		YX-2013-91-01（7）	0.000363	酸蚀效果比较明显
		YX-2013-88-07（8）	0.000246	酸蚀效果比较明显，岩面已经比较光滑
不同酸液	转向酸	YX-2013-91-05（9）	0.000366	酸蚀效果比较明显，酸蚀后表面比较光滑
	自生酸	YX-2013-91-03（10）	0.000172	酸蚀效果比较明显，酸蚀后表面粗糙

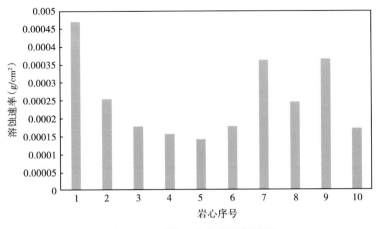

图 7-73　不同实验的岩石刻蚀量

3) 酸蚀裂缝导流能力测试结果

（1）不同流量下酸蚀裂缝导流能力测试结果。

分别采用 0.1L/min、0.15L/min、0.2L/min 和 0.25L/min 的排量泵注 20% 胶凝酸共 0.6L，在 5MPa→10MPa→20MPa→30MPa→40MPa→50MPa 闭合压力下进行酸蚀裂缝导流能力测试，实验结果见表 7-21、图 7-74 和图 7-75。

表 7-21　不同流量下胶凝酸酸蚀前后导流能力数据表

流量 （L/min）	项目	闭合压力				
		10MPa	20MPa	30MPa	40MPa	50MPa
0.1	酸蚀前导流能力（μm²·cm）	3.892	1.541	0.800	0.484	0.355
	酸蚀后导流能力（μm²·cm）	664.383	402.351	256.912	210.859	195.385
0.15	酸蚀前导流能力（μm²·cm）	2.467	1.515	0.918	0.533	0.314
	酸蚀后导流能力（μm²·cm）	1671.646	1137.328	817.422	550.906	380.530
0.2	酸蚀前导流能力（μm²·cm）	3.513	1.133	0.489	0.275	0.143
	酸蚀后导流能力（μm²·cm）	624.416	407.664	312.018	261.758	227.941
0.25	酸蚀前导流能力（μm²·cm）	1.836	0.286	0.140	0.067	0.040
	酸蚀后导流能力（μm²·cm）	412.000	126.272	67.689	41.312	28.581

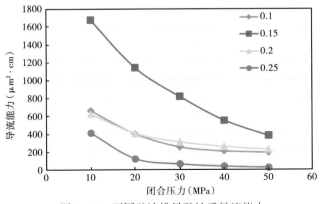

图 7-74　不同酸液排量酸蚀后导流能力

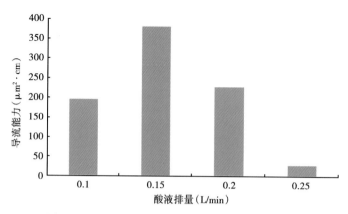

图 7-75　不同酸液排量酸蚀后导流能力（50MPa）

相同酸液、相同酸液用量下对比不同酸液排量，随着酸液排量的增大酸蚀后导流能力先升高再降低，说明酸液排量加大减少了酸液与岩石的接触时间，导致酸液溶蚀量不够，导致大排量的酸蚀后导流能力小于小排量的导流能力。通过图看到当排量为 0.15L/min 左右时是酸蚀后导流能力最好，而排量为 0.25L/min 时酸蚀导流能力反而最小。

相同酸液、相同酸液用量下对比不同酸液用量，大排量的酸蚀后导流能力保持率要小于小排量的导流能力保持率，如图 7-76 所示。

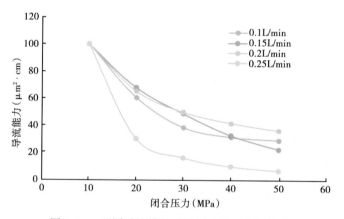

图 7-76　不同酸液排量酸蚀后导流能力保持率

（2）不同酸量下酸蚀裂缝导流能力测试结果。

在排量、温度、酸液类型等相同的情况下，分别泵注 0.2L、0.4L、0.6L、0.8L 的 20% 胶凝酸，在 5MPa→10MPa→20MPa→30MPa→40MPa→50MPa 闭合压力下进行酸蚀裂缝导流能力测试，实验结果见表 7-22、图 7-77 和图 7-78。

表 7-22　不同酸量下胶凝酸酸蚀前后导流能力数据表

酸量（L）	项目	闭合压力					
		5MPa	10MPa	20MPa	30MPa	40MPa	50MPa
0.2	酸蚀前导流能力（μm²·cm）	2.297	1.286	0.552	0.308	0.125	0.056
	酸蚀后导流能力（μm²·cm）	227.650	178.182	109.159	66.874	40.969	25.098

酸量 （L）	项目	闭合压力					
		5MPa	10MPa	20MPa	30MPa	40MPa	50MPa
0.4	酸蚀前导流能力（$\mu m^2 \cdot cm$）	9.019	4.282	1.690	0.857	0.308	0.123
	酸蚀后导流能力（$\mu m^2 \cdot cm$）	1011.356	924.310	772.049	644.869	538.640	449.910
0.6	酸蚀前导流能力（$\mu m^2 \cdot cm$）	3.575	2.467	1.515	0.918	0.533	0.314
	酸蚀后导流能力（$\mu m^2 \cdot cm$）	2011.355	1671.646	1137.328	817.422	550.906	380.530
0.8	酸蚀前导流能力（$\mu m^2 \cdot cm$）	6.303	3.909	2.072	1.225	0.618	0.326
	酸蚀后导流能力（$\mu m^2 \cdot cm$）	2096.576	1707.970	1178.609	741.751	499.227	331.312

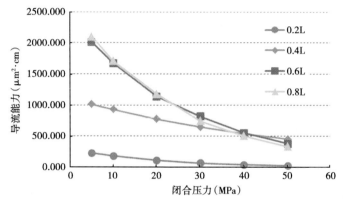

图 7-77　不同酸液用量酸蚀后导流能力

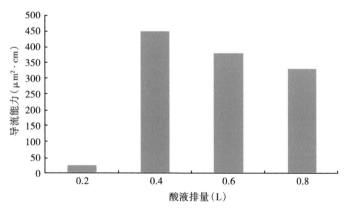

图 7-78　不同酸液用量酸蚀后导流能力（50MPa）

由图可知随着酸量增大，酸蚀导流能力基本能保证随酸量增大导流能力增大的趋势，但是当酸量由 0.6L 提高到 0.8L 时，可以看到导流能力提高效果很小，甚至随闭合压力增大，酸量 0.8L 酸蚀效果反而没有 0.6L 好，可见酸量并非越大越好，而是有一个最优酸量。4 种酸量类型中，随闭合压力增大酸量为 0.4L 左右呈现出最好效果。相同酸液、相同酸液排量下对比不同酸液用量，随着酸液用量的增加酸蚀后导流能力越大，酸蚀程度大。同时可以看出当酸液用量为 0.6L 和 0.8L 时，酸蚀后导流能力基本一样，说明酸液用量在其他条件相同时，酸液用量当达到一定的值时，酸蚀后导流趋于稳定。

相同酸液、相同酸液排量下对比不同酸液用量，酸蚀后导流能力保持率呈现出与酸液用量不定的规律，0.4L时酸蚀后导流能力保持率最高（图7-79）。

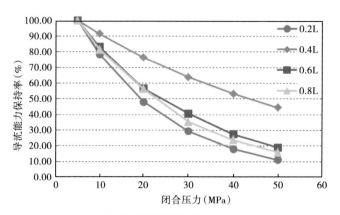

图7-79　20%胶凝酸不同酸液用量酸蚀后导流能力保持率

（3）不同酸液类型酸蚀裂缝导流能力测试结果。

在酸量、排量、温度等相同的情况下，对比胶凝酸、转向酸、自生酸的导流能力及酸蚀形态差异。在5MPa→10MPa→20MPa→30MPa→40MPa→50MPa闭合压力下进行酸蚀裂缝导流能力测试，实验结果见表7-23、图7-80和图7-81。

表7-23　不同酸液类型酸蚀前后导流能力数据表

酸量（L）	项目	闭合压力				
		10MPa	20MPa	30MPa	40MPa	50MPa
0.2	酸蚀前导流能力（$\mu m^2 \cdot cm$）	2.467	1.515	0.918	0.533	0.314
	酸蚀后导流能力（$\mu m^2 \cdot cm$）	1671.646	1137.328	817.422	550.906	380.530
0.4	酸蚀前导流能力（$\mu m^2 \cdot cm$）	3.968	1.444	0.870	0.498	0.382
	酸蚀后导流能力（$\mu m^2 \cdot cm$）	1328.766	631.428	403.580	271.018	220.242
自生酸	酸蚀前导流能力（$\mu m^2 \cdot cm$）	3.763	1.771	0.996	0.503	0.351
	酸蚀后导流能力（$\mu m^2 \cdot cm$）	998.755	581.706	388.712	204.399	150.478

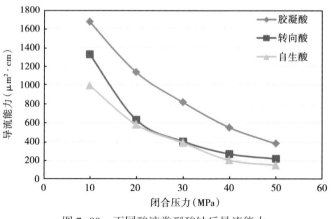

图7-80　不同酸液类型酸蚀后导流能力

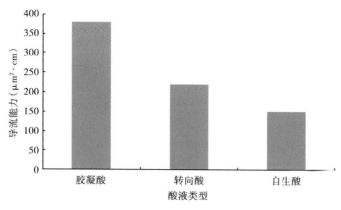

图 7-81　不同酸液类型酸蚀后导流能力（50MPa）

酸蚀后导流能力胶凝酸>转向酸>自生酸，而且胶凝酸酸蚀后导流能力在高闭合应力下依旧保持较大值，因此在选择酸液类型时，应优先选择胶凝酸。

（4）不同注入级数酸蚀裂缝导流能力测试结果。

适合四川油气田高磨地区低渗透储层改造需要的最优注入级数尚不明确。一般常识可能认为，注入级数越多，酸液有效距离越长，但酸液在前置液中不是均匀推进而是分散指进，在其他条件不变的情况下一定存在最优级数；并且注入级数过多，现场施工操作不便。

在 130℃ 温度下以 40mL/min 流速注入酸液，用清水测定闭合压力从 5MPa 增加到 50MPa（5MPa→10MPa→15MPa→20MPa→30MPa→40MPa→50MPa）岩板的酸蚀裂缝导流能力。在注入液量相同（3L）的情况下改变注入级数，一级注入液体量：冻胶前置液 1.5L+胶凝酸 1.5L。二级注入液体量：冻胶前置液 0.75L+胶凝酸 0.75L+冻胶前置液 0.75L+胶凝酸 0.75L。三级注入液体量：冻胶前置液 0.5L+胶凝酸 0.5L+冻胶前置液 0.5L+胶凝酸 0.5L+冻胶前置液 0.5L+胶凝酸 0.5L。图 7-82 是冻胶前置液+胶凝酸这种液体组合下，一级、二级和三级注入时不同闭合压力下裂缝导流能力保持率曲线。从图中可以看出：随着闭合压力的增加，裂缝导流能力保持率降低；酸量不变，三级注入下形成的裂缝导流能力保持率高于二级注入和一级注入；注入级数从一级增加到二级，导流能力保持率提高较大，但从二级提高到三级后，导流能力保持率提高较低。酸压设计泵注程序时，尽可能采用三级注入程序，

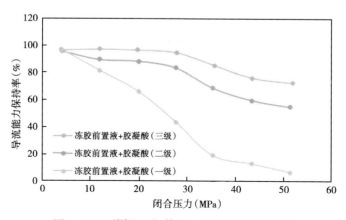

图 7-82　不同注入级数注入后导流能力保持率

更多级数注入对于酸压效果提高作用有限。

4）酸蚀裂缝表面三维激光扫描结果

（1）酸蚀裂缝三维图及等值线图。

分析不同酸液用量、不同流量及不同酸液类型的酸刻蚀岩石后的表面形态进行数值化描述，对比分析各个参数下形成的刻蚀形态，指导酸液体系、施工参数的优选。不同酸化排量、不同酸液用量及不同酸液类型获得的酸蚀裂缝数值化扫描特征分别见图7-83至图7-93所示。

由于0.1L/min胶凝酸酸液排量较小，酸蚀时间较长，胶凝酸酸蚀后对比酸蚀前的表面形态变化较大，酸蚀所形成的裂缝间距改变明显。0.2L/min胶凝酸酸液排量较大，酸蚀时间较短，胶凝酸酸蚀后对比酸蚀前的表面形态变化一般，酸蚀所形成的裂缝间距有一定的改变。0.25L/min胶凝酸对岩心改善程度一般。

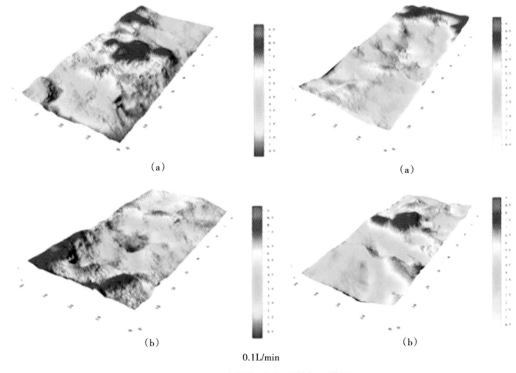

（a）   （a）

（b）   （b）

0.1L/min

图7-83　酸蚀前后表面形态三维图

由于0.2~0.6L胶凝酸酸液量较少，胶凝酸酸蚀后对比酸蚀前的表面形态没有特别的明显光滑，酸蚀所形成的裂缝间距改变不明显。0.8L胶凝酸酸蚀后对比酸蚀前的表面形态更加光滑，酸蚀所形成的裂缝间距明显增大，从裂缝间距图中可以看到红色区域明显增多，说明0.8L酸液量对酸蚀裂缝导流能力的提高比较显著。

20%转向酸比20%胶凝酸反应更快，刻蚀能力更强，自生酸刻蚀较弱，不能在龙王庙组储层充当主体酸，可用作前置液造缝，同时对岩石有一定刻蚀作用，达到造长缝和提高导流能力的目的。

（2）裂缝面峰态值。

采用单面的峰态值来刻画酸液对裂缝面的溶蚀程度。通过计算，龙王庙实验后裂缝面峰态值见表7-24。

246

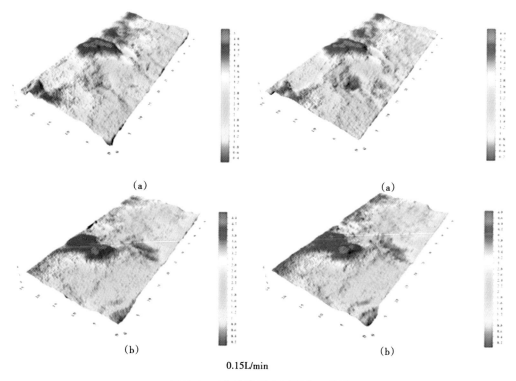

（a）　　　　　　　　　　　　　　（a）

（b）　　　　　　　　　　　　　　（b）

0.15L/min

图 7-84　酸蚀前后表面形态三维图

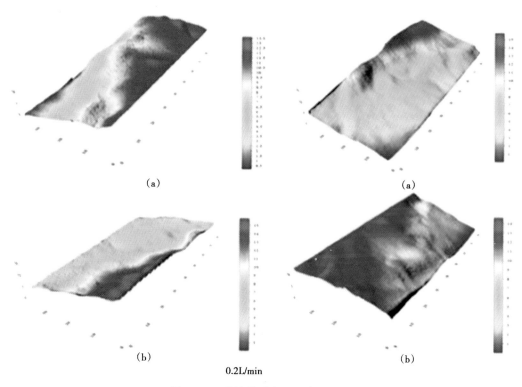

（a）　　　　　　　　　　　　　　（a）

（b）　　　　　　　　　　　　　　（b）

0.2L/min

图 7-85　酸蚀前后表面形态三维图

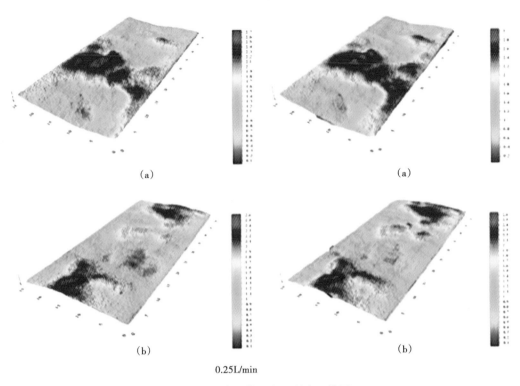

（a）   （a）

（b）   （b）

0.25L/min

图 7-86　酸蚀前后表面形态三维图

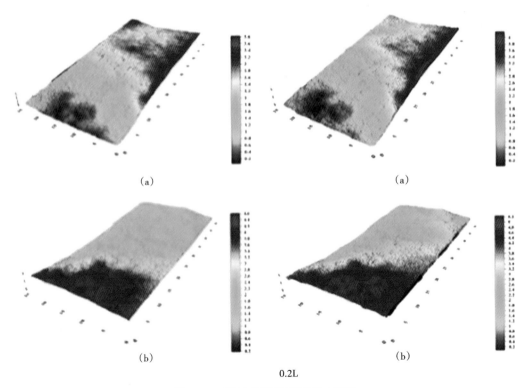

（a）   （a）

（b）   （b）

0.2L

图 7-87　酸蚀前后表面形态三维图

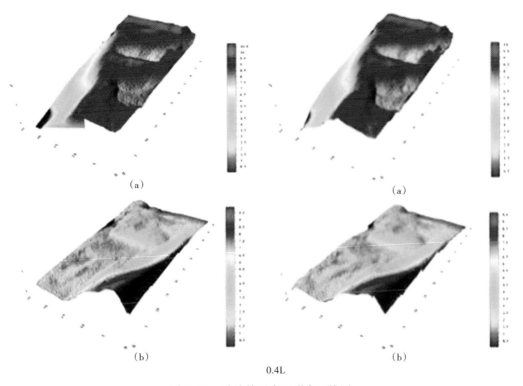

（a） （a）

（b） （b）

0.4L

图 7-88　酸蚀前后表面形态三维图

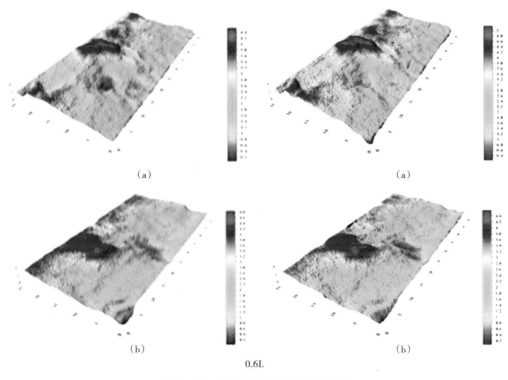

（a） （a）

（b） （b）

0.6L

图 7-89　酸蚀前后表面形态三维图

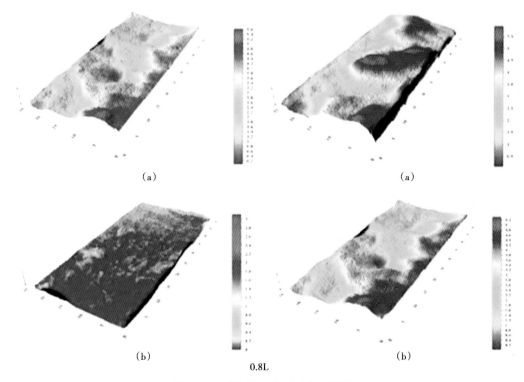

（a）　　　　　　　　　　　　　　　（a）

（b）　　　　　　　　　　　　　　　（b）

0.8L

图 7-90　酸蚀前后表面形态三维图

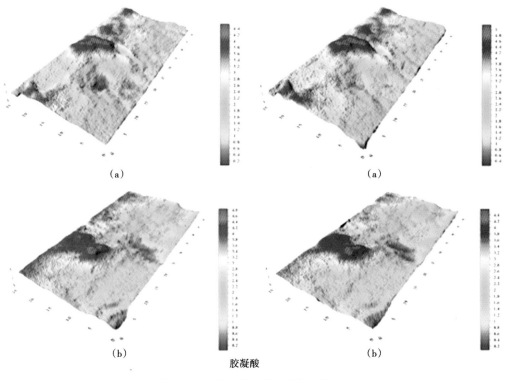

（a）　　　　　　　　　　　　　　　（a）

（b）　　　　　　　　　　　　　　　（b）

胶凝酸

图 7-91　酸蚀前后表面形态三维图

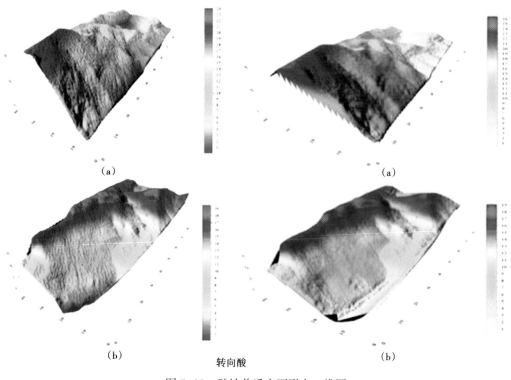

（a） （a）

（b） （b）

转向酸

图 7-92 酸蚀前后表面形态三维图

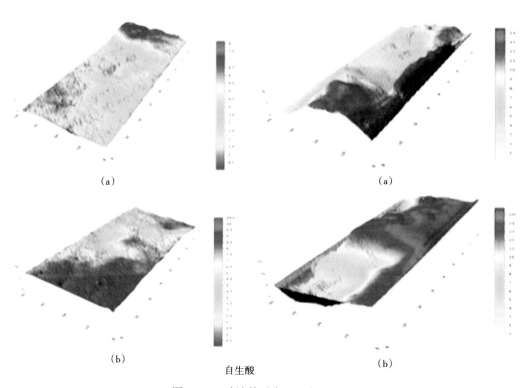

（a） （a）

（b） （b）

自生酸

图 7-93 酸蚀前后表面形态三维图

251

表 7-24 龙王庙不同实验条件下酸蚀裂缝面峰态值

岩心编号	实验内容	实验条件	K 值
YX-2013-127-19		0.2L	4.00
YX-2013-91-02	不同酸量	0.4L	9.31
YX-2013-88-06		0.6L	5.11
YX-2013-88-03		0.8L	3.40
YX-2013-91-04		0.1L/min	6.13
YX-2013-88-06	不同排量	0.15 L/min	5.11
YX-2013-91-01		0.2 L/min	14.17
YX-2013-88-07		0.25 L/min	6.97
YX-2013-88-06		胶凝酸	5.11
YX-2013-91-05	不同酸液类型	转向酸	2.84
YX-2013-91-03		自生酸	2.37

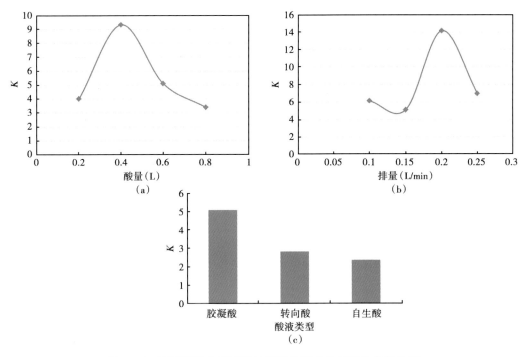

图 7-94 不同实验内容下酸蚀裂缝单面 K 值与实验条件关系

通过对不同实验条件下的 K 值进行归一化处理，得到每递增一个实验条件（0.2L 酸量，0.05L/min 排量等），K 的变化值的绝对值，用来评价不同实验条件对 K 的影响程度，从而判断各个实验条件对酸蚀表面形态的控制程度（图 7-95、表 7-25）。

表 7-25　龙王庙不同实验内容下单位实验条件 K 值变化绝对值

实验内容	单位实验条件递增下 K 值变化绝对值	平均值
不同酸量	26.55	18.7
	21.00	
	8.55	
不同排量	20.40	115.2
	181.20	
	144.00	
不同酸液	2.27	1.37
	0.47	

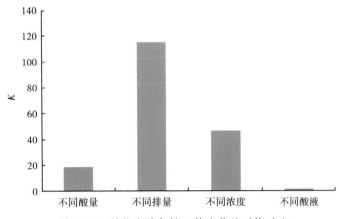

图 7-95　单位实验条件 K 值变化绝对值对比

从以上图表可以看出，对比的三种实验内容下，各单位实验条件 K 值变化的绝对值代表对酸蚀裂缝表面形态影响程度大小，其中，排量>酸量>酸液类型。所以，为提高酸液非均匀溶蚀程度，形成高导流通道，考虑的施工参数先后应为：排量、酸量、酸液类型。

二、地层条件下酸蚀裂缝导流能力模型

1. NK 公式修正模型

根据经典的 Nierode-Kruk 的实验关系式（李年银，2008；李小刚等，2009），通过统计不同酸浓度下酸蚀裂缝导流能力与闭合应力的关系，拟合出指数函数曲线，通过对指数函数的各参数与酸液浓度进行回归计算，建立基于闭合应力与酸液浓度的酸蚀裂缝导流能力模型。

根据在不同闭合应力（10~50MPa）条件下的不同酸液浓度与酸蚀裂缝导流能力的关系，拟合出关系式：

$$WK_f = a \exp(b\sigma) \tag{7-17}$$

式中　WK_f——酸蚀后裂缝导流能力值，$\mu m^2 \cdot cm$；

　　　　a，b——非均匀溶蚀的特征参数，本次研究是基于酸液浓度；

　　　　σ——闭合应力，MPa。

胶凝酸酸蚀裂缝导流能力与闭合应力具有较好的指数函数关系，因此在应力加载作用下，酸蚀裂缝导流能力应存在先快后慢的指数递减趋势（图7-96、表7-26至表7-28）。

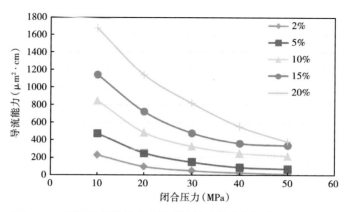

图7-96　不同浓度胶凝酸酸蚀裂缝导流能力与闭合应力关系图

表7-26　胶凝酸不同酸浓度不同闭合应力下的导流能力值

浓度/闭合应力	酸蚀裂缝导流能力（μm²·cm）				
	10MPa	20MPa	30MPa	40MPa	50MPa
2%	227.568	95.846	48.933	25.618	12.921
5%	473.767	250.450	147.360	87.245	69.412
10%	847.158	484.862	325.904	249.751	215.647
15%	1143.013	720.571	479.769	360.815	336.193
20%	1671.646	1137.328	817.422	550.906	380.53

表7-27　胶凝酸不同酸浓度闭合应力与导流能力指数关系

酸液浓度	闭合应力与导流能力指数关系式
2%	$y = 425.62e^{-0.071x}$
5%	$y = 696.37e^{-0.049x}$
10%	$y = 1034.1e^{-0.034x}$
15%	$y = 1396.8e^{-0.031x}$
20%	$y = 2413.7e^{-0.037x}$

表7-28　胶凝酸不同酸浓度下的 a，b 值统计表

酸液浓度	a	b
2%	425.62	−0.071
5%	696.37	−0.049
10%	1034.1	−0.034
15%	1396.8	−0.031
20%	2413.7	−0.037

从回归曲线图 7-97 上可以得出，a 值与浓度有较好的指数关系，通过拟合，得到：

$$a = 396.23e^{0.0896C} \qquad (7-18)$$

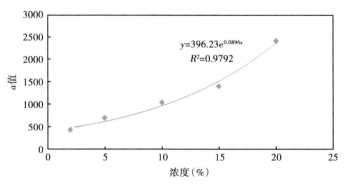

图 7-97　不同浓度下 a 值拟合关系

从回归曲线图 7-98 上可以得出，b 值与浓度有较好的二次函数关系，通过拟合，得到：

$$b = -0.0003C^2 + 0.0076C - 0.0834 \qquad (7-19)$$

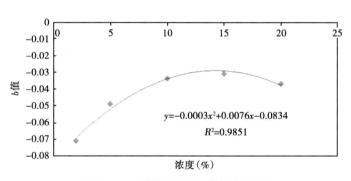

图 7-98　不同浓度下 b 值拟合关系

综合式（7-17）、式（7-18）和式（7-19），可以得到：

$$KW_f = 396.23\exp\left[0.0896C + (-0.0003C^2 + 0.0076C - 0.0834)\sigma\right] \qquad (7-20)$$

式（7-20）即为地层条件下（考虑闭合应力作用）下，酸蚀裂缝导流能力的 NK 公式修正模型，通过该模型可以大致反应不同闭合应力下，不同浓度酸液刻蚀后形成的酸蚀裂缝的导流能力变化趋势。模型模拟计算结果如图 7-99 所示。

通过曲线可以明显看出随着浓度的增加，酸蚀裂缝导流能力前期迅速增大，而后在 16% 左右浓度时出现拐点，此后导流能力反而随着酸液浓度增加而降低。可以大致判断胶凝酸最优浓度在 16% 左右，结合以往项目，可以选择 16%~18% 的酸液浓度作为最优浓度。

根据前面选择的最优浓度（16% 胶凝酸）进行模拟计算，可以得到不同闭合应力下导流能力分布情况，如图 7-100 所示。图中显示，在闭合应力 30MPa 左右曲线出现拐点，在高闭合应力下导流能力逐步趋于稳定。

2. 残酸浓度计算模型

用测取的不同酸液浓度在地层闭合压力条件下的酸蚀裂缝导流能力，拟合针对于某一地

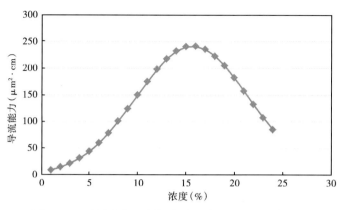

图 7-99　不同浓度下胶凝酸酸蚀裂缝导流能力分布图

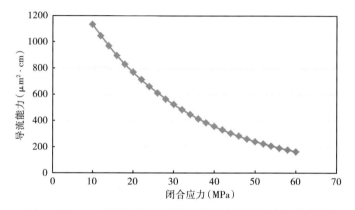

图 7-100　16%胶凝酸酸蚀裂缝导流能力随闭合应力分布图

层的酸液浓度与酸蚀裂缝导流能力关系，使用拟合的公式计算在地层闭合应力条件下酸蚀裂缝导流能力近似等于酸蚀前的裂缝导流能力的酸液浓度范围 C_t。

　　见表 7-29，胶凝酸在不同浓度下，闭合应力为 50MPa 时酸蚀前后的导流能力，根据数据可以得知酸蚀前白样的导流能力平均值为 0.292μm² · cm，因此通过拟合酸蚀后浓度与导流能力的关系，当酸蚀后导流能力为 0.292μm² · cm 时所对应的酸液浓度即为残酸浓度。

表 7-29　胶凝酸不同酸浓度下酸蚀前后导流能力（50MPa 下）

酸液浓度（%）	酸蚀后导流能力（μm² · cm）	酸蚀前导流能力（μm² · cm）
2	12.921	0.401
5	69.412	0.319
10	215.647	0.228
15	336.193	0.200
20	380.530	0.314

　　通过计算，得到胶凝酸在 50MPa 下，残酸浓度为 0.79%，约 0.22mol/L。结合后文的酸岩反应动力学方程，即可大致模拟计算酸蚀有效作用距离。

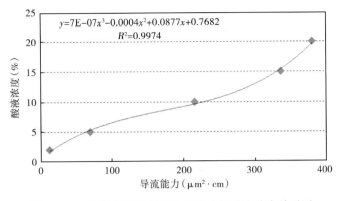

图 7-101　胶凝酸酸蚀裂缝导流能力与酸液浓度关系图

3. 酸蚀有效作用距离模拟

根据实验设计的内容，针对 2%、5%、10%、15% 和 20% 的胶凝酸反应速率，建立酸岩反应动力学方程，以模拟计算酸蚀有效作用距离（表 7-30）。

表 7-30　不同浓度下酸岩反应速率

岩心编号	酸液浓度（%）	酸岩反应速率 $[10^{-6}mol/(cm^2 \cdot s)]$
YX-2013-88-04	2	2.29
YX-2013-88-01	5	1.49
YX-2013-127-18	10	2.38
YX-2013-127-20	15	4.53
YX-2013-88-06	20	4.29

由于 2% 酸液浓度下反应速率太慢，测量误差较大，因此在计算时舍去该点（表 7-31、图 7-102）。

表 7-31　不同浓度下拟合参数表

酸液浓度（%）	酸液浓度 C（mol/L）	酸岩反应速率 J $[10^{-6}mol/(cm^2 \cdot s)]$	$\lg C$	$\lg J$
5	1.37	1.49E-06	0.136720567	-5.8268137
10	2.86	2.38E-06	0.456366033	-5.623423
15	4.41	4.53E-06	0.644438589	-5.3439018
20	6.02	4.29E-06	0.779596491	-5.3675427

通过计算，最终得到动力学方程为：

$$J = 1.1487 \times 10^{-6} C^{0.7919} \tag{7-21}$$

通过式（7-21）进行模拟计算酸蚀有效作用距离，假设缝高 50mm，缝宽 0.008m，通过后文计算得到最优排量为 3.3m³/min，16% 酸液浓度，结合残酸浓度 0.22mol/L，计算得到酸蚀有效作用距离为 38m。

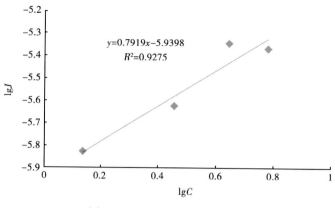

图 7-102　lg$C$ 与 lg$J$ 关系拟合

4. 不同酸蚀裂缝长度上导流能力分布

式（7-21）中，给出了一定闭合应力下，酸液浓度与导流能力关系，因此，结合酸蚀有效作用距离的模拟计算，将酸液的百分浓度与摩尔浓度进行换算对照，得到数据见表 7-32。

表 7-32　不同酸蚀裂缝长度上导流能力分布

百分浓度 （%）	摩尔浓度 （mol/L）	酸蚀后导流能力 （μm²·cm）	酸蚀长度 （m）
0.4	0.11	8.74	43.38
1.4	0.39	13.60	32.59
2.4	0.66	20.55	26.95
3.4	0.95	30.12	22.89
4.4	1.23	42.86	19.73
5.4	1.52	59.17	17.05
6.4	1.81	79.28	14.71
7.5	2.13	105.66	12.44
8.5	2.42	141.58	10.66
9.5	2.72	162.30	8.94
10.5	3.02	192.30	7.36
11.5	3.32	221.11	5.91
12.5	3.63	246.72	4.54
13.5	3.94	267.16	3.30
14.5	4.25	280.74	2.06

从图 7-103 中，可以直观地看到随着酸蚀裂缝长度的增加，导流能力迅速降低，在 20m 之后导流能力基本趋于稳定，但维持的数值也较低。

258

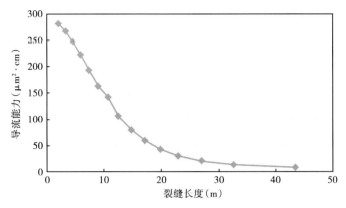

图 7-103 不同裂缝长度上导流能力分布情况

三、酸蚀裂缝导流能力数值化模型

1. 溶蚀体积求取

通过三维扫描仪扫描实验前后反应面得到点云，通过数据处理可以到得到反应间距图。利用精度为 0.1mm 的扫描仪得到的数据，因为精度问题，可以粗略算出裂缝间距体积：

$$V = 点云数 \times 间距 \times 0.01$$

式中　V——间距体积，cm^3。

通过 $\rho = \dfrac{M}{V}$ 来校正可以看出我们得到的溶蚀体积在误差范围内具有一定的准确性。

通过计算酸蚀前/后裂缝壁面间距的体积，裂缝间距体积等于不同间距体积之和，用酸蚀后裂缝壁面间距体积减酸蚀前裂缝壁面间距体积，可得到酸蚀的体积。

$$V_{溶} = V_{后} - V_{前} = \sum_{i=0.1}^{n} a_i \times d_i \times 0.1 - \sum_{j=0.1}^{m} a_j \times d_j \times 0.1 \qquad (7-22)$$

式中　a_i——酸蚀后裂缝壁面间距值，mm；

　　　d_i——a_i 间距值对应的点云个数；

　　　a_j——酸蚀前裂缝壁面间距值，mm；

　　　d_j——a_j 间距值对应的点云个数。

2. 平均酸岩反应速率求取

碳酸盐岩储层中酸岩反应是酸液中 H^+ 与方解石、白云石发生化学反应，根据岩板酸蚀前后质量差、酸蚀时间和反应面积，可以得到酸蚀中该酸液浓度下降值求出酸岩反应速率。

$$\Delta C = \frac{2 \times 36.5 \times \Delta m}{100 \times 36.5 \times V} = \frac{\Delta m}{50V} \qquad (7-23)$$

式中　ΔC——酸反应量，mol/L；

　　　Δm——岩心反应前后质量差，g；

　　　V——酸液体积，L。

在计算系统反应速率时，考虑到面容比的影响，需要进行面容比修正计算：

$$J = \frac{\Delta C}{t} \cdot \frac{V}{S} = \frac{\Delta m}{50ndt} \tag{7-24}$$

式中 J——酸岩反应速率，mol/（$cm^2 \cdot s$）；

t——反应时间，s；

S——岩心反应表面积，cm^2；

d——岩心直径，cm；

n——岩心长度，cm。

计算出胶凝酸酸蚀过程中平均酸岩反应速率见表7-33。

表 7-33 胶凝酸平均酸岩反应速率统计表

岩心编号	酸岩反应速率 ［10^{-6}mol/（$cm^2 \cdot s$）］
YX-2013-127-19	3.19
YX-2013-91-02	6.07
YX-2013-88-06	4.29
YX-2013-88-03	4.18
YX-2013-88-07	3.75
YX-2013-91-04	2.84
YX-2013-91-01	7.26
YX-2013-127-20	4.53
YX-2013-127-18	2.38
YX-2013-88-01	1.49
YX-2013-88-04	2.29

3. 反应速率与溶蚀体积关系

通过计算的溶蚀体积与平均酸岩反应速率，建立相关关系如图7-104、图7-105所示。

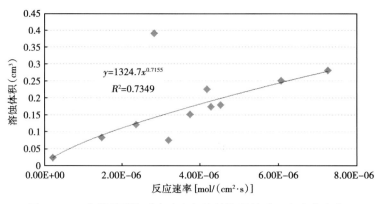

图 7-104 胶凝酸平均反应速率与溶蚀体积关系（未舍去奇点）

可以粗略用式（7-25）表示：

$$V = 1203.7J^{0.7159} \tag{7-25}$$

式中 J——反应速率，mol/（$cm^2 \cdot s$）；

V——溶蚀体积，cm^3。

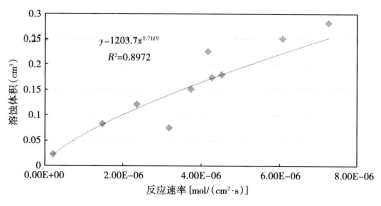

图7-105 胶凝酸平均反应速率与溶蚀体积关系（舍去奇点）

4. 溶蚀体积与导流能力关系

在酸蚀裂缝导流中，如果溶蚀的体积过少，酸在裂缝壁面产生的酸蚀通道较小，酸蚀导流能力较小。随酸蚀效果增强，溶蚀体积增大，导流通道增大使裂缝导流能力增大，但是如果溶蚀体积过大，闭合压力下裂缝壁面上的微凸体不能形成有效支撑，导流通道变窄，导流能力反而会降低。如图7-106是实验使用三维数字化手段扫描获得的实验数据得到溶蚀体积，去除奇异点，溶蚀体积与酸后导流能力（闭合压力为50MPa）关系图。

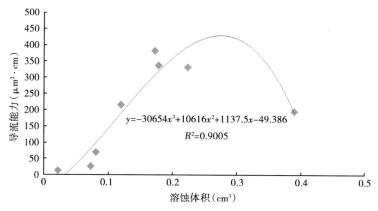

图7-106 溶蚀体积与酸蚀后导流能力关系图

这里通过拟合可以获得一条曲线，得到：

$$KW_f = -30654V^3 + 10616V^2 + 1137.5V - 49.386 \tag{7-26}$$

随溶蚀体积的增大可以得到一个较好导流能力值，但是随溶蚀体积过大，可能会使裂缝面失去支撑，通道减少，导流能力不稳定，可能继续增大也可能会下降。通过关系式，根据反应得到的溶蚀体积可以找到一个对应的导流能力值。

5. 酸蚀裂缝导流能力数值化模型

通过前面的研究，我们通过反应速率作为刻画影响酸蚀裂缝导流能力的变量，通过溶蚀体积作为桥梁，连接反应速率与导流能力，最终我们联立式（7-25）和式（7-26），即可得到龙王庙最终的酸蚀裂缝导流能力数值化模型：

261

$$KW_f = -30654\ (1203.7J^{0.7159})^3 + 10616\ (1203.7J^{0.7159})^2 + 1137.5\ (1203.7J^{0.7159})\ -49.386$$

$$(7-27)$$

通过该模型，可以在已知反应速率的情况下，大致计算所对应的酸蚀裂缝的导流能力，可以用来表征不同酸蚀情况下的裂缝导流能力。

四、压裂酸化施工参数优化

1. 压裂酸化施工排量优化

根据不同排量下的酸蚀裂缝导流能力实验，对比不同排量下在不同闭合压力下的酸蚀裂缝导流能力值及酸蚀裂缝形态图，选择最优的泵注排量。然后按照酸蚀裂缝导流能力实验排量与现场施工排量转换方式进行计算。

利用龙王庙组储层岩心分别采用0.1L/min、0.15L/min、0.2L/min和0.25L/min的排量泵注20%胶凝酸共0.6L，在5MPa→10MPa→20MPa→30MPa→40MPa→50MPa闭合压力下进行酸蚀裂缝导流能力测试，实验结果图7-107。

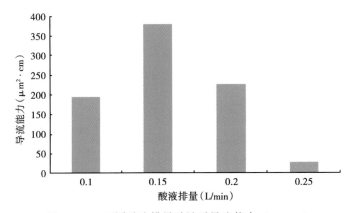

图7-107　不同酸液排量酸蚀后导流能力（50MPa）

相同酸液、相同酸液用量下对比不同酸液排量，随着酸液排量的增大酸蚀后导流能力先升高再降低，说明酸液排量加大减少了酸液与岩石的接触时间，导致酸液溶蚀量不够，导致大排量的酸蚀后导流能力保持率小于小排量的导流能力，如图7-108所示。通过此图看到当排

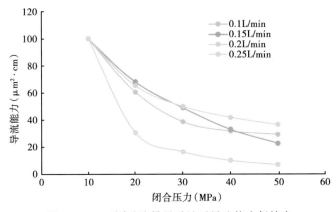

图7-108　不同酸液排量酸蚀后导流能力保持率

量为 0.15L/min 左右时是酸蚀后导流能力最好，而排量为 0.25L/min 时酸蚀导流能力反而最小。利用酸蚀裂缝导流能力实验排量与现场施工排量转换计算公式获得现场排量为 5~6m³/min。

2. 压裂酸化施工规模优化

1）利用酸岩反应速率测试实验中酸液变残酸时间计算

通过实验评价出酸岩反应动力参数，可以理论计算在实际地层条件下，不同酸液的有效作用时间。例如，龙王庙组酸岩反应速率测试实验结果表明，残酸浓度以 5% 为界，胶凝酸酸岩反应有效作用时间 110~120min，以现场选择的施工排量为 4~5m³/min 计算，施工规模的选择为 440~600m³，实际选择过程中可以结合储层物性及缝洞发育情况进行适当调整（图 7-109）。

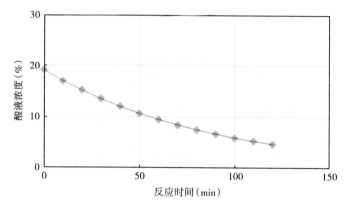

图 7-109　胶凝酸酸岩反应酸浓度随时间变化关系图

2）不同酸量下酸蚀裂缝导流能力实验结果指导施工规模优选

以龙王庙储层岩心为基础，采用相同酸液、相同酸液排量下对比不同酸液用量的酸蚀裂缝导流能力实验，随着酸液用量的增加酸蚀后导流能力越大，酸蚀程度大。同时可以看出当酸液用量为 0.6L 和 0.8L 时，酸蚀后导流能力基本一样，说明酸液用量在其他条件相同时，酸液用量当达到一定的值时，酸蚀后导流趋于稳定。

相同酸液、相同酸液排量下对比不同酸液用量，酸蚀后导流能力保持率呈现出与酸液用量不定的规律，0.4L 时酸蚀后导流能力保持率最高，综合考虑选择 0.4~0.6L 酸量作为施工规模选择的依据。

按照酸蚀裂缝导流能力实验酸量与现场施工用酸量计算转换公式，以磨溪构造龙王庙储层及酸蚀裂缝参数为依据，施工规模选择 300~500m³（图 7-110、图 7-111）。

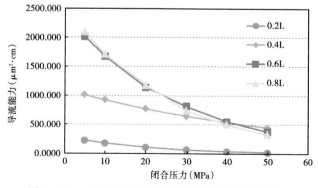

图 7-110　20% 胶凝酸不同酸液用量酸蚀后导流能力

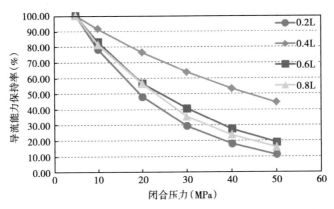

图7-111　20%胶凝酸不同酸液用量酸蚀后导流能力保持率

第四节　酸液黏性指进实验模拟

一、交替注入级数优化

前面的岩板注入模拟实验优化出的注入级数是三级，由于受限于真实岩板数量，无法开展四级及以上注入级数实验，因此三级注入是否最优还不得而知。为此开展可视化岩板流动实验，考察级数对指进形态变化规律影响，进而更进一步优化交替级数。

采用升级的大尺寸可视化高温高压酸液流动物理模拟装置，进行酸压缝内酸液黏性指进的实验研究，从而确定对于高磨低渗透储层三级注入是否为最优级数。实验仪器如图7-112所示。实验原理是采用流动相似准则，结合客观研究环境和酸压施工实际参数进而确定出酸液流动的物理模拟装置比例尺。以缝内流速为基准，确保实验过程中缝内流速和现场施工流速一致。在不同的实验参数下，指进形态各不相同。通过组合不同的实验参数，考察各实验参数对缝内酸液指进形态影响，以宏观特征（指进长度、指进高度、无量纲指进宽）和分形特征（分形维数、多重分形谱宽度）有机结合的方法对酸液指进演化特征进行表征。

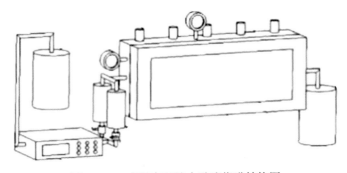

图7-112　高温高压缝内酸液指进结构图

酸液是反应性流体，滤失量大，酸液效率低，有效作用距离短，为了有效降低酸液滤失，增加导流能力，改善酸压效果，目前常用多级交替注入黏性前置液和酸液，形成黏性指进，以减少后续酸液形成酸蚀孔洞的迅速滤失，使其在裂缝壁面上充分反应。

实验采用酸液浓度为2%，前置液与酸液黏度比为150，温度为50℃，注入压力2MPa、注入速度100mL/min（表7-34，图7-113至图7-115）。

表 7-34　不同压裂液粘度实验方案

排量 （mL/min）	前置液酸液 黏度比	酸液浓度 （%）	裂缝倾角 （°）	温度 （℃）	注入级数	孔眼数
100	150	2	90	50	1	3
100	150	2	90	50	2	3
100	150	2	90	50	3	3
100	150	2	90	50	4	3
100	150	2	90	50	5	3

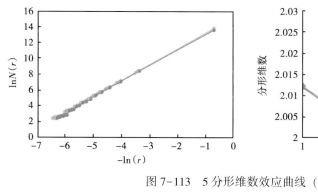
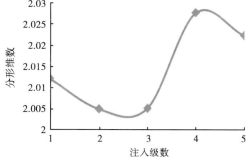

图 7-113　5 分形维数效应曲线（变级数）

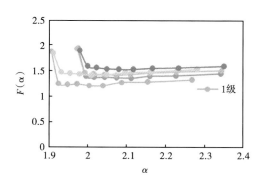
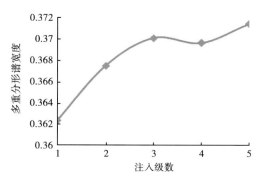

图 7-114　多重分形谱宽度效应曲线（变级数）

图7-115可知，采用1级注入酸压工艺和2级注入酸压工艺，酸液指进形态明显，而交替级数超过2级时，随着注入级数增加，酸岩反应时间延长，岩石壁面产生大量气泡，指进形态被上升的气泡破坏，最终酸液指进形态完全被上升的气泡破坏，加之裂缝远端温度较高，酸液扩散加剧，酸液和压裂液完全混合，因此，多级交替注入酸压并非交替级数越多酸压效果越好。

综上所述，岩板多级注入模拟实验表明三级注入下能形成最优酸蚀裂缝形态，可视化平板实验结果表明并非交替级数越多酸压效果越好，因此酸压设计时推荐选择二～三级注入。

(a)1级交替注入酸压酸液指进形态

(b)2级交替注入酸压酸液指进形态

(c)3级交替注入酸压酸液指进形态

(d)4级交替注入酸压酸液指进形态

(e)5级交替注入酸压酸液指进形态

图7-115　交替注入酸压酸液指进形态

二、前置液酸液黏度比

为了考察高温高压条件下，不同黏度比对酸液黏性指进形态变化规律影响，通过可视化平板黏性指进装置进行研究，优化前置液多级交替注入工艺的前置液和酸液最优黏度比。

前置液酸压或多级交替注入酸压过程中，当低黏度酸液进入互不混溶的高黏度前置液中后，流体间相界面会由于微小扰动而变得不稳定，严重时会出现"指状"或"树枝状"的复杂驱替前缘，即黏性指进，酸液指进会改变酸液流动分布，进而影响酸岩反应特征，前人研究表明，一旦发生酸液指进，酸液与裂缝的接触面积仅为30%~60%，具有既能降低酸液滤失，又能强化酸岩非均匀刻蚀，最终实现较高导流能力的长酸蚀裂缝，因此，指进对酸压效果具有重要影响。前期研究成果认为，要实现指进酸压，要求前置液与酸液的黏度比为200~600，至少要达到150:1，若黏度比小于50:1，则酸液流速约比前置液快2.7倍，酸液会很快穿过前置液，失去指进作用，但上述成果均未考虑酸岩反应及高温高压情况，其结果还有待进一步证实。

本次实验考察了黏度比（10:1）~（200:1）下酸液指进形态变化情况，具体实验方案见表7-35、图7-116至图7-118。

表7-35　变前置液与酸液黏度比下实验方案

排量 （mL/min）	前置液酸液 黏度比	酸液浓度 （%）	裂缝倾角 （°）	温度 （℃）	注入级数	孔眼数
100	10:1	1	90	50	2	3
100	50:1	1	90	50	2	3
100	100:1	1	90	50	2	3
100	150:1	1	90	50	2	3
100	200:1	1	90	50	2	3

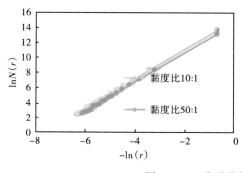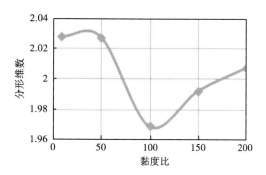

图7-116　分形维数效应曲线（变黏度比）

图7-118实验结果表明，低黏度比（10:1）条件下，酸液难以形成黏性指进，由于重力作用影响，酸液在视窗下部流动，无法观察到裂缝远端酸液流动；当黏度比提高到50:1后，随着黏度比的增大，酸液黏性指进现象愈加明显，第2级酸液前缘快速突破压裂液，并

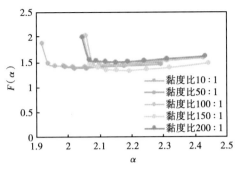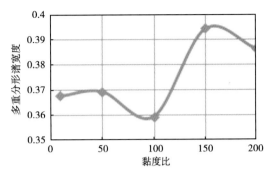

图 7-117　多重分形谱宽度效应曲线（变黏度比）

与上级酸液连通，形成高速通道，对裂缝壁面产生沟槽状非均匀刻蚀，大幅度提高导流能力。尤其是在黏度比为 200:1 时，第二级酸液刚注入时，酸液前缘就快速突破压裂液，与第一级酸液连通。在施工时，要形成指进酸压，必须提高黏度比，研究区目前施工采用胶凝酸+高黏度前置液组合交替注入酸压，黏度比小于 50:1，难以形成指进，酸液以活塞式推进，有效作用距离不够高，后续酸压施工应该着重研究如何提高黏度比。

三、用酸规模与排量优化

龙王庙组碳酸盐岩低渗透储层酸压现场施工排量一般为 $5\sim7m^3/min$，注酸排量越大，酸液流速越高，有助于增加活性酸深入储层距离，因此，往往在设备、井筒条件及控缝高条件下，以大排量施工。为了考察排量（$3\sim7m^3/min$）对酸液指进形态变化规律影响，以可视化平板实验装置为基础，根据相似原理，选用缝口流速将不同的现场排量折算为实验室内排量进行实验，现场施工排量为 $3\sim7m^3/min$，对应实验室内排量为 $30\sim70mL/min$，进行室内模拟研究（表 7-36、图 7-119 至图 7-121）。

表 7-36　不同施工排量下酸液指进实验方案

排量 （mL/min）	前置液酸液 黏度比	酸液浓度 （%）	裂缝倾角 （°）	温度 （℃）	注入级数	孔眼数
20	50	1	90	50	3	3
40	50	1	90	50	3	3
60	50	1	90	50	3	3
80	50	1	90	50	3	3
100	50	1	90	50	3	3

从图 7-121 可知，不同排量交替注入酸压，酸液指进形态变化显著，整体上，排量越大，单位时间注入的酸液越多，注酸时酸液推进产生优势通道，后续鲜酸沿余酸开辟的最小流动阻力通道向前推进而向两侧布酸的能力减弱所以分形维数较小，形成指进形态越明显。

在进行模拟实验时发现，一旦酸液形成优势通道，后续酸液将会优先从优势通道流出，形成的优势通道路径是随机的，在同一组实验中，优势通道一旦形成就很难改变。一般情况下，密度较大的酸液形成的优势通道在左下角，但是在排量为 20mL/min 时，酸液受到出口

(a)前置液酸液黏度比10:1下酸液指进形态

(b)前置液酸液黏度比50:1下酸液指进形态

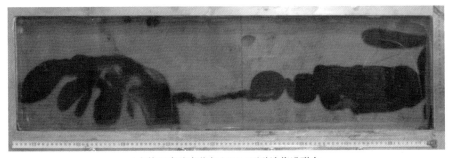

(c)前置液酸液黏度比100:1下酸液指进形态

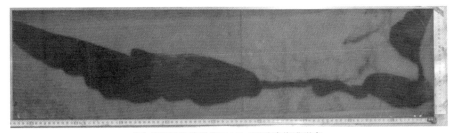

(d)前置液酸液黏度比150:1下酸液指进形态

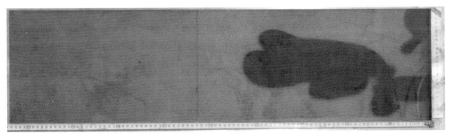

(e)前置液酸液黏度比200:1下酸液指进形态

图7 110 酸液指进形态

269

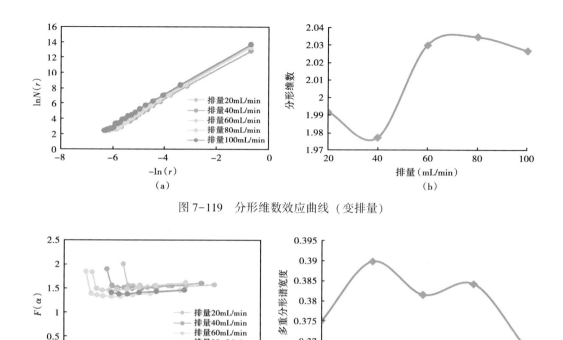

图 7-119　分形维数效应曲线（变排量）

图 7-120　多重分形谱宽度效应曲线（变排量）

压差的影响，左上角出口压差较小，酸液形成的优势通道方向朝向左上角，所以酸液从左上角流出，后续酸液也几乎都从左上角流出。

两级酸液段塞之间注入的压裂液量相等，在低排量下，第二级酸液运动速度较慢，很难突破压裂液，增加酸液排量，酸液速度增加，能够穿透两级酸液之间的压裂液，两级酸液能够连成一条线，形成优势通道。

通过酸蚀裂缝导流能力实验和可视化平板黏性指进模拟实验可以看出，相同酸液用量下，注入级数多，裂缝导流能力保持率高；酸液用量降低，提高注入级数，能一定程度提高裂缝导流能力。在其他条件满足一定的情况下，实验注入排量越大，能获得更大的裂缝导流能力和更好的指进形态。因此，提高酸压设计泵序中的注入级数比增大酸化规模对于改造效果的提高更有效，同时应尽可能设计高排量注酸，提高改造效果。

综上所述，多级交替注入工艺适用于低渗透储层的改造，该工艺可延缓酸岩反应速度，形成更长的酸蚀裂缝，增强缝壁面的非均匀刻蚀，有效提升低渗透储层改造效果。采用三级注入就可以获得较好的改造效果，提高注入级数比增大酸化规模对于改造效果的提高更有效，提高注入速率有利于提高酸蚀裂缝导流能力保持率。冻胶前置液+胶凝酸三级注入和自生酸前置液+胶凝酸三级注入工艺，相同闭合压力下导流能力保持率差别不大。龙女寺构造大部分渗透井，可主要采用冻胶前置液+胶凝酸三级注入工艺。对于施工压力可能过高的深井，可采用自生酸前置液+胶凝酸工艺。

（a）实验排量20mL/min下酸液指进形态

（b）实验排量40mL/min下酸液指进形态

（c）实验排量60mL/min下酸液指进形态

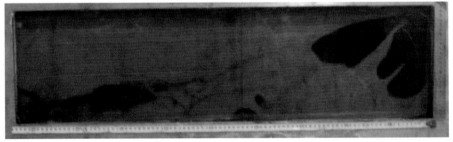

（d）实验排量80mL/min下酸液指进形态

（e）实验排量100mL/min下酸液指进形态

图 7-121　酸液指进形态

参 考 文 献

Gangi A F. 1978. Variation of whole and fractured porous rock permeability with confining pressure ［J］. International Journal of Rock Mechanics and Mining Sciences & Geomechanics Abstracts, 15 (4): 249-257.

Iwano M, Einstein H H. 2002. Stochastic analysis of surface roughness, aperture and flow single fracture ⌊J］. International Journal of Rock Mechanics and Mining Sciences & Geomechanics Abstracts, 31 (2): 135-141.

Izgec, Gomaa A M, Nasr-El-Din H A. 2009. Acid Fracturing: The Effect of Formation Strength on Fracture Conductivity ［C］. SPE Hydraulic Fracturing Technology Conference. Society of Petroleum Engineers.

J. I. 迈昂, D. P. 海仑德, 章淘淇等译. 1985. 现场技术和实验室技术测量动态弹性模量的对比 ［M］. 北京: 石油工业出版社.

Lund K, Fogler H S, McCune C C. 1973. Acidization-I. The Dissolution of Dolomite in Hydrochloric Acid ［J］. Chemical Engineer Science, 28: 691-700.

M. A. Malik, A. D. Hill. 1989. A New Technique for Laboratory Measurement of Acid Fracture Conductivity ［C］. SPE 19733.

Mandelbrot B. 1977. The fractal geometry of nature ［M］. New York: Freeman, 278-298.

Neumann L F, Sousa J L, Brandao E. 2012. Acid fracturing: New insigths on acid etching patterns from experimental investigation ［C］. SPE 152179.

Nierode D E, Kruck K F. 1973. An Evaluation of acid fluid loss additives, retarded acids, and acidized fracture conductivity ［C］. SPE 4549.

Ruffet C, Fery J, Onaisi A. 1998. Acid fracturing treatment: A surface topography analysis of acid etched fractures to determine residual conductivity ［J］. SPE Journal 3 (2): 155-162.

Walsh J B. 1981. Effect of pore pressure and confining pressure on fracture permeability ［J］. International Journal of Rock Mechanics and Mining Sciences & Geomechanics Abstracts , 18 (5): 429-435.

韩慧芬, 潘琼, 贺秋云, 等. 2013. 龙岗碳酸盐岩高酸性气藏储层改造技术及应用 ［J］. 天然气工业, 33 (增刊 2).

韩慧芬, 桑宇, 杨建. 2016. 四川盆地震旦系灯影组储层改造实验与应用 ［J］. 天然气工业, 36 (1): 81-89.

韩慧芬. 2017. 四川盆地灯四气藏提高单井产量技术措施研究 ［J］. 天然气工业, 37 (8), 40-46.

丁云宏, 程兴生, 王永辉, 等. 2009. 深井超深井碳酸盐岩储层深度改造技术——以塔里木油田为例 ［J］. 天然气工业, (9): 81-84.

丁文龙, 金文正, 樊春. 2013. 油藏构造分析 ［M］. 北京: 石油工业出版社.

于兴河. 2009. 油气储层地质学基础 ［M］. 北京: 石油工业出版社.

万天丰. 1998. 古构造应力场 ［M］. 北京: 地质出版社, 1988.

王永辉, 李永平, 程兴生, 等. 2012. 高温深层碳酸盐岩储层酸化压裂改造技术 ［J］. 石油学报, 33 (A02): 166-173.

王兴文, 郭建春, 赵金洲, 等. 2004. 碳酸盐岩储层酸化（酸压）技术与理论研究 ［J］. 特种油气藏, 11 (4): 67-69.

王海涛, 伊向艺, 李相方, 等. 2009. 新型交联酸与白云岩反应动力学行为研究 ［J］. 新疆石油地质, (3): 346-348.

王道成, 张燕, 邓素芬, 等. 2013. 转向酸的实验室评价及现场应用 ［J］. 石油与天然气化工, 42 (3): 265-269.

车明光, 袁学芳, 范润强, 等. 2014. 酸蚀裂缝导流能力实验与酸压工艺技术优化 ［J］, 特种油气藏, (3): 120-123.

田国荣, 张保平, 申卫兵. 2000. 差应变（DSA）与古地磁方法结合确定地应力方向的应用研究 ［J］// 第六

272

次全国岩石力学与工程学术大会论文集.784-786.

付永强,郭建春,赵金洲.2003.复杂岩性储层导流能力的实验研究:酸蚀导流能力 [J],钻采工艺,26(3):22-26.

付永强,何治,王业众.2014.四川盆地龙王庙组气藏储层改造技术及其应用效果 [J],天然气工业,34(3):93-96.

白翔.2015.基于刻蚀形态数字化表征的酸蚀裂缝导流能力研究 [D].成都:西南石油大学.

冯文凯,黄润秋,许强.2009.岩石的微观结构特征与其力学行为启示 [J].水土保持研究,2009,16(6):26-29.

尧艳,陈大钧,熊颖.2008.一种泡沫酸对碳酸盐岩油气层的酸化作用 [J].钻井液与完井液,25(3):71-73.

朱永东.2008.酸岩反应动力学实验研究方法评述 [J].内蒙古石油化工,(10):23-25.

任书泉,李联奎,袁子光,等.1983.旋转圆盘试验仪的研制和应用 [J].石油钻采工艺,4(9):69-75.

任书泉,袁子光,李联奎,等.1983.酸岩反应的旋转模拟试验 [J].石油钻采工艺,1983,(6)61-67.

伊向艺,卢渊,赵振峰,等.2014.碳酸盐岩储层酸携砂压裂技术研究与应用 [M].北京:科学出版社.

刘友权,王琳,熊颖,等.2011.高温碳酸盐岩自生酸酸液体系研究 [J].石油与天然气化工,40(4):367-369.

刘向君,罗平亚.2004.岩石力学与石油工程 [M].北京:石油工业出版社.

刘静,康毅力,陈锐,等.2016.碳酸盐岩储层损害机理及保护技术研究现状与发展趋势 [J].油气地质与采收率,13(1):99-101.

牟建业,张士诚.2011.压裂裂缝导流能力影响因素分析 [J].油气地质与采收率,(2):69-71.

李力.2000.用人工模拟裂缝装置研究盐酸/白云岩反应速率的影响影响因素 [J].钻采工艺,23(1):29-31.

李小刚,杨兆中,胡学明.2009.酸压裂缝中酸液流动反应行为研究综述 [J].钻井液与完井液,25(6):70-73.

李月丽,伊向艺,卢渊.2009.碳酸盐岩酸压中酸蚀蚓孔的认识与思考 [J].钻采工艺,(2):41-43.

李四光.1973.地质力学概论 [M].北京:科学出版社.

李年银,赵立强,张倩,等.2008.酸压过程中酸蚀裂缝导流能力研究 [J],钻采工艺,(6):59-62.

李兆敏,安志波,李宾飞,等.2013.氮气泡沫压裂液的性能研究及评价 [J].钻井液与完井液,(6):71-73.

李兆敏,李宾飞,徐永辉,等.2007.泡沫分流特性研究及应用 [J].西安石油大学学报:自然科学版,22(2):100-102.

李志明,张金珠.1997.地应力与油气勘探开发 [M].北京:石油工业出版社.

李沁,伊向艺,卢渊,等.2013.储层岩石矿物成分对酸蚀裂缝导流能力的影响 [J].西南石油大学学报(自然科学版),(2):102-108.

李沁.2013.不同黏度高黏度酸液酸岩反应动力学行为研究 [D].成都:成都理工大学.

李莹,卢渊,伊向艺.2012.碳酸盐岩储层不同酸液体系酸岩反应动力学实验研究 [J].科学技术与工程,12(33):9010-9013.

杨荣.2015.高温碳酸盐岩储层酸化稠化自生酸液体系研究 [D].成都:西南石油大学.

杨宽,王伟平,祖庆夕.1990.测井方法测定含煤地层的岩石弹性参数 [J].地球物理学报,33(5):593-603.

吴小川,赵丽莎,王婉青,等.2013.碳酸盐岩储层酸化压裂技术的应用及展望 [J].安徽化工,(2):16-17.

吴志鹏,匋利鹏.2010.油井酸化用酸液的研究与进展 [J].化学工程与装备,(9):178-180.

何春明,陈红军,王文耀.2009.碳酸盐岩储层转向酸化技术现状与最新进展 [J].石油钻探技术,37(5):

273

121–126.

何春明, 陈红军, 刘岚, 等 . 2010. VES 自转向酸反应动力学研究 [J]. 石油化工与天然气化工, 33 (9): 246–253.

何春明, 郭建春, 刘超 . 2012. 裂缝性碳酸盐岩储层蚓孔分布及刻蚀形态实验研究 [J]. 石油与天然气化工, 41 (6): 579–582.

沈淑敏 . 1998. 构造应力驱动与油气运移 [M]. 北京: 地震出版社.

张永兴, 贺永年 . 2004. 岩石力学 [M]. 北京: 中国建筑工业出版社.

张传进, 鲍洪志, 路保平 . 2002. 油气开采中岩石力学参数变化规律试验研究 [J]. 石油钻采工艺, 24 (4): 32–34.

张建利, 孙忠杰, 张泽兰 . 2003, 碳酸盐岩油藏酸岩反应动力学实验研究 [J]. 油田化学, 20 (3): 216–219.

张继周, 蒋晓敏, 韩晓强, 等 . 2003. RDA100 高温高压动态腐蚀测定仪在酸岩反应研究中的应用 [J]. 新疆石油科技, 13 (4): 39–42.

张琪 . 2000. 采油工程原理与设计 [M]. 北京: 石油大学出版社.

张紫薇, 伊向艺, 卢渊, 等 . 2014. 基于 FLUENT 的高黏度酸液酸岩反应流场模拟研究 [J]. 科学技术与工程, (17): 197–200.

张景和 . 2001. 地应力、裂缝测试技术在石油勘探开发中的应用 [M]. 北京: 石油工业出版社.

张智勇, 蒋廷学, 梁冲, 等 . 2005. 胶凝酸反应动力学试验研究 [J]. 石油与天然气化工, (5): 28–30.

张黎明, 任书泉, 陈冀嵋 . 1996. 用旋转圆盘仪研究酸岩表面反应动力学 [J]. 化学反应工程与工艺, 12 (3): 238–246.

张黎明, 任书泉 . 1994. 白云岩与盐酸非均相表面反应动力学研究 [J]. 油田化学, 11 (1): 32–38.

陈光智, 李月丽, 卢渊 . 2009. 酸蚀裂缝表面特征: 酸化对裂缝导流能力的意义 [J]. 国外油田工程, (12): 6–9.

陈志海, 戴勇 . 2005. 深层碳酸盐岩储层酸压工艺技术现状与展望 [J]. 石油钻探技术, 33 (1): 58–62.

陈勉, 金衍, 张广清 . 2011. 石油工程岩石力学基础 [M]. 北京: 石油工业出版社.

陈勉, 庞飞, 金衍 . 2000. 大尺寸真三轴水力压裂模拟与分析 [J]. 岩石力学与工程学报, 19 (增): 868–872.

陈赓良, 黄瑛 . 2006. 碳酸盐岩酸化反应机理分析 [J]. 天然气工业, 26 (1): 104–108.

陈赓良, 黄瑛 . 2004. 酸化工作液缓速作用的理论与实践 [J]. 钻井液与完井液, (1): 50–54.

陈澎年, 等 . 1990. 世界地应力实测资料汇编 [M]. 北京: 地震出版社.

岳迎春, 郭建春, 刘超, 等 . 2012. 不同酸液体系蚓孔发育实验研究 [J]. 油田化学, (1): 86–89.

周创兵 . 1996. 节理面粗糙度系数与分形维数的关系 [J]. 武汉水利电力大学学报, 29 (5): 186–190.

周怡, 等 . 2014. 压裂酸化用可降解暂堵球的研制及应用 [J]. 天然气工业, 34 (增刊 1): 1–4.

郑旭, 赵立强, 刘平礼 . 2006. 碳酸盐岩酸化中酸蚀蚓孔的理论研究现状与应用 [J]. 西部探矿工程, (7): 71–73.

赵仕俊, 陈忠革, 伊向艺 . 2010. 酸蚀岩板三维激光扫描仪 [J]. 仪表技术与传感器, (7): 22–24.

赵立强, 高俞佳, 袁学芳, 等 . 2017. 高温碳酸盐岩储层酸蚀裂缝导流能力研究 [J]. 油气藏评价与开发, (1): 20–26.

侯守信, 田国荣 . 2000. 粘滞剩磁 (VRM) 岩芯定向的应用 [J]. 岩石力学与工程学报, 19 (增): 1128–1131.

侯振坤, 杨春和 . 2016. 大尺寸真三轴页岩水平井水力压裂物理模拟试验与裂缝延伸规律分析 [J]. 岩土力学, 37 (2): 407–414.

姜永东, 鲜学福, 许江 . 2005. 岩石声发射 Kaiser 效应应用于地应力测试的研究 [J]. 岩土力学, 26 (6): 946–949.

姜浒，陈勉，张广清，等．2009. 碳酸盐岩储层加砂酸压支撑裂缝短期导流能力试验［J］. 中国石油大学学报（自然科学版），33（4）：89-92.

郭新江，蒋祖军，胡永章．2012. 天然气开采工程技术丛书［M］. 北京：中国石化出版社．

郭静，李力．2003. 川东石炭系影响白云岩酸蚀裂缝导流能力因素的试验研究［J］. 钻采工艺，26（3）：39-41.

蒋卫东，汪绪刚，蒋建方，等．1998. 酸蚀裂缝导流能力模拟实验研究［J］. 钻采工艺，21（6）：33-36.

蒋卫东，刘合，晏军，等．2015. 新型纤维暂堵转向酸压实验研究与应用［J］. 天然气工业，35（11）：1-5.

韩军，刘洪涛．2005. 差应变分析法在地应力方向研究中的应用［J］. 石油天然气学报（江汉石油学院学报），27（2）：349-350.

程秋菊，冯文先，周瑞立．2011. 酸蚀裂缝导流能力实验研究［J］. 石油化工应用；（12）：83-87.

谢和平．1994. 岩石节理粗糙系数（JRC）的分形估计［J］. 中国科学：B辑，24（5）：524-530.

蒲海波．2011. 用X射线衍射分析鉴定粘土矿物的方法［J］. 勘察科学技术，（5）：12-14.

路保平，鲍洪志．2005. 岩石力学参数求取方法进展［J］. 石油钻采工艺，33（5）：44-47.

蔡美峰．1995. 地应力测量原理与技术［M］. 北京：科学出版社．

廖仕孟，胡勇．2016. 碳酸盐岩气田开发［M］. 北京：石油工业出版社．

廖毅，李勇明，赵金洲．2016. 裂缝非均质碳酸盐岩酸蚀蚓孔发育规律［J］. 油气地质与采收率，（6）：64-69.

潘琼，段国彬．2002. 酸液滤失实验数据处理方法的几点认识［J］. 钻采工艺，（5）：74-76.

戴亚婷．2016. 非均匀溶蚀对裂缝导流能力影响研究［D］. 成都：成都理工大学．

耿宇迪，张烨，韩忠艳，等．2011. 塔河油田缝洞型碳酸盐岩油藏水平井酸压技术［J］. 新疆石油地质，32（1）：89-91.